高职高专土建专业"互联网＋"创新规划教材

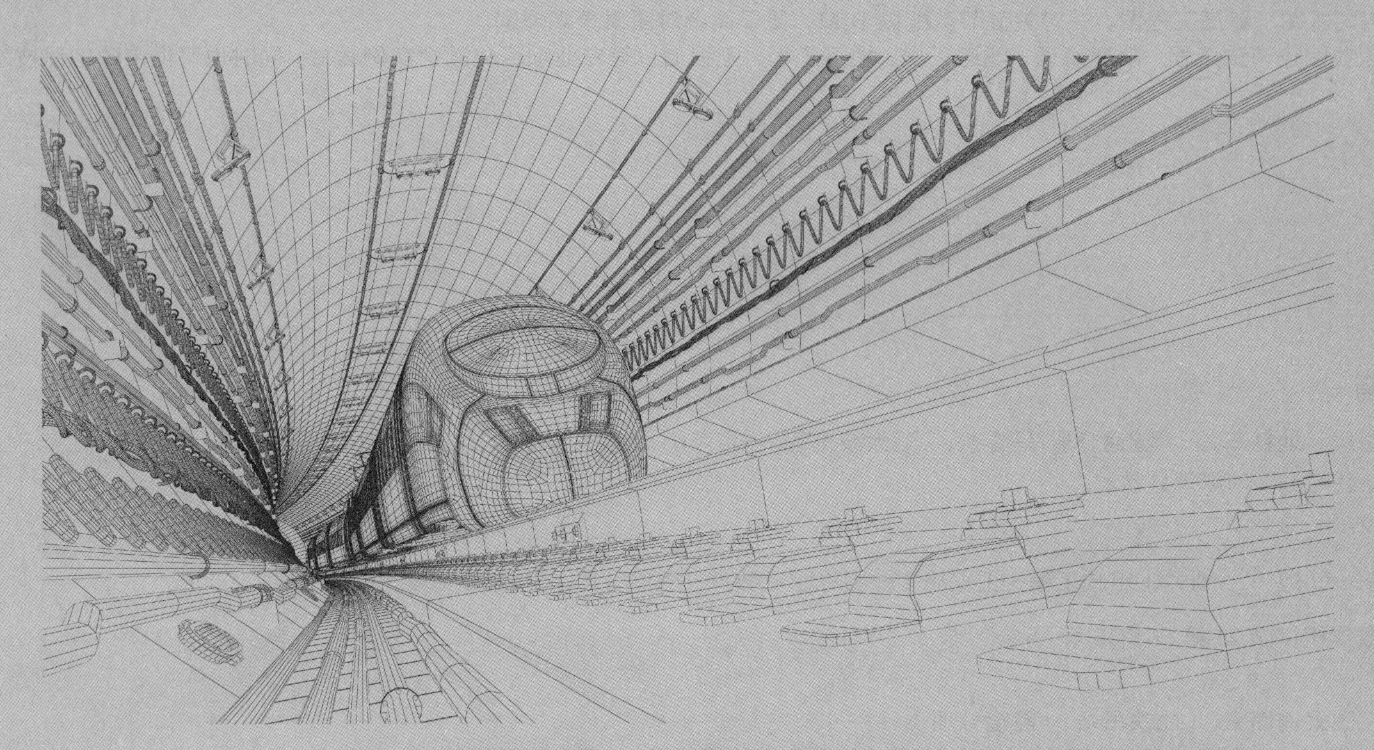

市政工程施工图案例图集

（地铁车站、隧道分册）

主　编◎马春燕　范大波
副主编◎林建华　李兴东　詹海华　沈卫东　商　峻
主　审◎雷彩虹

内容简介

本图集是市政工程专业项目化、“互联网+”教学改革成果之一。本图集遴选了典型的市政工程案例（地铁车站工程、隧道工程）进行编制。内容包括标准车站主体围护结构图、标准车站主体结构图、标准车站主体结构防水图、隧道工程图，并对关键节点配以BIM，便于读者对图集直观理解。

本图集适用于作高等职业院校市政工程、轨道交通、隧道工程、地下工程、工程造价等专业项目化教学实例教材，同时也可供市政工程技术人员学习、参考。

图书在版编目(CIP)数据

市政工程施工图案例图集．地铁车站、隧道分册/马春燕，范大波主编．—北京：北京大学出版社，2022.1

高职高专土建专业“互联网+”创新规划教材

ISBN 978-7-301-32762-3

Ⅰ.①市… Ⅱ.①马… ②范… Ⅲ.①市政工程—工程施工—高等职业教育—图集 Ⅳ.①TU99-64

中国版本图书馆CIP数据核字(2021)第261716号

书　　名　市政工程施工图案例图集（地铁车站、隧道分册）
SHIZHENG GONGCHENG SHIGONGTU ANLI TUJI (DITIE CHEZHAN SUIDAO FENCE)

著作责任者　马春燕　范大波　主编

策划编辑　杨星璐

责任编辑　范超奕

数字编辑　蒙俞材

标准书号　ISBN 978-7-301-32762-3

出版发行　北京大学出版社

地　　址　北京市海淀区成府路205号　100871

网　　址　http://www.pup.cn　新浪微博：@北京大学出版社

电子邮箱　编辑部 pup6@pup.cn　总编室 zpup@pup.cn

电　　话　邮购部 010-62752015　发行部 010-62750672　编辑部 010-62750667

印 刷 者　河北博文科技印务有限公司

经 销 者　新华书店

787毫米×1092毫米　8开本　21印张　504千字

2022年1月第1版　2025年1月第2次印刷

定　　价　59.00元

前言 Preface

本图集是市政工程专业项目化课程改革、“互联网+”教学改革成果之一，是市政工程专业“以实际工程项目为引领”的系统化、项目化教材建设配套图集，根据高等职业教育市政工程专业教学标准及市政管理人员从业资格要求编写。

本图集遴选了典型实际市政工程项目（地铁车站工程、隧道工程）的施工图纸，内容全面，设计规范合理。本图集所选案例项目可贯穿“市政工程识图与构造”“市政工程力学与结构”“市政工程CAD绘图”“市政工程测量”“地下工程施工”“隧道工程施工”“市政工程计量与计价”“市政工程施工组织与管理”“工程招投标与合同管理”等多门市政工程专业课程的教学，对于学生培养学习兴趣，掌握市政工程识图、绘图及施工技术、施工管理等能力都具有重要意义。

本图集严格依据现行制图标准进行编写，同时采用BIM技术，对关键节点配以三维模型，学生通过扫描书中的二维码即可观看，从而达到加强学习效果的目的。

本图集由马春燕、范大波任主编，林建华、李兴东、詹海华、沈卫东、商峻任副主编，雷彩虹任主审。本书具体编写分工如下：项目1由马春燕、林建华编写；项目2由马春燕编写；项目三由李兴东、沈卫东编写；项目4由范大波、詹海华、商峻编写。项目1～3由马春燕负责统稿，项目4由范大波负责统稿。在本书的编写整理过程中还得到相关企业同人和专家的大力支持，在此一并对他们表示衷心的感谢。

由于编者水平所限，书中疏漏和不足之处在所难免，恳请广大师生和读者批评指正。

编　者

2021年10月

目录

Contents

项目 1 标准车站主体围护结构图

主体围护结构图纸目录

序号	图号	图名	备注
01	JG-01-01	主体围护结构设计说明（一）	
02	JG-01-02	主体围护结构设计说明（二）	
03	JG-01-03	主体围护结构设计说明（三）	
04	JG-01-04	主体围护结构设计说明（四）	
05	JG-01-05	主体围护结构总平面图	
06	JG-01-06	地下连续墙及立柱桩平面布置图（一）	
07	JG-01-07	地下连续墙及立柱桩平面布置图（二）	
08	JG-01-08	地下连续墙及立柱桩平面布置图（三）	
09	JG-01-09	地基加固及降水井平面布置图（一）	
10	JG-01-10	地基加固及降水井平面布置图（二）	
11	JG-01-11	地基加固及降水井平面布置图（三）	
12	JG-01-12	第一道混凝土支撑平面布置图（一）	
13	JG-01-13	第一道混凝土支撑平面布置图（二）	
14	JG-01-14	第一道混凝土支撑平面布置图（三）	
15	JG-01-15	第二～六道钢支撑平面布置图（一）	
16	JG-01-16	第二～六道钢支撑平面布置图（二）	
17	JG-01-17	第二～六道钢支撑平面布置图（三）	
18	JG-01-18	围护结构地质纵剖面图（一）	
19	JG-01-19	围护结构地质纵剖面图（二）	
20	JG-01-20	围护结构地质纵剖面图（三）	
21	JG-01-21	围护结构横剖面图（一）	
22	JG-01-22	围护结构横剖面图（二）	
23	JG-01-23	围护结构横剖面图（三）	
24	JG-01-24	围护结构横剖面图（四）	
25	JG-01-25	地下连续墙配筋大样图（一）	
26	JG-01-26	地下连续墙配筋大样图（二）	
27	JG-01-27	地下连续墙配筋大样图（三）	
28	JG-01-28	主体格构柱及临时立柱桩大样图（一）	
29	JG-01-29	主体格构柱及临时立柱桩大样图（二）	
30	JG-01-30	主体格构柱及临时立柱桩大样图（三）	

序号	图号	图名	备注
31	JG-01-31	支撑节点大样图（一）	
32	JG-01-32	支撑节点大样图（二）	
33	JG-01-33	支撑节点大样图（三）	
34	JG-01-34	支撑节点大样图（四）	
35	JG-01-35	主体围护结构监测平面图	
36	JG-01-36	主体围护结构施工步序图	

主体围护结构 图纸目录	图别	施工图阶段	日期	XXXX-XX
	比例		图号	JG-01-00

主体围护结构设计说明（一）

一、工程概况

1.1 工程概况

标准站位于标准一路（道路红线宽42m，现状为双向6车道+2个非机动车道）与标准二路交叉路口，沿标准一路东西向敷设，跨交叉路口布置。车站东北象限为办公楼，西北象限为多层民房，西南象限和东南象限为办公楼。标准站为地下二层站，顶板覆土3.2~3.6m，底板垫层底（有效站台中心里程处）埋深约16.84m。车站两端接盾构区间，小里程端盾构始发，大里程端盾构接收。

车站为地下二层岛式车站，双柱三跨钢筋混凝土框架结构。

本站设两组风亭和A、B、C、D四个出入口，A、B出入口及两组风亭位于车站北侧，C、D出入口位于车站南侧。

1.2 设计范围

本册图纸包括围护结构平剖面布置、支撑体系、围护结构配筋及监测等内容。

二、设计依据主要规范、规程等

2.1 主要规范、规程及标准

（1）《地铁设计规范》（GB 50157-2013）。

（2）《城市轨道交通技术规范》（GB 50490-2009）。

（3）《城市轨道交通工程项目建设标准》（建标104-2008）。

（4）《混凝土结构设计规范（2015年版）》（GB 50010-2010）。

（5）《建筑抗震设计规范（2016年版）》（GB 50011-2010）。

（6）《钢结构设计标准》（GB50017-2017）。

（7）《建筑结构荷载规范》（GB 50009-2012）。

（8）《轨道交通工程人民防空设计规范》（RFJ 02-2009）。

（9）《混凝土结构工程施工质量验收规范》（GB 50204-2015）。

（10）《地下铁道工程施工质量验收标准》（GB/T 50299-2018）。

（11）《建筑结构可靠度设计统一标准》（GB 50068-2018）。

（12）《混凝土外加剂应用技术规范》（GB 50119-2013）。

（13）《混凝土结构耐久性设计标准》（GB/T 50476-2019）。

（14）《地下工程防水技术规范》（GB 50108-2008）。

（15）《地铁杂散电流腐蚀防护技术规程》（CJJ 49-92）。

（16）《建筑地基基础设计规范》（GB 50007-2011）。

（17）《建筑地基基础工程施工质量验收标准》（GB 50202-2002）。

（18）《城市轨道交通结构抗震设计规范》（GB 50909-2014）。

（19）《钢筋焊接及验收规程》（JGJ 18-2012）。

（20）《钢筋机械连接技术规程》（JGJ 107-2016）。

（21）《人民防空工程设计规范》（GB 50225-2005）。

（22）《城市轨道交通地下工程建设风险管理规范》（GB 50652-2011）。

（23）《建筑施工场界环境噪声排放标准》（GB 12523-2011）。

（24）其他现行国家、地方、行业有关设计规范与规程。

2.2 主要图集

《建筑基坑支护结构构造》（11SG814）。

三、工程地质和水文地质情况

3.1 工程地质

拟建场地现状为市政道路、市场停车场及空地，地势较平坦。

拟建场区地基岩土层的分层及分布特征描述如下。

①层：粉质黏土填土。灰绿色、黄绿色、青灰色，饱和，稍密至中密状态，局部为稍密。含云母碎屑，局部夹少量黏性土团块。拟建场地全场分布。

②层：黏土。灰黄色、浅灰色，很湿，松散至稍密状。摇震反应中等至迅速，无光泽反应，干强度和韧性低，振动析水，局部夹少量粉砂。拟建场地全场分布。

③层：淤泥质土。灰色，流塑，含有机质、腐殖质及云母碎屑，偶见贝壳碎屑。夹粉土、粉砂薄层，具水平层理，呈不均匀分布，局部粉砂富集，呈互层状。无摇振反应，切面较光滑，干强度中等，韧性较低。拟建场地全场分布。

⑥层：粉土。灰、黄灰色，很湿，松散至稍密状。摇震反应中等至迅速，无光泽反应，干强度和韧性低，振动析水。拟建场地全场分布。

3.2 水文地质情况

观测到地下水位埋深3.1~3.6m，观测时间为××××年××月××日。主要接受大气降水入渗补给，以蒸发、向下越流方式排泄。低水位期为4~6月，高水位期为9~10月，静水位年变幅2.0~3.0m，动水位年变幅达3.0m以上。

注：本场地勘察时未发现上层滞水，但考虑受季节变化、管线渗漏、绿化灌溉等因素影响，不排除局部存在上层滞水的可能性。

四、工程材料、构造措施及耐久性设计

4.1 工程材料

（1）混凝土：地下连续墙、钻孔灌注桩采用水下C35混凝土；压顶梁采用C35混凝土；冠梁、钢筋混凝土支撑（角撑）、临时盖板、挡土墙、防撞墙、连系梁采用C30混凝土；导墙采用C25混凝土；垫层采用C20（早强）混凝土。

（2）钢筋：HPB300钢筋和HRB400钢筋。

主体围护结构设计说明（一）	图别	施工图阶段	日期	XXXX-XX
	比例		图号	JG-01-01

主体围护结构设计说明(二)

(3)焊条：HPB300钢筋采用E43型，HRB400钢筋采用E50型。

(4)钢：预埋件及钢筋笼的定位垫块采用Q235B钢板；460mm×460mm格构柱采用Q235B型钢，600mm×600mm格构柱采用Q345B型钢；钢支撑连系梁采用Q235B型钢；钢支撑采用Q235B钢管。

(5)接驳器等级为Ⅰ级。

4.2 钢筋构造措施

(1)钢筋锚固长度。

钢筋的锚固长度应满足下表要求。

钢筋类型	受拉钢筋锚固长度l_a		受拉钢筋抗震锚固长度l_{aE}	
	混凝土等级		混凝土等级	
	C30	C35	C30	C35
HPB300	$30d$	$28d$	$32d$	$29d$
HRB400，$d≤25$	$35d$	$32d$	$37d$	$34d$
HRB400，$d>25$	$39d$	$36d$	$41d$	$37d$

(2)钢筋的接头。

①受力钢筋的接头位置应设在受力较小处，接头应互相错开。当采用非焊接的搭接接头时，从任一接头中心至1.3倍搭接长度的范围内，或当采用焊接接头时，在任一焊接接头中心至长度为钢筋直径的35倍且不小于500mm的范围内，有接头的受力钢筋截面面积占受力钢筋总截面面积的百分率应符合下表规定(图中未注明钢筋搭接长度的均按受拉区处理)。

接头形式	受拉区	受压区
绑扎搭接接头	25%	50%
机械或焊接接头	50%	不限

②纵向钢筋接头宜优先采用机械连接。受拉钢筋直径$d≥25$mm、受压钢筋直径$d≥28$mm时，不宜采用绑扎搭接接头。

③受拉钢筋绑扎搭接接头的最小搭接长度应满足下表要求。

绑扎搭接接头面积百分率	搭接长度l_l
25%	$1.2l_a$
50%	$1.4l_a$
100%	$1.6l_a$

注：在任何情况下，受拉钢筋的搭接长度不得小于300mm。

④受力钢筋搭接长度范围内箍筋应加密，其间距不应大于搭接钢筋较小直径的5倍，且不大于100mm。

⑤本图册所注结构尺寸及钢筋长度均为理论计算值。钢筋下料前应根据构件的实际尺寸调整钢筋长度，以保证钢筋搭接和锚固所必需的长度。

4.3 耐久性设计

(1)所有结构接缝处应采取抗裂防渗的加强措施，防止渗漏。

(2)混凝土保护层厚度施工允许偏差为5~10mm，不符合要求时，应做补救措施。为确保保护层厚度，垫块和垫块布置须专门设计。

(3)工程的设计使用年限为100年的构件，不能使用冷加工钢筋作为受力钢筋。

(4)钢筋保护层厚度应满足下表要求。

结构部位	迎土面/mm	背土面/mm
地下连续墙	70	70
压顶梁	45	
混凝土支撑、系杆、冠梁	30	
钻孔灌注桩	70	

五、结构形式及施工步骤

5.1 围护结构形式

(1)标准段：围护结构采用0.8m厚地下连续墙，墙长30.0m，平均插入坑底深度约13.0m。

(2)端头井：围护结构采用0.8m厚地下连续墙，墙长32.6m，平均插入坑底深度约14.5m。

(3)车站采用明挖顺作法施工，车站基坑标准段设置5道支撑(1道混凝土支撑+4道钢支撑)，端头井竖向设置6道支撑(1道混凝土支撑+5道钢支撑)。为控制围护桩在基坑开挖时的位移，需对钢支撑施加预应力，其值应按图纸中给出的预加轴力值进行。

(4)各主要支护构件规格。

①混凝土支撑：800mm×1000mm；混凝土角撑：300mm厚。

②钢管内支撑：ϕ609mm，$t=16$mm；钢连系梁：2[40c。

③临时格构柱：460mm×460mm(盖板处600mm×600mm)。

5.2 施工步骤

车站采用明挖顺作的施工方法，具体施工步骤如下：管线改移、场地平整、成墙准备→施做地连墙→基坑第一层土开挖→设置冠梁及第一道钢筋混凝土支撑→第二层土开挖→设置第二道钢支撑→依次开挖第三~五层土，设置第三~五道钢支撑→最后开挖至坑底→施作综合接地网→垫层混凝土施工→施作底板防水层→底板混凝土及部分侧墙浇筑→拆除第四、五道支撑→施工侧墙及站厅层中板→拆除第二、三道支撑→施工侧墙、车站顶板及防水层→拆除第一道混凝土支撑→拆除换撑→回迁管线、回填基坑及恢复地面。

所有拆撑施工均需满足其前一施工步骤浇筑的构件达到设计强度后方可进行。

主体围护结构 设计说明(二)	图别	施工图阶段	日期	XXXX-XX
	比例		图号	JG-01-02

主体围护结构设计说明（三）

六、基坑降水、开挖、支护与回填

6.1 基坑降水

（1）降水须由有专门资质的单位进行详细设计和施工。施工前须根据现场地质情况和设计降水技术要求，进行抽水试验的专题研究。根据试验结果，经业主、监理、设计等各方共同研究后，对井点布置、数量、构造、降水指标及监测等各项内容进行调整，既要达到降水效果，又要保证基坑工程和周边建筑、管线的安全。

（2）采用管井降水+明排疏干止水等有效地下水控制措施，将地下水降至底板下至少1m，保证基坑施工安全。

（3）由于降（排）水可能使周围地面、建筑物下沉等，降水时需考虑对路面、管线、建（构）筑物等因素的影响。具体施工降水要求如下。

①为满足明挖地下结构在施工中的抗浮要求，在明挖地下结构顶板施工完毕之前，应一直保持降水至底板以下，直至顶板结构施工完毕并回填后方可停止降水。

②由于降水期较长，使场区地下水均衡关系发生较大变化，必然对周围环境产生影响。为了较准确地掌握场区地下水动态变化，及时采取必要的处理措施，在降水工程实施的同时，应建立地下水动态监测网。

6.2 基坑开挖、支护与回填

（1）基坑开挖。

施工单位根据工程设计工况和水文地质条件制定基坑开挖方案，应充分利用"时空效应"提高工程施工质量，拟定合理的开挖顺序及每步开挖土体的空间尺寸，并符合以下要求：

①土方开挖的顺序、方法必须与设计工况一致，按照"时空效应"理论指导土方开挖和支撑施工，并遵循"开槽限时支撑、先撑后挖，分层分段、对称、平衡，留土护壁，严禁超挖"的原则，将基坑开挖造成周围设施的变形控制在允许的范围内。

②土方开挖应与支撑设置密切配合，做到开槽后及时设支撑。挖土过程中随时测定标高，严禁超挖，垫层随挖随捣，坑底应保留300mm厚基土，采用人工挖除整平，并防止坑底土扰动。钢支撑安装时间不超过16h，为尽可能减小地下墙变位，挖除主体结构楼板每一段边土后，必须在24h内完成挖土并浇捣好垫层。待混凝土达到一定强度后再进行桩头处理和钢筋绑扎工作，以减少基坑暴露时间和墙体变位。

③基坑边严禁大量堆载，地面超载应控制在20kN/m^{2}以内，并严格控制不均匀堆载。机械进出口通道应铺设路基箱扩散压力，或局部采取地基加固措施。随程开挖深度h时，基坑边30m范围内不得堆土；车站主体结构范围内除回填覆土外，严禁堆土，超载应控制在20kN/m^{2}以内。

（2）支撑架设与拆除。

①在地面按数量及质量要求及时配置支撑，保证支撑长度适当，支撑安装的容许偏差应符合下列规定。

钢筋混凝土支撑界面尺寸：+8mm，-5mm；　支撑中心标高及同层支撑顶面的标高差：+30mm，-30mm；支撑两端的标高差不大于20mm及支撑长度的1/600；支撑挠曲度不大于支撑长度的1/1000；支撑水平轴线偏差不大于30mm。

②基坑开挖至支撑设计标高时必须停止开挖，并及时架设钢管支撑。钢管支撑应施加预应力，确保围护结构的变形在设计范围内。支撑架设完毕后应检查确认支撑的稳定性，安全后方可继续开挖施工。

③支撑结构的安装与拆除顺序应同基坑支护结构的设计工况相一致，必须严格遵守先支撑后开挖的原则。支撑钢管的连接采用法兰盘连接。开挖至支撑底标高时，安装支撑钢管。另外，在钢支撑从架设到拆除的整个施工过程中，对钢支撑的监测应严格要求，确保支撑的稳定。

④支撑拆除顺序应按设计要求进行，不可在主体结构板尚未达到设计要求的强度条件时先行拆卸，并避免在拆除过程中对主体结构构件产生碰撞损伤，必要时应采取适当的防护措施。在顶板覆土回填之前，不能将拆卸的支撑堆载在顶板上。

（3）钢管支撑预埋件。

钢管支撑处的预埋钢板，特别是斜钢管支撑处的预埋钢板节点构造，应根据支撑轴力进行验算，必须满足钢结构规范及钢筋混凝土规范有关的强度要求。

（4）基坑回填。

①现场挖出的粉土、淤泥、粉砂、杂填土、有机质含量大于8%的腐殖土、过湿土不能作为回填土，其余的土可优先用作回填土用，以节省工程造价。

②基坑回填应在车站结构顶板达到设计强度及完成顶板防水施工以后进行。

③回填前应对备用的回填土进行试验，确定最佳含水量，并做压实试验。基坑回填应分层、水平压实；基坑分段回填接槎处，已填土坡应挖台阶，其宽度不得小于1m，高度不得大于0.5m。

④结构两侧需要回填土方的，应在两侧同时回填。

七、施工技术要求

7.1 地下连续墙施工技术要求

（1）导墙。

①本设计未考虑施工误差，施工时须考虑垂直及水平施工误差，结合围护结构最大水平位移进行外放，确保车站建筑限界、内净空尺寸和内衬墙的厚度要求。

②导墙底标高宜低于地下连续墙设计顶标高不少于200mm；导墙顶应高出地下墙顶0.5m，且导墙施工接头应与地下墙接头位置错开。导墙与地下墙中心线应一致，导墙宽度为地下墙厚度加40mm。导墙顶部应高出地面200mm，导墙平面中心线容许偏差为±10mm，墙面不平整度小于5mm。

（2）成槽和泥浆护壁。

①成槽垂直精度不得低于1/300，接头处相邻两槽段的中心线在任一深度的偏差不得大于50mm。

②成槽后应认真清槽，清槽质量应达到有关规范、技术规程的要求。

会签栏							
	线路	轨道	环境控制	防灾报警	牵变	接触网	管线综合
	限界	供电	通信	车站设备	降变	自动售检票	装修
	建筑	照明	信号	门禁	屏蔽门	人防	
	结构	防迷流	给排水	综合监控	电力监控	主变	

主体围护结构设计说明（三）	图别	施工图阶段	日期	XXXX-XX
	比例		图号	JG-01-03

主体围护结构设计说明（四）

（3）钢筋笼的制作、入槽。

①施工应按设计要求配筋，竖向主筋按“n=幅宽/间距+1”计算放足根数，适当调整钢筋间距。为保证钢筋笼在吊装过程中的整体稳定及刚度，要求钢筋笼必须在同一平台上整体制作或预拼装，纵向钢筋笼采用机械连接或焊接连接，宜优先采用机械连接，纵向钢筋笼连接接头位置应相互错开，同一连接区段接头不超过50%。纵横向受力筋相交处需点焊，四周钢筋交点需全部点焊，其余交点可采用50%交错点焊。钢筋笼在制作、运输及吊装过程中应采取有效措施防止钢筋笼变形。

②为保证钢筋保护层厚度，在钢筋笼的两侧应焊接定位垫块，钢筋笼水平方向每侧设四列，定位垫块纵向间距为3m。地下墙在基坑深度范围内的垂直施工误差不得大于1/300；地下墙钢筋笼安装深度允许偏差不宜大于20mm。

（4）混凝土浇筑。

①混凝土导管直径、间距、位置由施工单位自行确定；地下墙原则上每5~6m幅宽设置两根压浆管，插入墙底下0.5m，单管压浆量不少于3m^3，深度范围为墙趾下1.5m，对墙趾土体进行后注浆加固，墙底注浆压力及注浆参数应进行试验确定；且墙顶抬高不得大于5mm。

②为减少地下墙的下沉量，应在地下墙底设置压浆管进行槽底注浆以减少墙体沉降，注浆压力和注浆量应根据试验确定。

③墙身混凝土抗压强度试块每100m^{3}混凝土不应少于一组，且每幅槽段不应少于一组；墙身混凝土抗渗试块每5幅槽段不应少于一组。

（5）连续墙底注浆。

每幅地下墙原则上应设置两根注浆管，伸入墙底下0.5m，对墙趾下1.5m范围内土体进行注浆加固，每根注浆管注浆量不小于3m^3，墙底注浆压力应进行试验确定，且墙顶抬高不得大于5mm。连续墙的混凝土灌注高度应比设计标高高出不小于500mm。

（6）连续墙检测要求。

①每幅槽段均应采用超声波检测仪检验沉槽的宽度、厚度和深度，以确定是否达到设计规定的要求。

②应进行槽壁垂直度检测，检测数量不得小于同条件下总槽段数的20%，且不应少于10幅。

③应进行槽底沉渣厚度检测。

④应采用声波透射法对墙体混凝土质量进行检测，检测墙段数量不宜少于同条件下总墙段数的20%，且不得少于3幅，每个检测墙段的预埋超声波管数不应少于4个，且宜布置在墙身截面的四边中点处。

⑤当根据声波透射法判定的墙身质量不合格时，应采用钻芯法进行验证。

⑥声测管（ø57mm×5.0mm无缝钢管）埋设槽段数为总槽段数的40%；根据《建筑基坑支护技术规程》（JGJ 120—2012）规定地下连续墙应采用声波透射法检测墙身结构质量，检测槽段数不宜少于总槽段数的20%，且不应少于3个槽段。

⑦声测管长度与地墙深度相同，底部超出钢筋笼底500mm，顶部应超出地墙混凝土浇筑面500mm，各声测管管口标高应一致，到位后向声测管内灌满清水，并做好管口的保护以防杂物堵塞声测管。

7.2 钻孔灌注桩施工技术要求

（1）钻孔灌注桩施工前，必须试成孔，数量不少于两个，以便核对地质资料，检验所选的设备、施工工艺及技术是否适宜。试成孔经测试后若孔径、垂直度、孔壁稳定和回淤等指标不符合要求，应考虑技术改进措施及重新考虑施工工艺。

（2）采用ø900mm钻孔灌注桩作为临时钢立柱基础。

（3）钻孔灌注桩桩位容许偏差≤100mm，立柱桩桩身垂直偏差度≤1/200；立柱桩与连续墙的沉降差不大于10mm，桩每根桩须埋设3根注浆管进行桩底注浆，插入槽底下0.5m，桩底注浆以注入水泥量控制为准，以注浆压力控制为辅，单管压浆量不少于2m^3，对桩底土体进行后注浆加固，桩底注浆压力及注浆参数应进行试验确定，且桩顶抬高不得大于5mm。灌注桩的混凝土灌注高度应比设计标高高出不小于500mm。

（4）灌注桩施工完成后必须进行桩身质量检测，检测方法采用低应变检测结合声波透射法，低应变检测数量为100%，声波投射法检测数量为10%。

7.3 格构柱的制作及施工要求

（1）格构柱以钻孔灌注立柱桩为基础。所有格构柱插入立柱桩深度为3.0m，其插入范围内桩箍筋加密至100mm。

（2）格构柱插入深度应严格控制，柱顶标高误差不大于5mm，容许偏位误差不大于20mm，垂直误差不大于1/300。

（3）格构柱同梁和板连接时，梁主筋按需要对格构柱开洞，保证主筋连通，板钢筋可局部绕过或焊接连接。

八、工程安全风险防范（应急预案）

为了保证基坑安全，各相关方须通力合作，采取有效的维护及应急措施，当量测中发现指标超限时，应立即停止基坑开挖作业，并及时通知监理工程师及设计工程师，提供所有资料给有关人员或部门，认真仔细分析与查找原因，提出对策，采取可靠措施后方可施工。以下提供主要的安全预案措施供参考，各项措施根据需要选用。

（1）施工单位应有基坑开挖应急方案，基坑开挖期间应配备必要的设备及材料，例如挖掘机、注浆机、水泵、砂包、水泥、速凝剂及钢筋等。

（2）应配备一定数量的抢险人员，指挥人员应在现场值班。

（3）围护结构水平位移过大：在基坑内墙前堆码砂石袋，增设内支撑，在坑底桩前打设多排旋喷桩加固被动区。

（4）钢支撑轴力过大：增设内支撑。

（5）地表沉降过大：如属于水土流失原因，则可在基坑围护桩外注浆隔水，同时采取回灌措施。

（6）应对发现的裂缝及时进行封堵，防止有地表水渗入土层内。

九、监控量测

根据《城市轨道交通工程监测技术规范》（GB 50911—2013），城市轨道交通工程应该据工程特点、监测项目控制值、当地施工经验等制定监测预警等级和预警标准，在施工过程中，当监测数据达到预警标准时，必须进行警情报送。

主体围护结构设计说明（四）	图别	施工图阶段	日期	XXXX-XX
	比例	1∶100	图号	JG-01-04

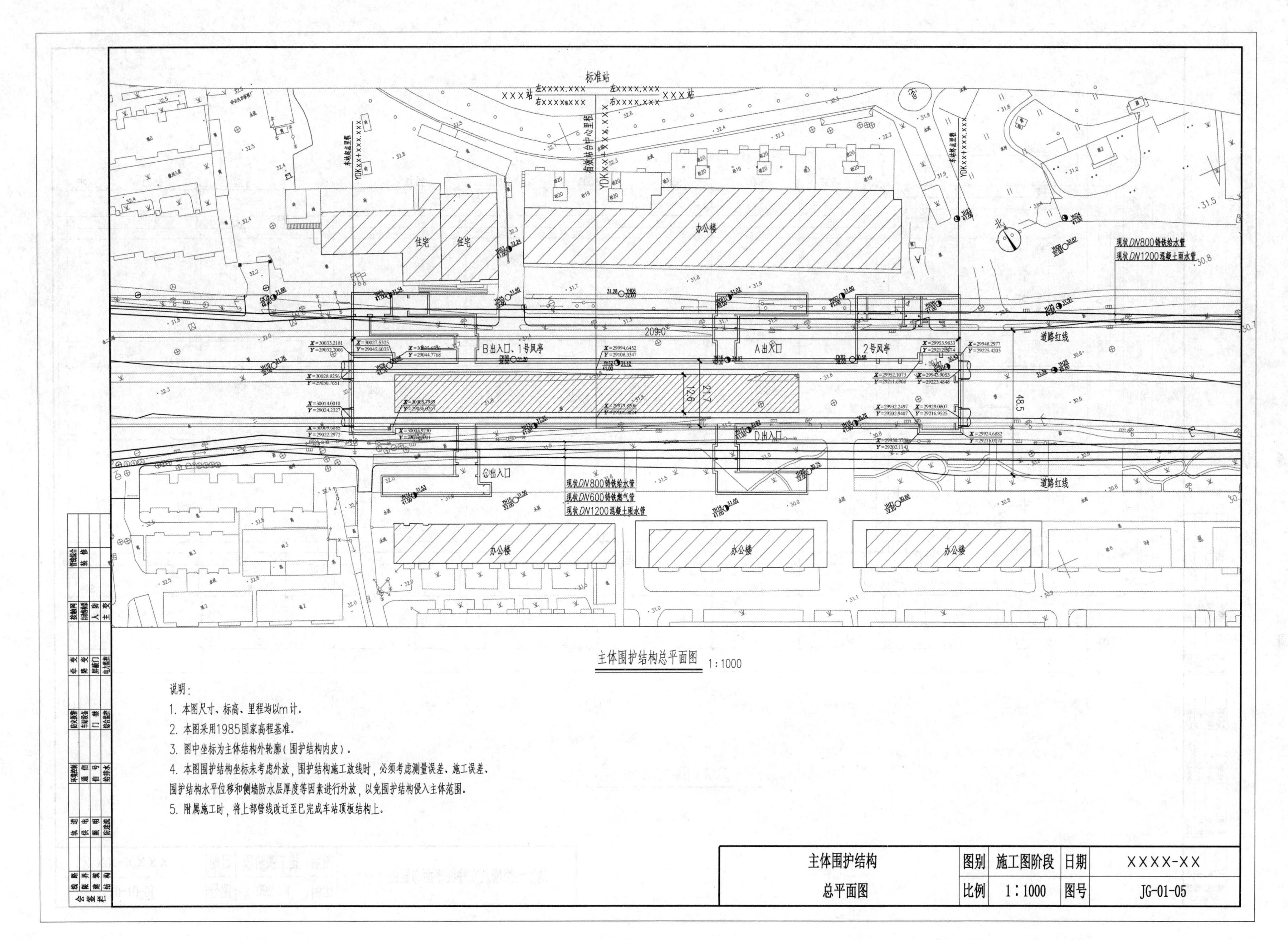

主体围护结构总平面图 1∶1000

说明：

1. 本图尺寸、标高、里程均以m计。
2. 本图采用1985国家高程基准。
3. 图中坐标为主体结构外轮廓（围护结构内皮）。
4. 本图围护结构坐标未考虑外放，围护结构施工放线时，必须考虑测量误差、施工误差、围护结构水平位移和侧墙防水层厚度等因素进行外放，以免围护结构侵入主体范围。
5. 附属施工时，将上部管线改迁至已完成车站顶板结构上。

主体围护结构 总平面图	图别	施工图阶段	日期	XXXX-XX
	比例	1∶1000	图号	JG-01-05

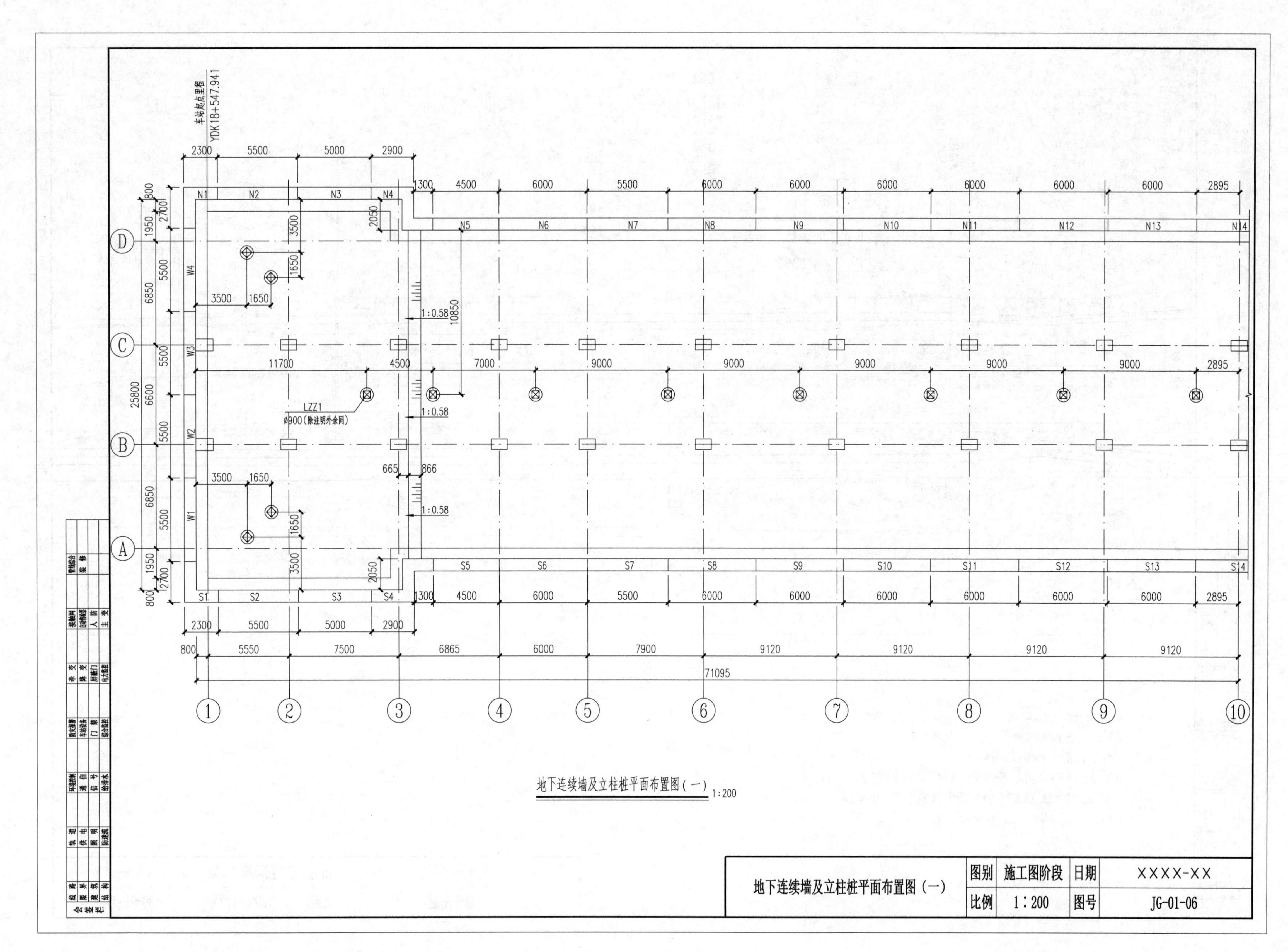
车站起点里程
YDK18+547.941
N1 N2 N3 N4 N5 N6 N7 N8 N9 N10 N11 N12 N13 N14
S1 S2 S3 S4 S5 S6 S7 S8 S9 S10 S11 S12 S13 S14
W1 W2 W3 W4
LZZ1
φ900（除注明外余同）
1:0.58
2300 5500 5000 2900
1300 4500 6000 5500 6000 6000 6000 6000 6000 6000 2895
11700 4500 7000 9000 9000 9000 9000 9000 2895
800 5550 7500 6865 6000 7900 9120 9120 9120 9120
71095
25800
10850
665 866
地下连续墙及立柱桩平面布置图（一） 1:200
地下连续墙及立柱桩平面布置图（一）
图别 施工图阶段
日期 XXXX-XX
比例 1：200
图号 JG-01-06

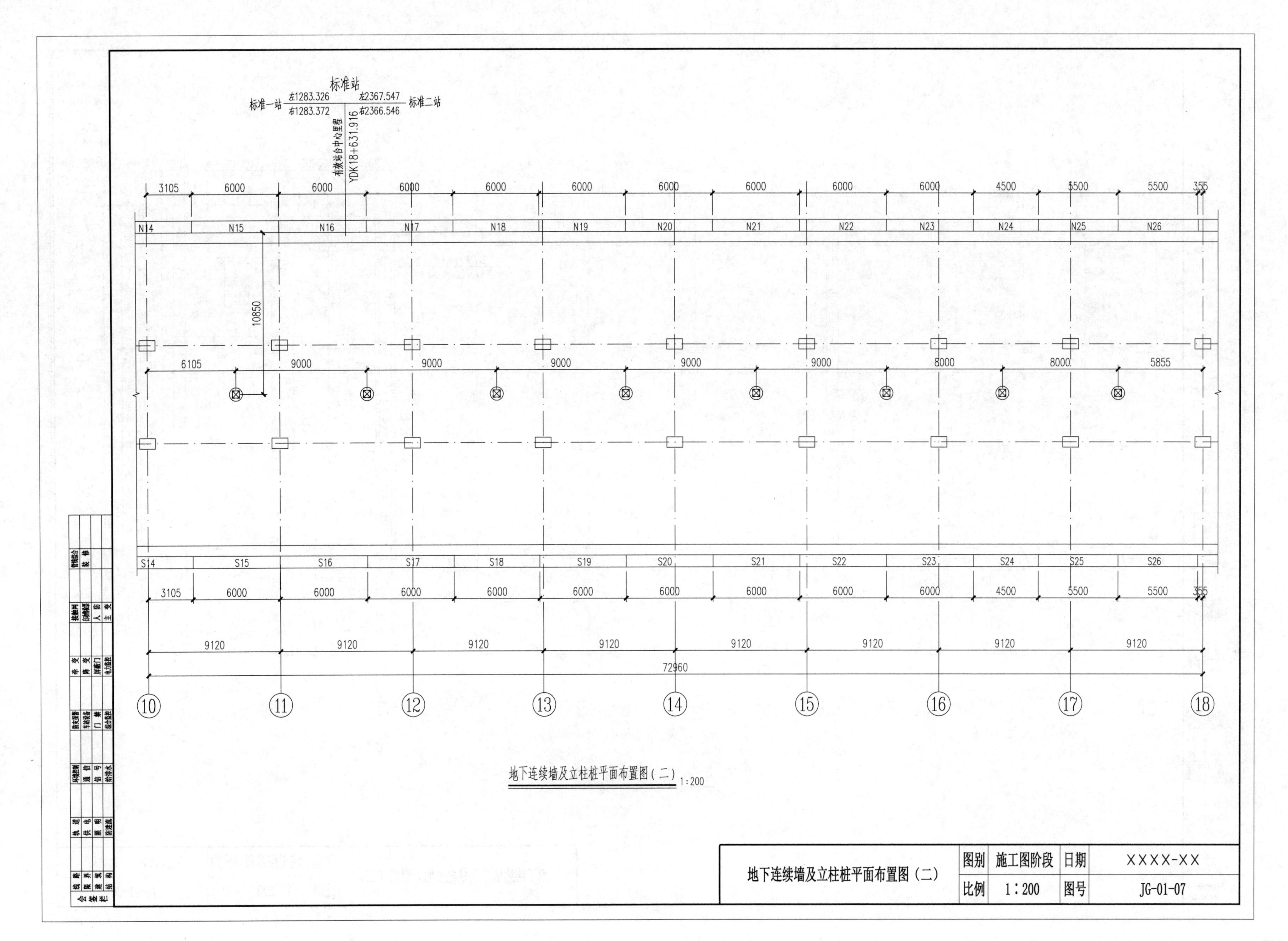

标准站
标准一站 左1283.326 右1283.372
左2367.547 右2366.546 标准二站
有效站台中心里程 YDK18+631.916
3105 6000 6000 6000 6000 6000 6000 6000 6000 6000 4500 5500 5500 355
N14 N15 N16 N17 N18 N19 N20 N21 N22 N23 N24 N25 N26
10850
6105 9000 9000 9000 9000 9000 8000 8000 5855
S14 S15 S16 S17 S18 S19 S20 S21 S22 S23 S24 S25 S26
3105 6000 6000 6000 6000 6000 6000 6000 6000 6000 4500 5500 5500 355
9120 9120 9120 9120 9120 9120 9120 9120
72960
10 11 12 13 14 15 16 17 18
地下连续墙及立柱桩平面布置图（二） 1:200
地下连续墙及立柱桩平面布置图（二）
图别 施工图阶段 日期 XXXX-XX
比例 1：200 图号 JG-01-07

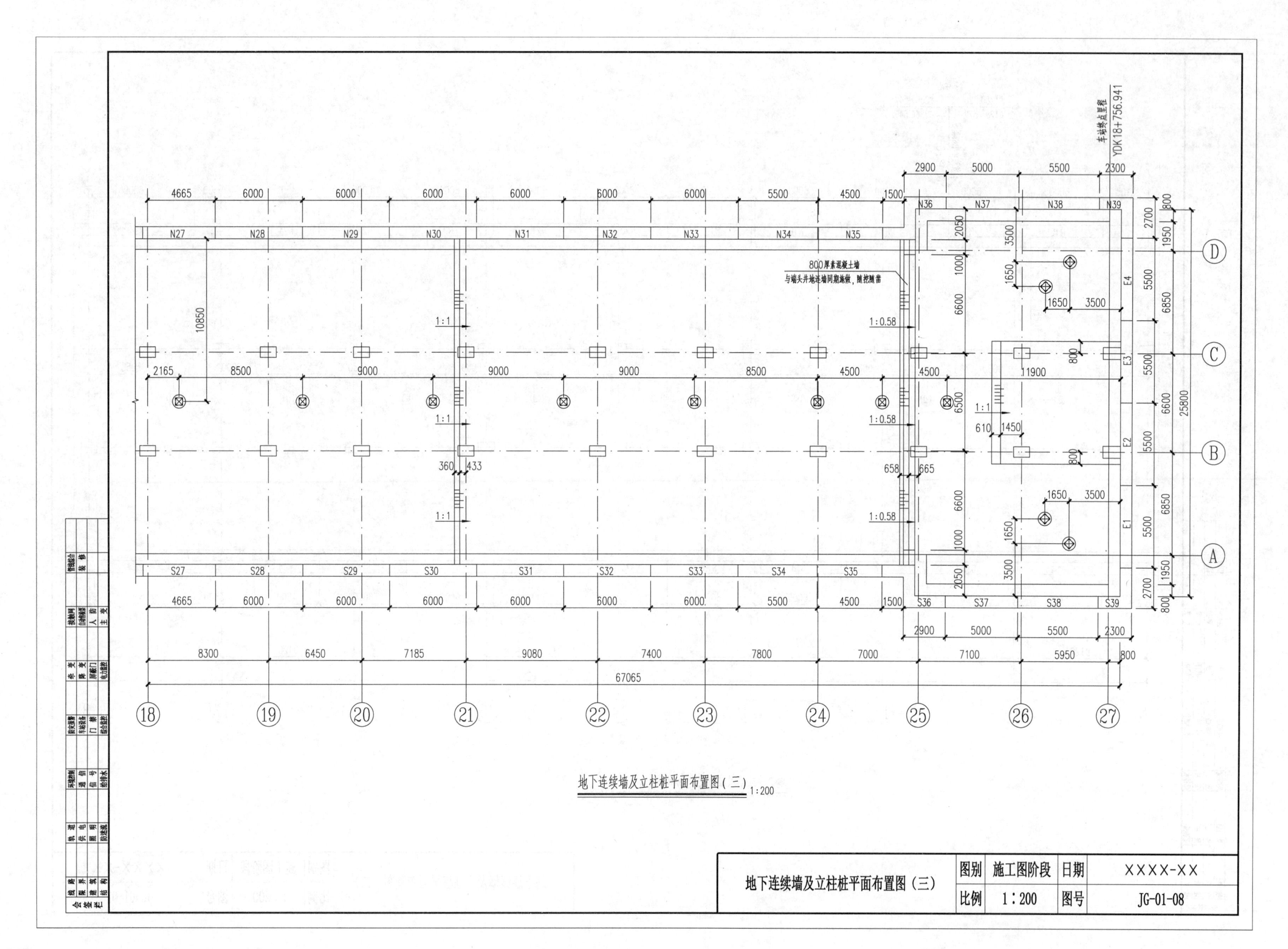

车站终点里程
YDK18+756.941
800厚素混凝土墙
与端头井地连墙同期施做，随挖随凿
N27 N28 N29 N30 N31 N32 N33 N34 N35 N36 N37 N38 N39
S27 S28 S29 S30 S31 S32 S33 S34 S35 S36 S37 S38 S39
E1 E2 E3 E4
1:1
1:0.58
4665 6000 6000 6000 6000 6000 6000 5500 4500 1500
2900 5000 5500 2300
2165 8500 9000 9000 9000 8500 4500 4500 11900
8300 6450 7185 9080 7400 7800 7000 7100 5950 800
67065
25800
18 19 20 21 22 23 24 25 26 27
A B C D
地下连续墙及立柱桩平面布置图（三） 1:200
地下连续墙及立柱桩平面布置图（三）
图别 施工图阶段 日期 XXXX-XX
比例 1:200 图号 JG-01-08

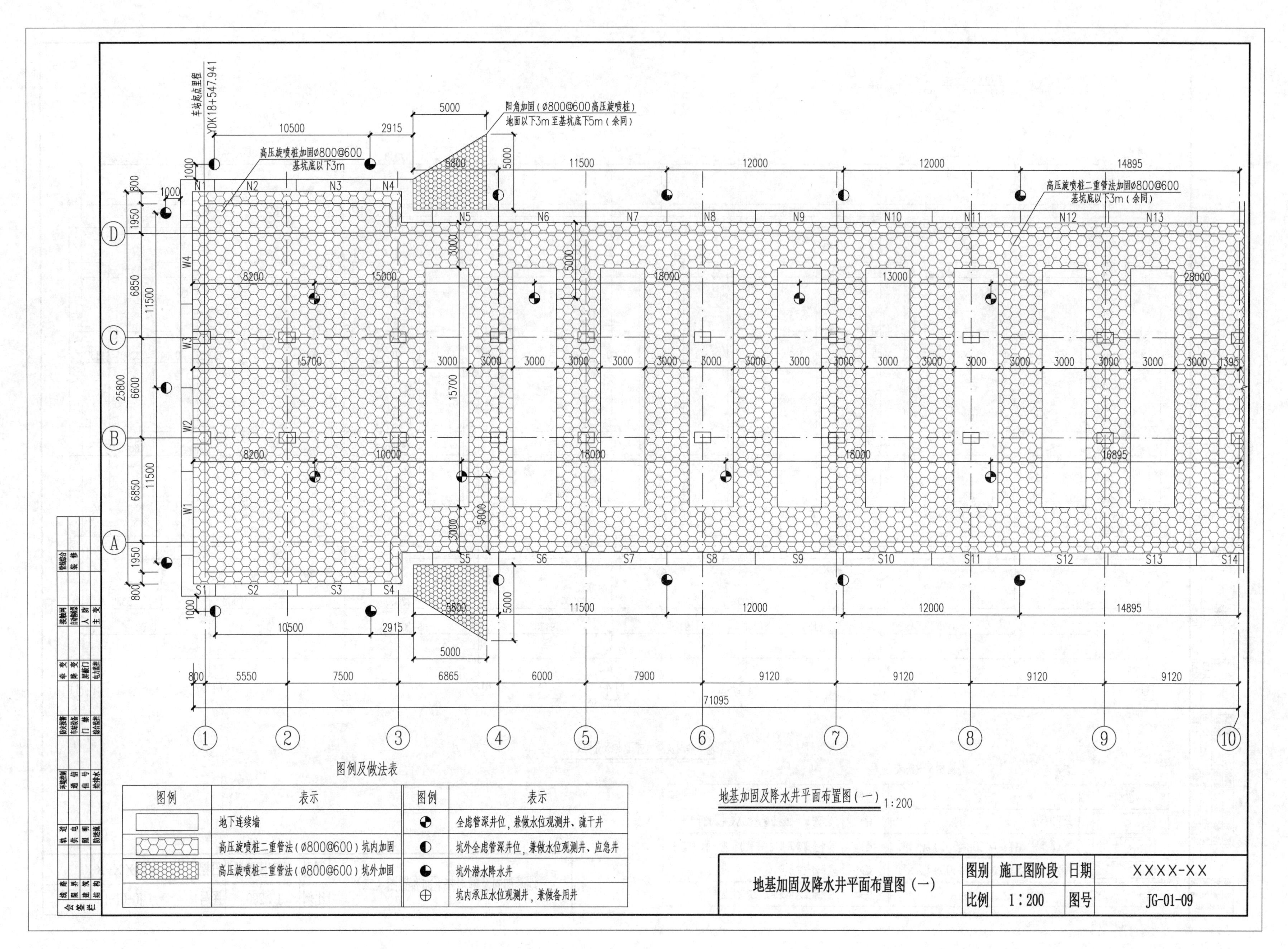

图例	表示	图例	表示
	地下连续墙		全虑管深井位，兼做水位观测井、疏干井
	高压旋喷桩二重管法（ø800@600）坑内加固		坑外全虑管深井位，兼做水位观测井、应急井
	高压旋喷桩二重管法（ø800@600）坑外加固		坑外潜水降水井
			坑内承压水位观测井，兼做备用井

地基加固及降水井平面布置图（一）	图别	施工图阶段	日期	XXXX-XX
	比例	1∶200	图号	JG-01-09

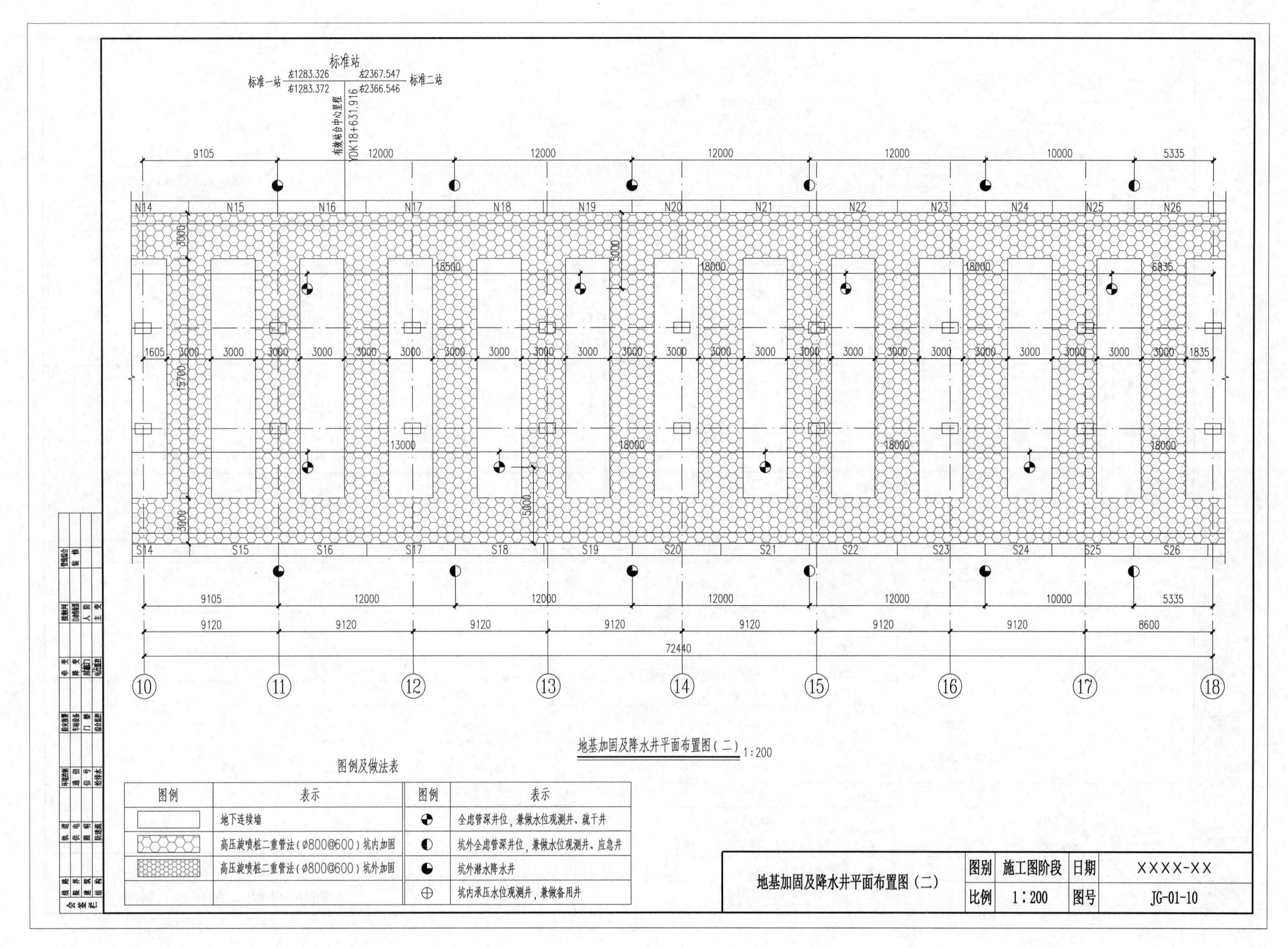

标准站
标准一站
左1283.326
右1283.372
左2367.547
右2366.546
标准二站
有效站台中心里程
YDK18+631.916
地基加固及降水井平面布置图（二）1:200
图例及做法表
图例
表示
地下连续墙
高压旋喷桩二重管法（ø800@600）坑内加固
高压旋喷桩二重管法（ø800@600）坑外加固
全虑管深井位，兼做水位观测井、疏干井
坑外全虑管深井位，兼做水位观测井、应急井
坑外潜水降水井
坑内承压水位观测井，兼做备用井
地基加固及降水井平面布置图（二）
图别
施工图阶段
日期
XXXX-XX
比例
1：200
图号
JG-01-10

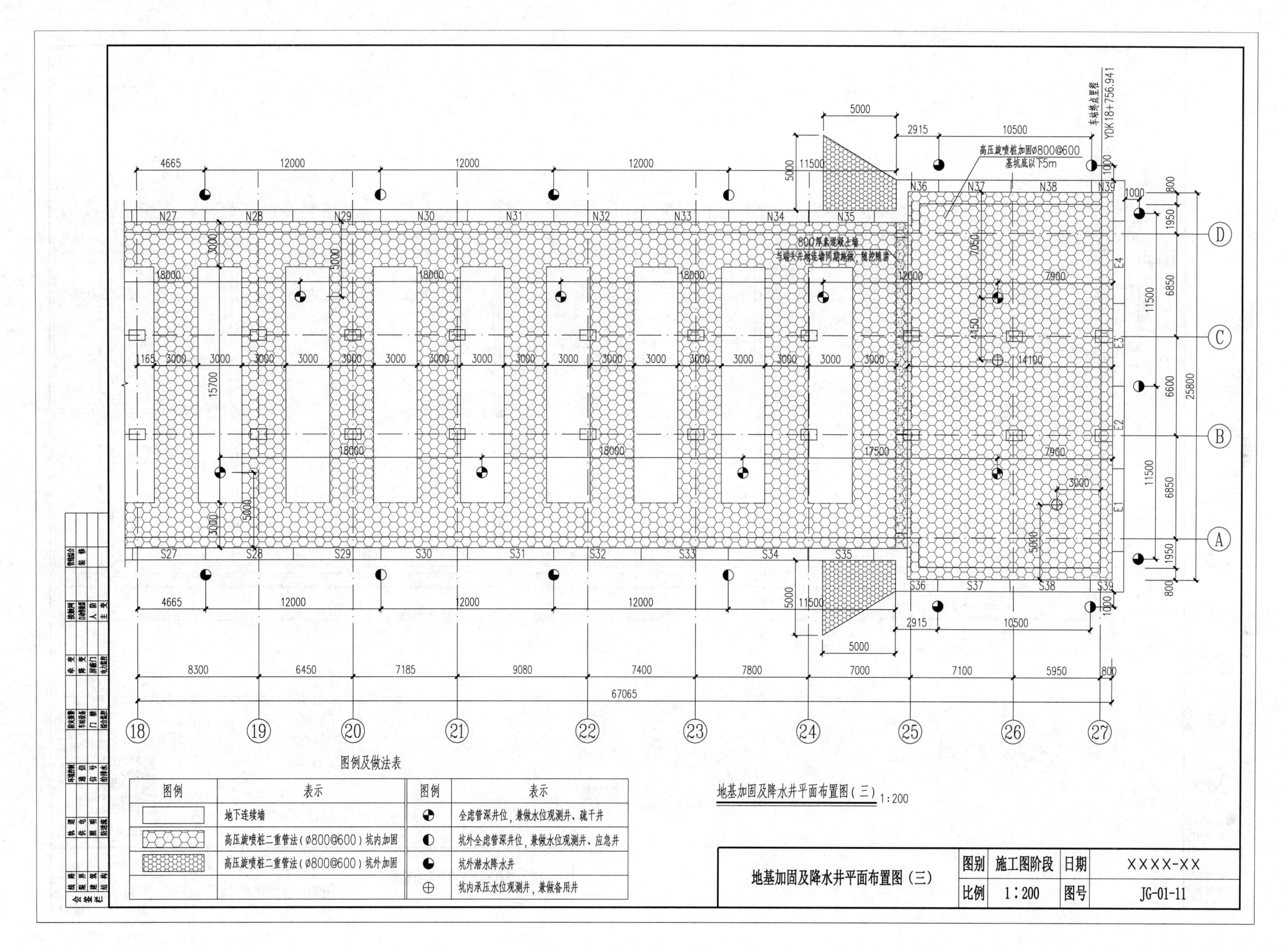

车站终点里程
YDK18+756.941
高压旋喷桩加固ϕ800@600
基坑底以下5m
800厚素混凝土墙
与端头井地连墙同期施做，随挖随凿
图例及做法表
图例
表示
地下连续墙
高压旋喷桩二重管法（ϕ800@600）坑内加固
高压旋喷桩二重管法（ϕ800@600）坑外加固
全虑管深井位，兼做水位观测井、疏干井
坑外全虑管深井位，兼做水位观测井、应急井
坑外潜水降水井
坑内承压水位观测井，兼做备用井
地基加固及降水井平面布置图（三）
1:200
地基加固及降水井平面布置图（三）
图别
施工图阶段
日期
XXXX-XX
比例
1：200
图号
JG-01-11

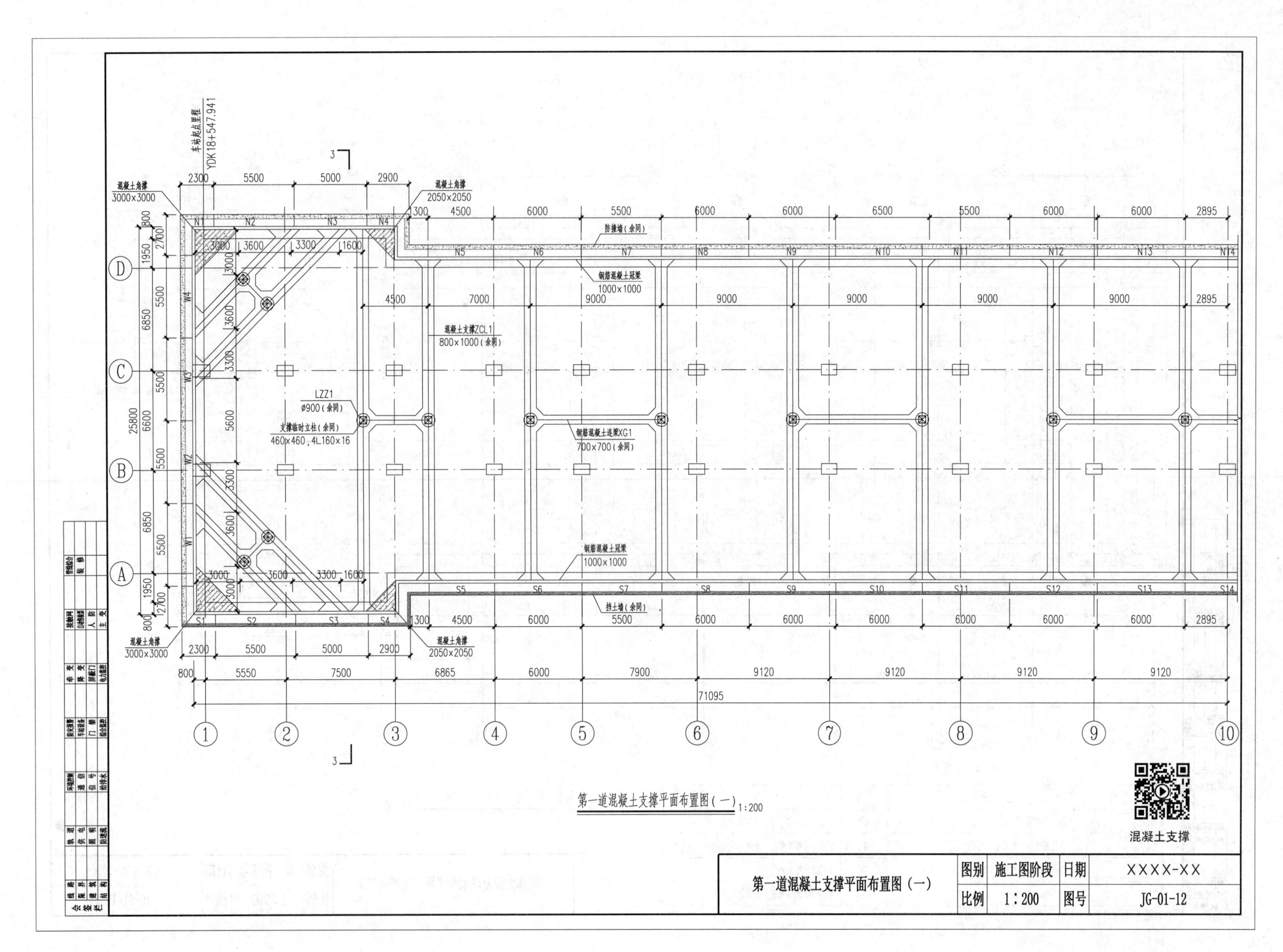

第一道混凝土支撑平面布置图（一） 1:200
混凝土支撑
第一道混凝土支撑平面布置图（一）
图别 施工图阶段
日期 XXXX-XX
比例 1:200
图号 JG-01-12

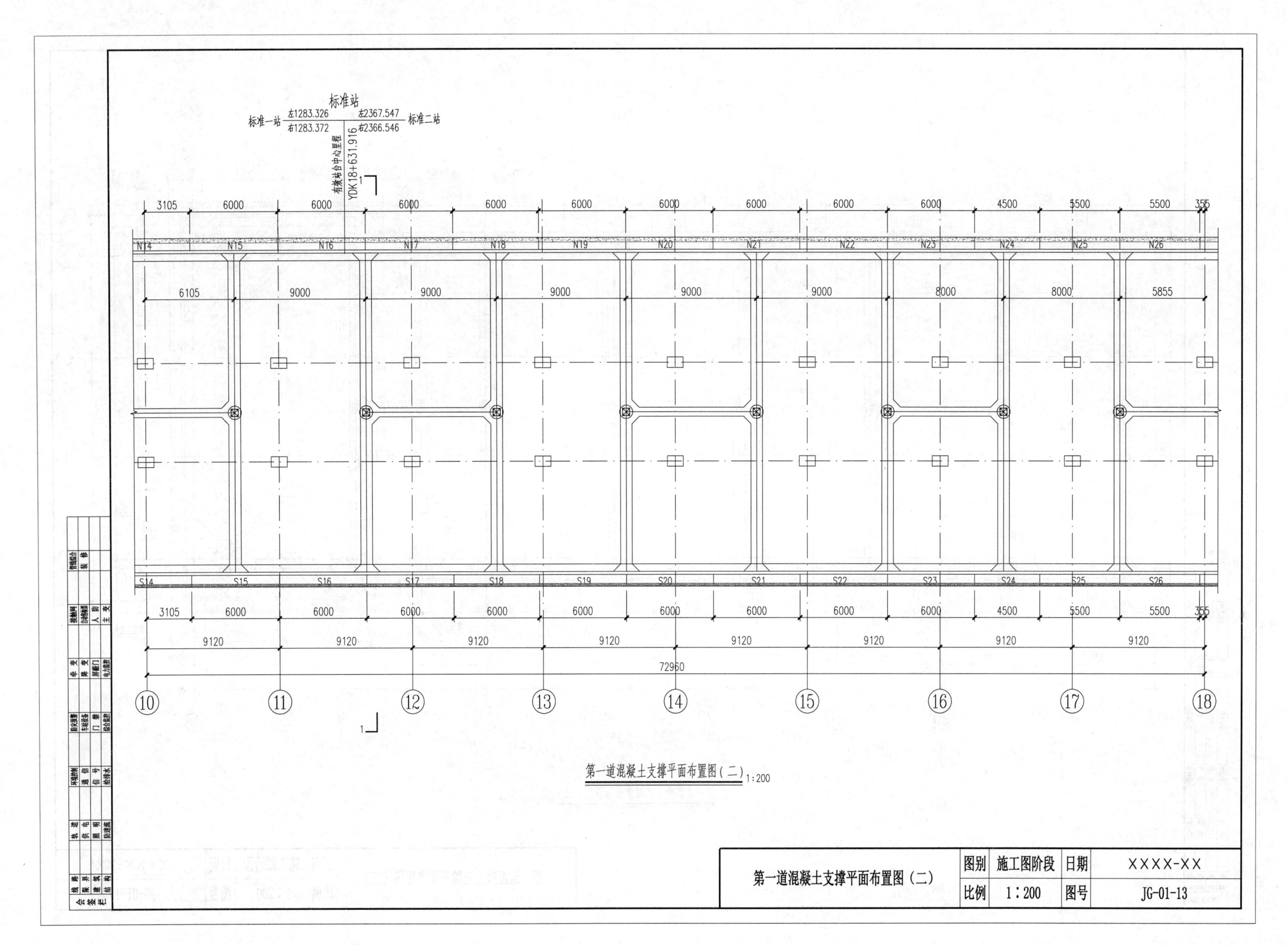

第一道混凝土支撑平面布置图（二）	图别	施工图阶段	日期	XXXX-XX
	比例	1：200	图号	JG-01-13

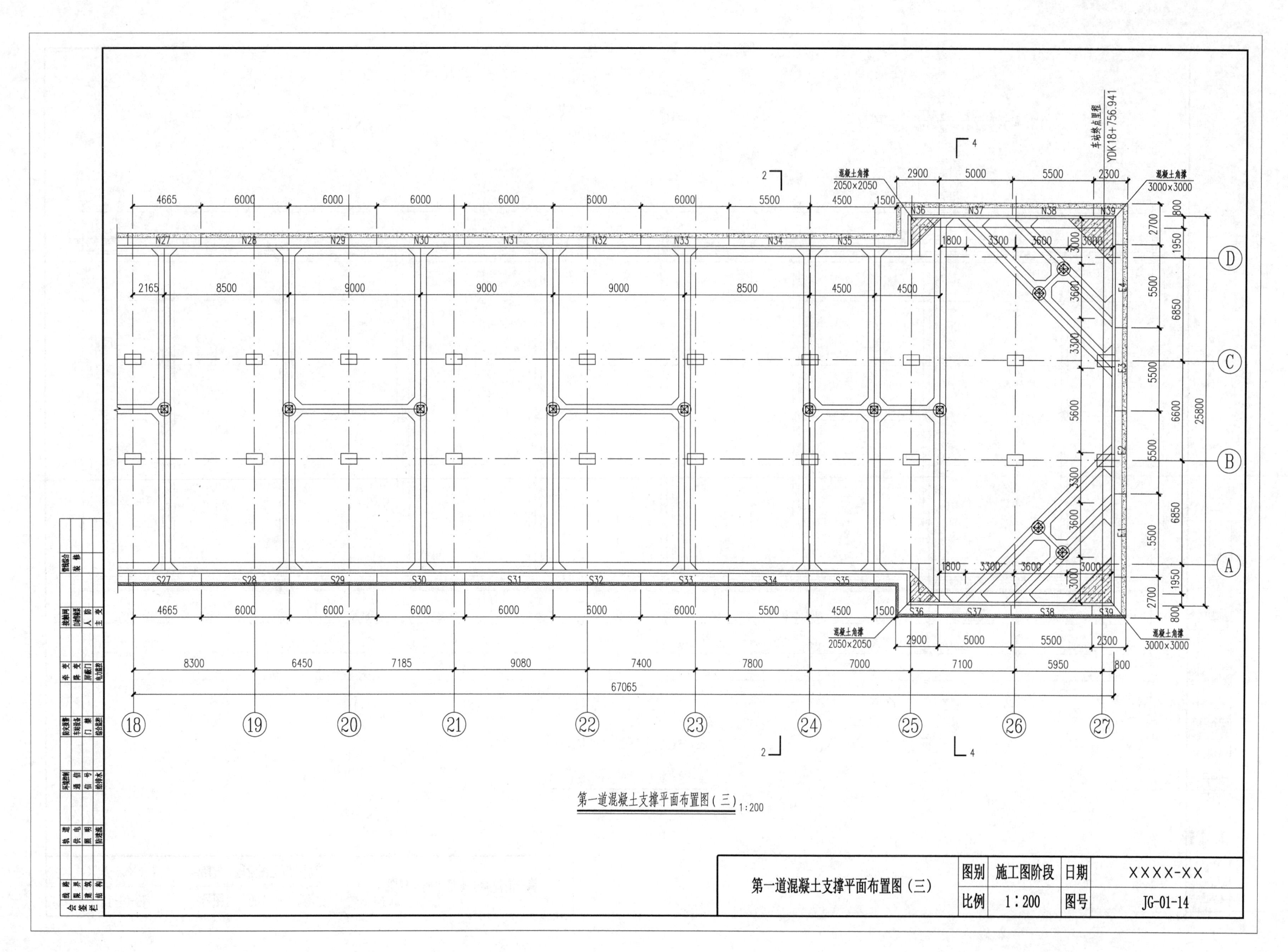
车站终点里程
YDK18+756.941
混凝土角撑
2050×2050
混凝土角撑
3000×3000
N27 N28 N29 N30 N31 N32 N33 N34 N35 N36 N37 N38 N39
S27 S28 S29 S30 S31 S32 S33 S34 S35 S36 S37 S38 S39
E1 E2 E3 E4
4665 6000 6000 6000 6000 6000 6000 5500 4500 1500
2900 5000 5500 2300
2165 8500 9000 9000 9000 8500 4500 4500
8300 6450 7185 9080 7400 7800 7000 7100 5950 800
67065
25800
18 19 20 21 22 23 24 25 26 27
A B C D
第一道混凝土支撑平面布置图（三）1:200
第一道混凝土支撑平面布置图（三）
图别 施工图阶段 日期 XXXX-XX
比例 1：200 图号 JG-01-14

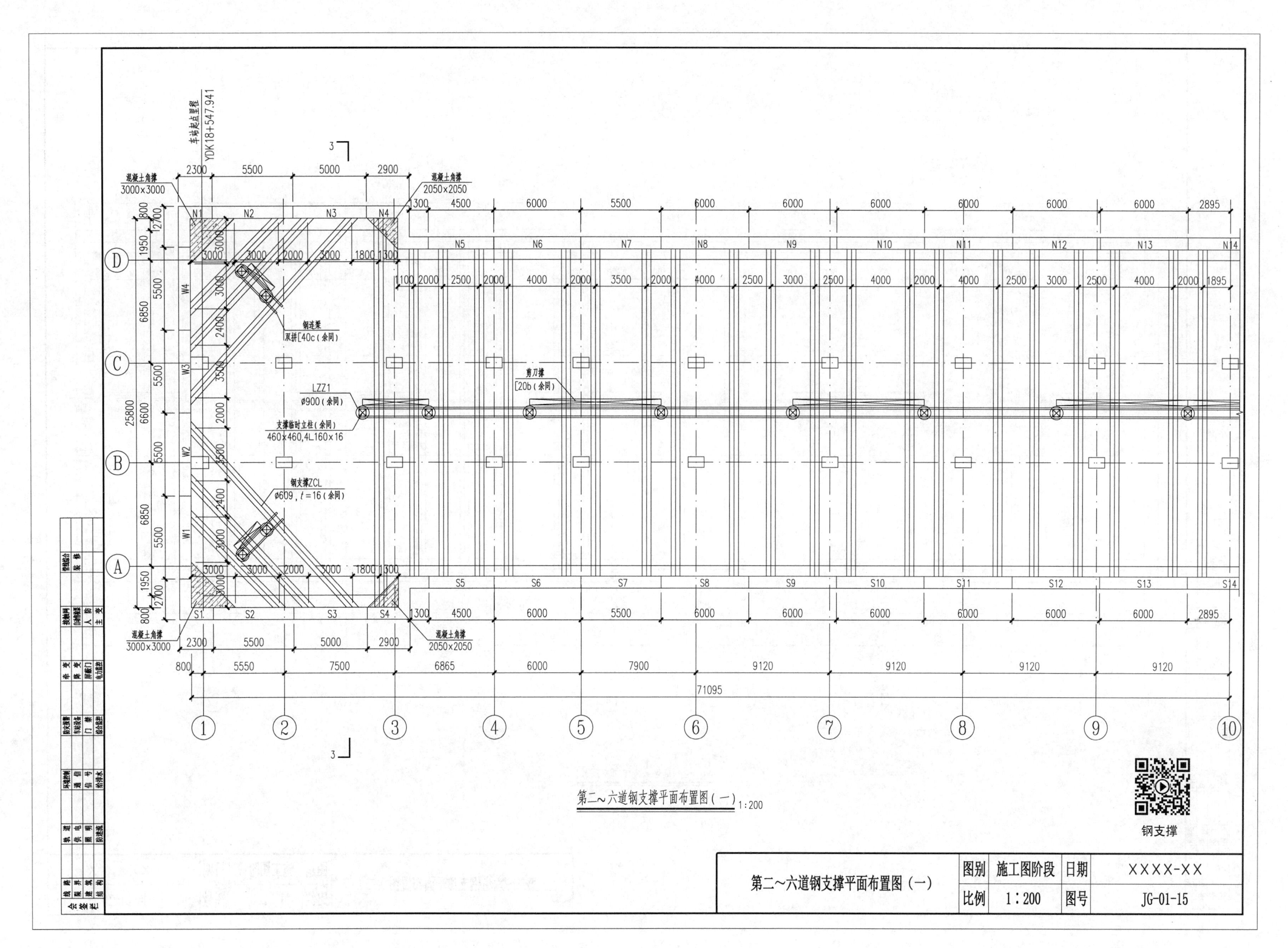

第二～六道钢支撑平面布置图（一）	图别	施工图阶段	日期	XXXX-XX
	比例	1：200	图号	JG-01-15

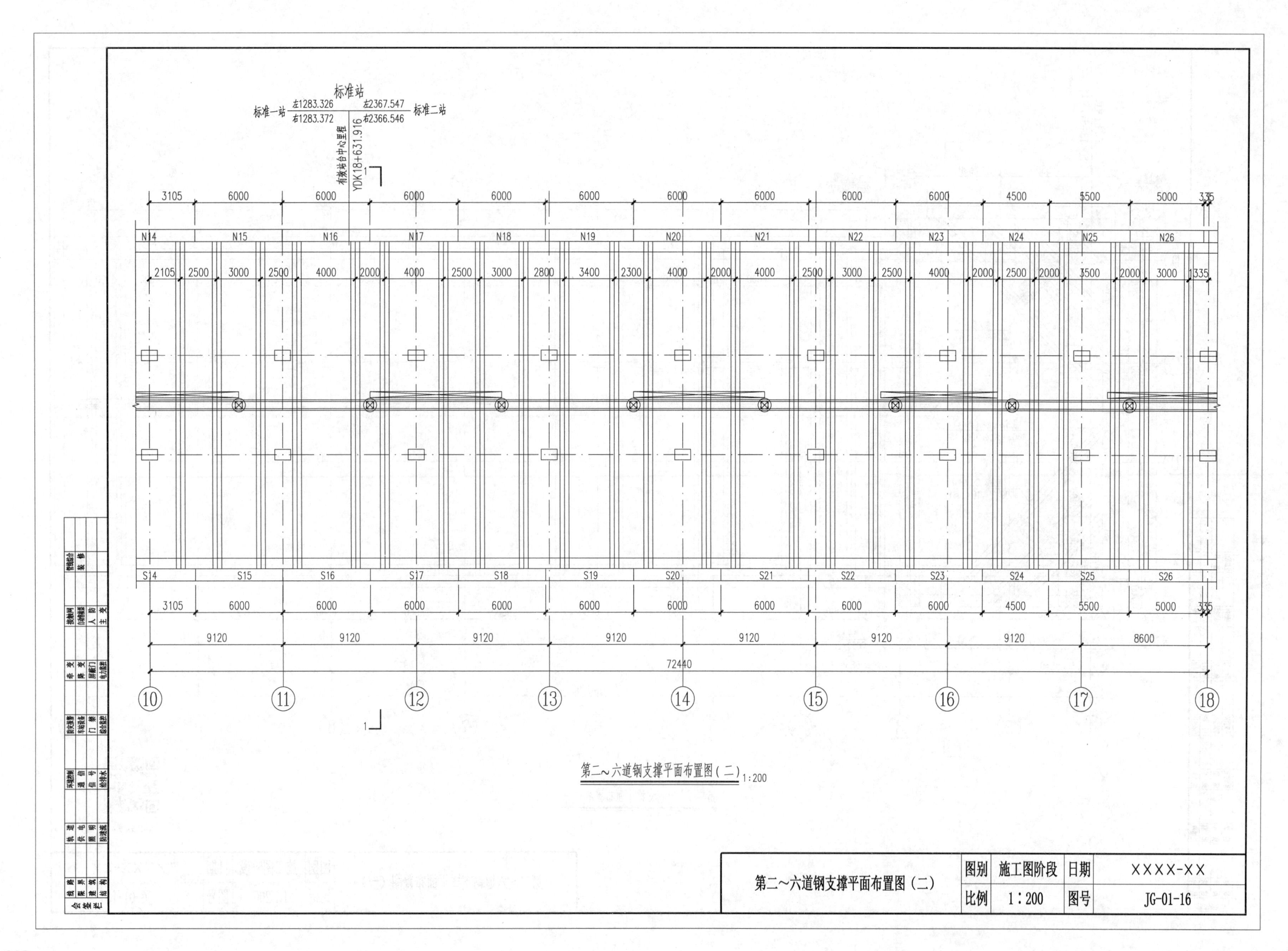
标准站
标准一站
左1283.326
右1283.372
左2367.547
右2366.546
标准二站
有效站台中心里程
YDK18+631.916
3105 6000 6000 6000 6000 6000 6000 6000 6000 6000 4500 5500 5000 335
N14 N15 N16 N17 N18 N19 N20 N21 N22 N23 N24 N25 N26
2105 2500 3000 2500 4000 2000 4000 2500 3000 2800 3400 2300 4000 2000 4000 2500 3000 2500 4000 2000 2500 2000 3500 2000 3000 1335
S14 S15 S16 S17 S18 S19 S20 S21 S22 S23 S24 S25 S26
3105 6000 6000 6000 6000 6000 6000 6000 6000 6000 4500 5500 5000 335
9120 9120 9120 9120 9120 9120 9120 8600
72440
10 11 12 13 14 15 16 17 18
第二~六道钢支撑平面布置图（二）1:200
第二~六道钢支撑平面布置图（二）
图别
施工图阶段
日期
XXXX-XX
比例
1∶200
图号
JG-01-16

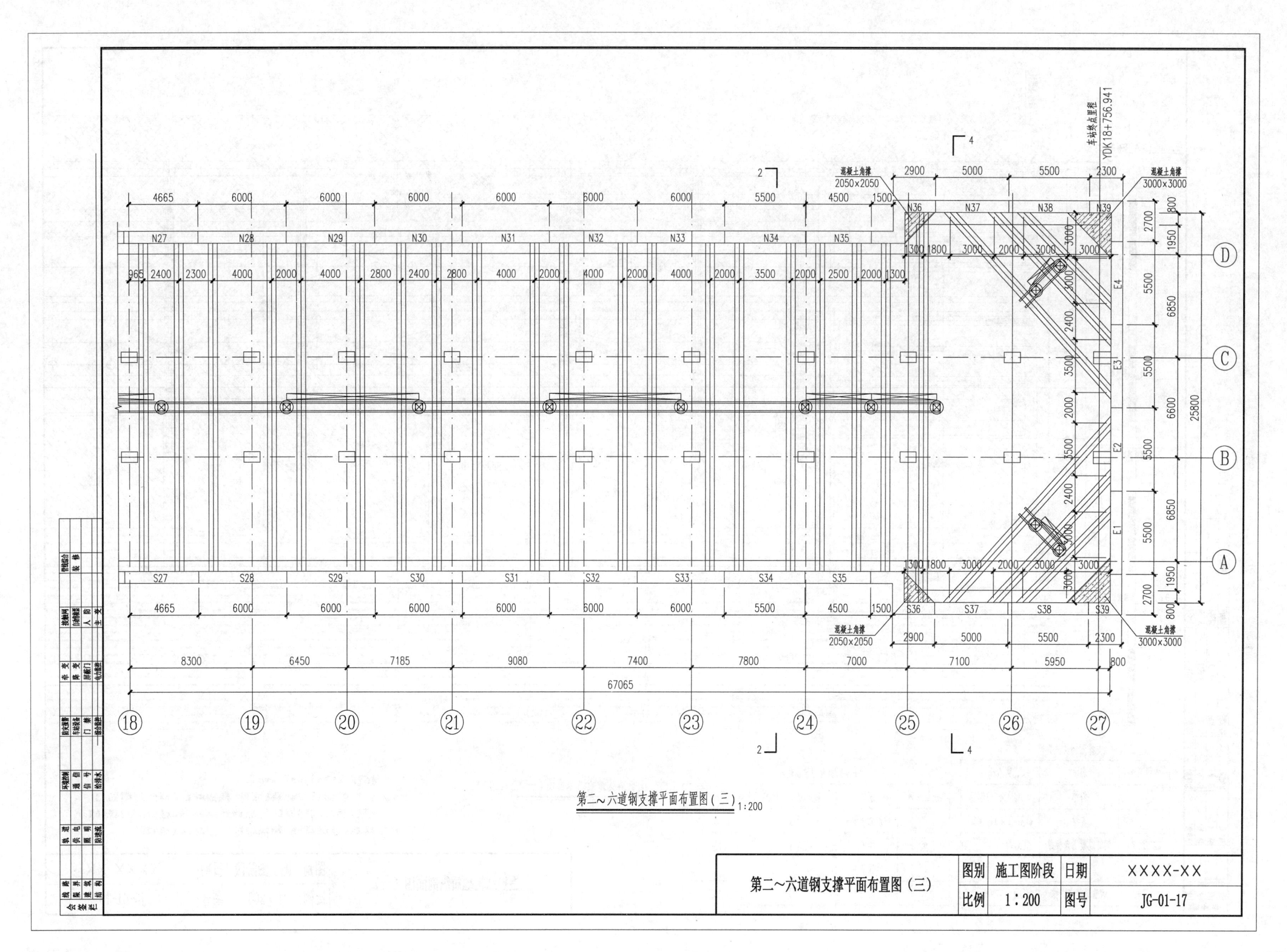

车站终点里程
YDK18+756.941
混凝土角撑
2050×2050
混凝土角撑
3000×3000
N27
N28
N29
N30
N31
N32
N33
N34
N35
N36
N37
N38
N39
S27
S28
S29
S30
S31
S32
S33
S34
S35
S36
S37
S38
S39
E1
E2
E3
E4
4665
6000
5500
4500
1500
2900
5000
2300
8300
6450
7185
9080
7400
7800
7000
7100
5950
800
67065
25800
A
B
C
D
18
19
20
21
22
23
24
25
26
27
第二~六道钢支撑平面布置图（三）1:200
第二~六道钢支撑平面布置图（三）
图别
施工图阶段
日期
XXXX-XX
比例
1：200
图号
JG-01-17

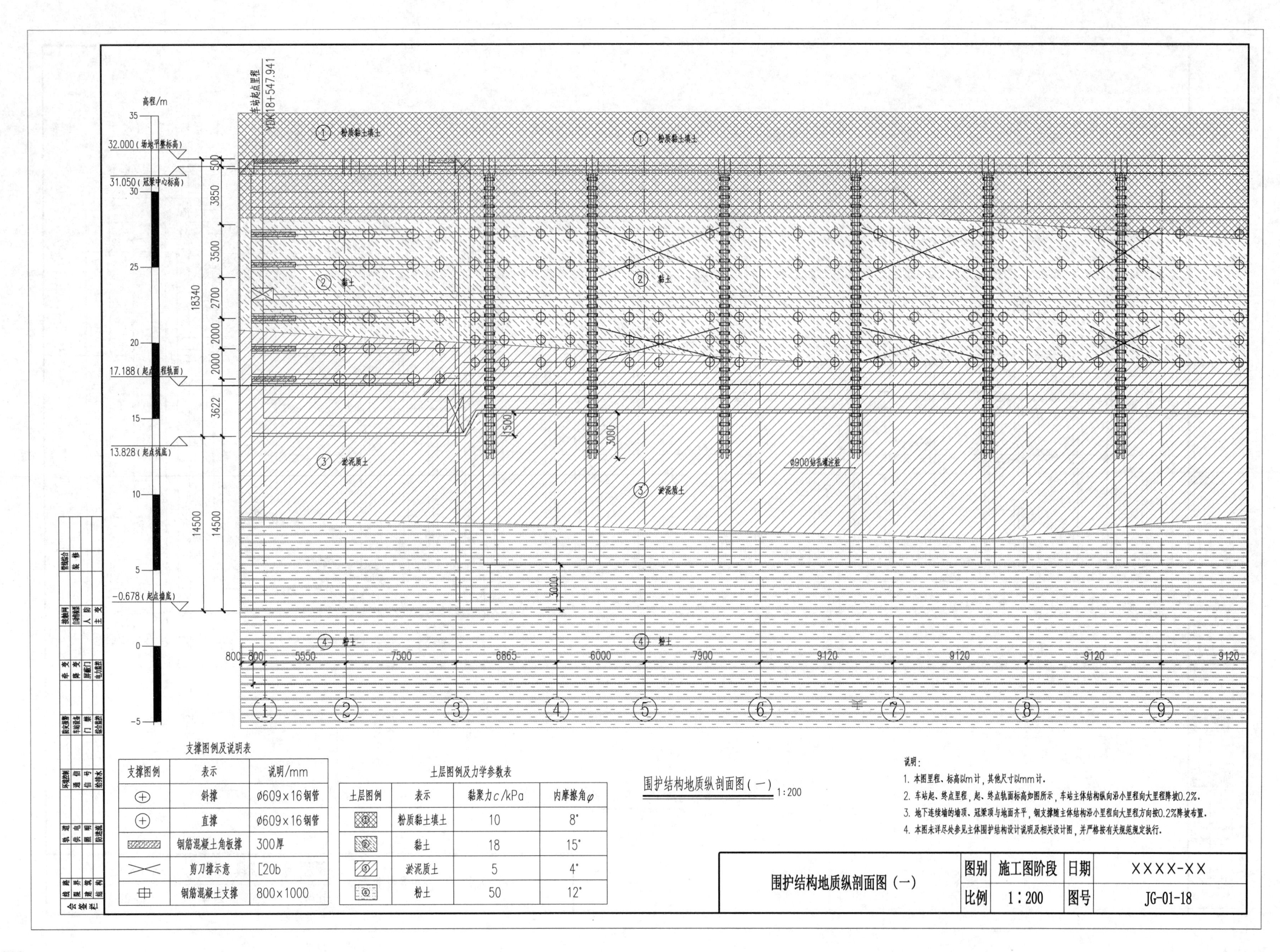

支撑图例及说明表

支撑图例	表示	说明/mm
⊕	斜撑	ϕ609×16钢管
⊕	直撑	ϕ609×16钢管
▨	钢筋混凝土角板撑	300厚
╳	剪刀撑示意	[20b
⊞	钢筋混凝土支撑	800×1000

土层图例及力学参数表

土层图例	表示	黏聚力c/kPa	内摩擦角φ
①	粉质黏土填土	10	8°
②	黏土	18	15°
③	淤泥质土	5	4°
④	粉土	50	12°

说明：

1. 本图里程、标高以m计，其他尺寸以mm计。
2. 车站起、终点里程，起、终点轨面标高如图所示，车站主体结构纵向沿小里程向大里程降坡0.2%。
3. 地下连续墙的墙顶、冠梁顶与地面齐平，钢支撑随主体结构沿小里程向大里程方向按0.2%降坡布置。
4. 本图未详尽处参见主体围护结构设计说明及相关设计图，并严格按有关规范规定执行。

围护结构地质纵剖面图（一）	图别	施工图阶段	日期	XXXX-XX
	比例	1∶200	图号	JG-01-18

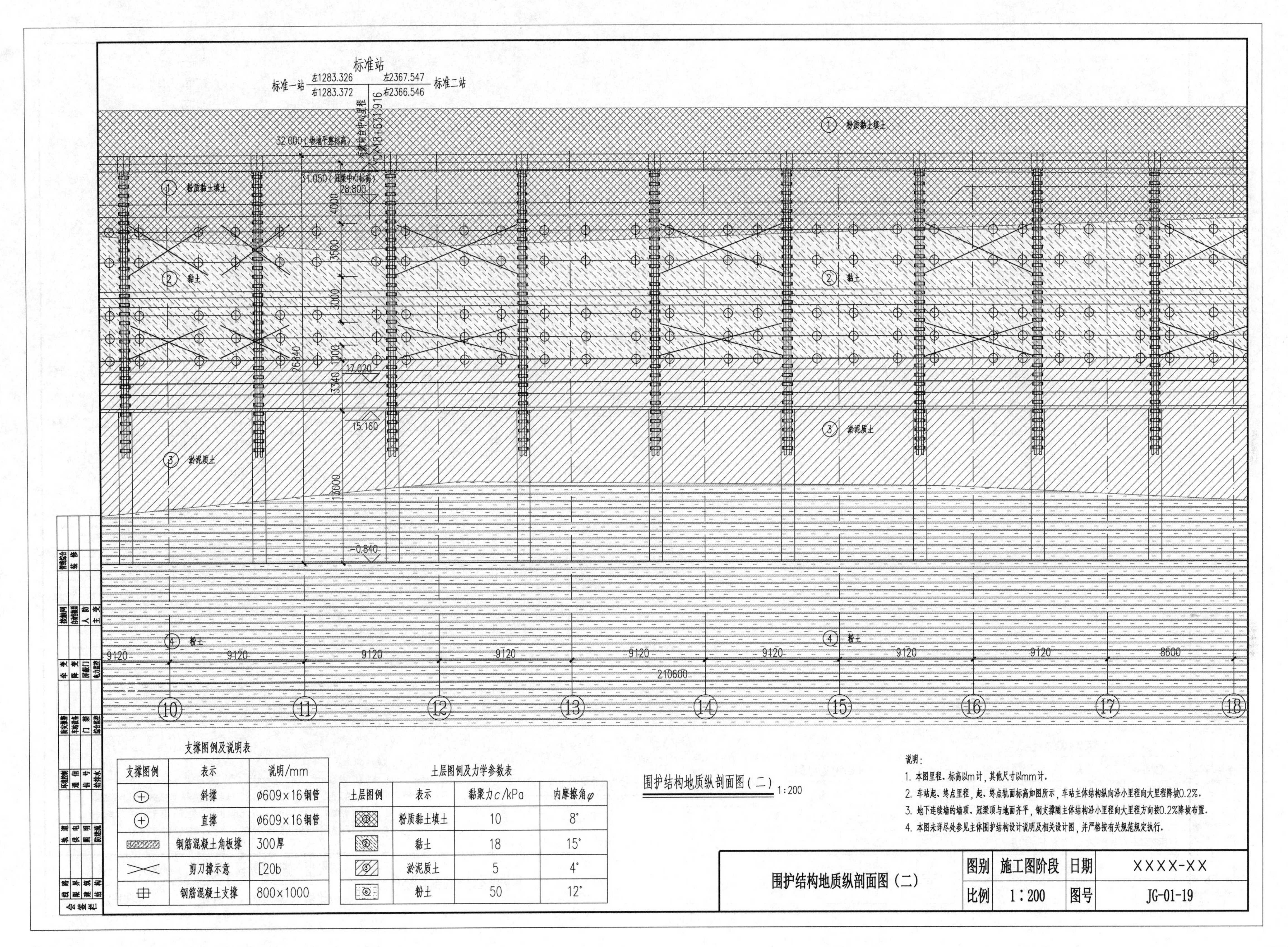

支撑图例及说明表

支撑图例	表示	说明/mm
⊕	斜撑	ø609×16钢管
⊕	直撑	ø609×16钢管
	钢筋混凝土角板撑	300厚
╳	剪刀撑示意	[20b
⊞	钢筋混凝土支撑	800×1000

土层图例及力学参数表

土层图例	表示	黏聚力c/kPa	内摩擦角φ
①	粉质黏土填土	10	8°
②	黏土	18	15°
③	淤泥质土	5	4°
⑥	粉土	50	12°

说明：

1. 本图里程、标高以m计，其他尺寸以mm计。
2. 车站起、终点里程，起、终点轨面标高如图所示，车站主体结构纵向沿小里程向大里程降坡0.2%。
3. 地下连续墙的墙顶、冠梁顶与地面齐平，钢支撑随主体结构沿小里程向大里程方向按0.2%降坡布置。
4. 本图未详尽处参见主体围护结构设计说明及相关设计图，并严格按有关规范规定执行。

围护结构地质纵剖面图（二）	图别	施工图阶段	日期	XXXX-XX
	比例	1：200	图号	JG-01-19

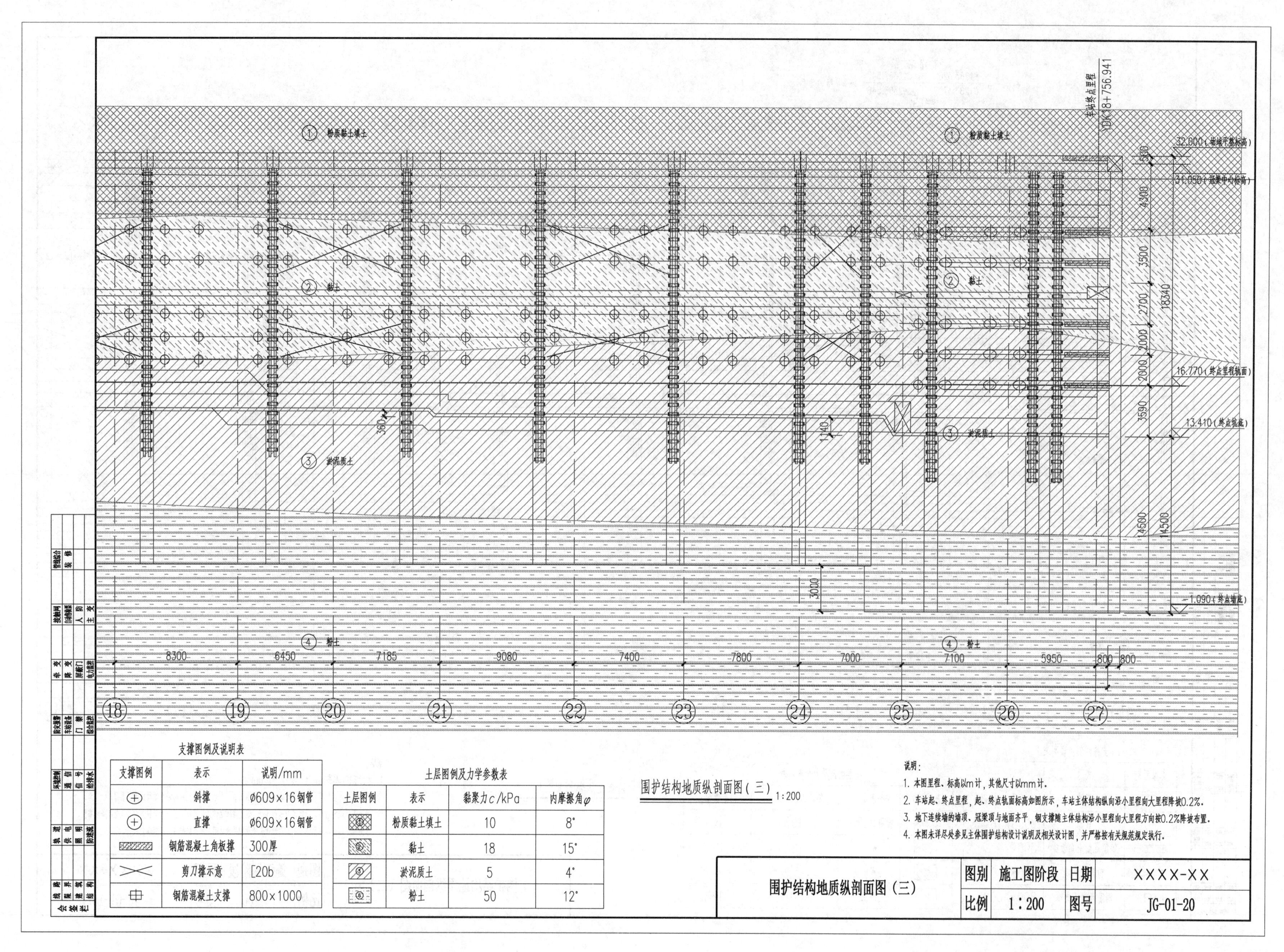

支撑图例及说明表

支撑图例	表示	说明/mm
⊕	斜撑	ø609×16钢管
⊕	直撑	ø609×16钢管
	钢筋混凝土角板撑	300厚
✕	剪刀撑示意	[20b
⊞	钢筋混凝土支撑	800×1000

土层图例及力学参数表

土层图例	表示	黏聚力c/kPa	内摩擦角φ
①	粉质黏土填土	10	8°
②	黏土	18	15°
③	淤泥质土	5	4°
⑥	粉土	50	12°

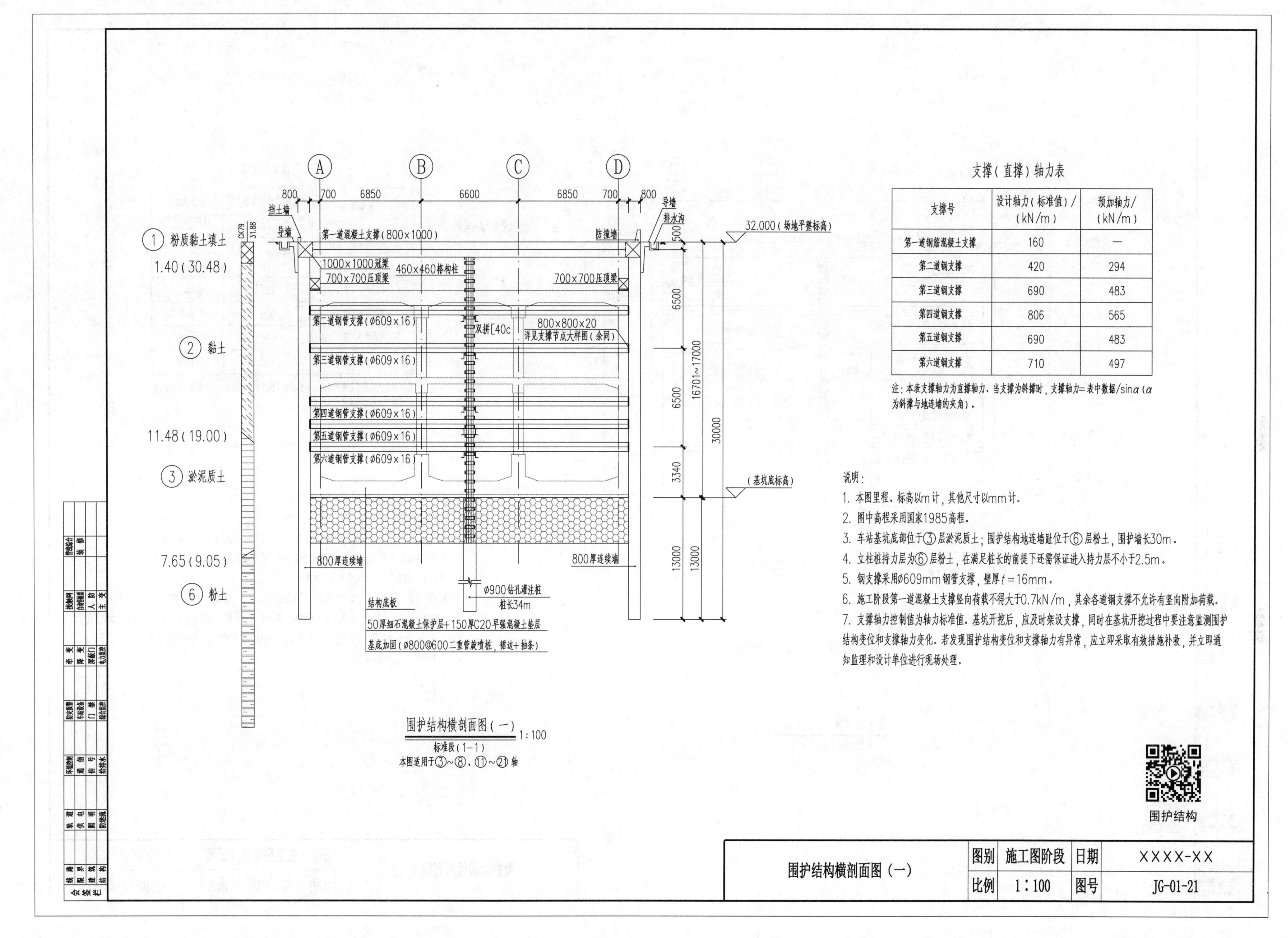

围护结构横剖面图（一） 1:100

标准段（1-1）

本图适用于③~⑧、⑪~㉑轴

支撑（直撑）轴力表

支撑号	设计轴力（标准值）/（kN/m）	预加轴力/（kN/m）
第一道钢筋混凝土支撑	160	—
第二道钢支撑	420	294
第三道钢支撑	690	483
第四道钢支撑	806	565
第五道钢支撑	690	483
第六道钢支撑	710	497

注：本表支撑轴力为直撑轴力。当支撑为斜撑时，支撑轴力=表中数据/sinα（α为斜撑与地连墙的夹角）。

说明：

1. 本图里程、标高以m计，其他尺寸以mm计。
2. 图中高程采用国家1985高程。
3. 车站基坑底部位于③层淤泥质土；围护结构地连墙趾位于⑥层粉土，围护墙长30m。
4. 立柱桩持力层为⑥层粉土，在满足桩长的前提下还需保证进入持力层不小于2.5m。
5. 钢支撑采用ø609mm钢管支撑，壁厚$t=16$mm。
6. 施工阶段第一道混凝土支撑竖向荷载不得大于0.7kN/m，其余各道钢支撑不允许有竖向附加荷载。
7. 支撑轴力控制值为轴力标准值。基坑开挖后，应及时架设支撑，同时在基坑开挖过程中要注意监测围护结构变位和支撑轴力变化。若发现围护结构变位和支撑轴力有异常，应立即采取有效措施补救，并立即通知监理和设计单位进行现场处理。

围护结构

围护结构横剖面图（一）	图别	施工图阶段	日期	XXXX-XX
	比例	1:100	图号	JG-01-21

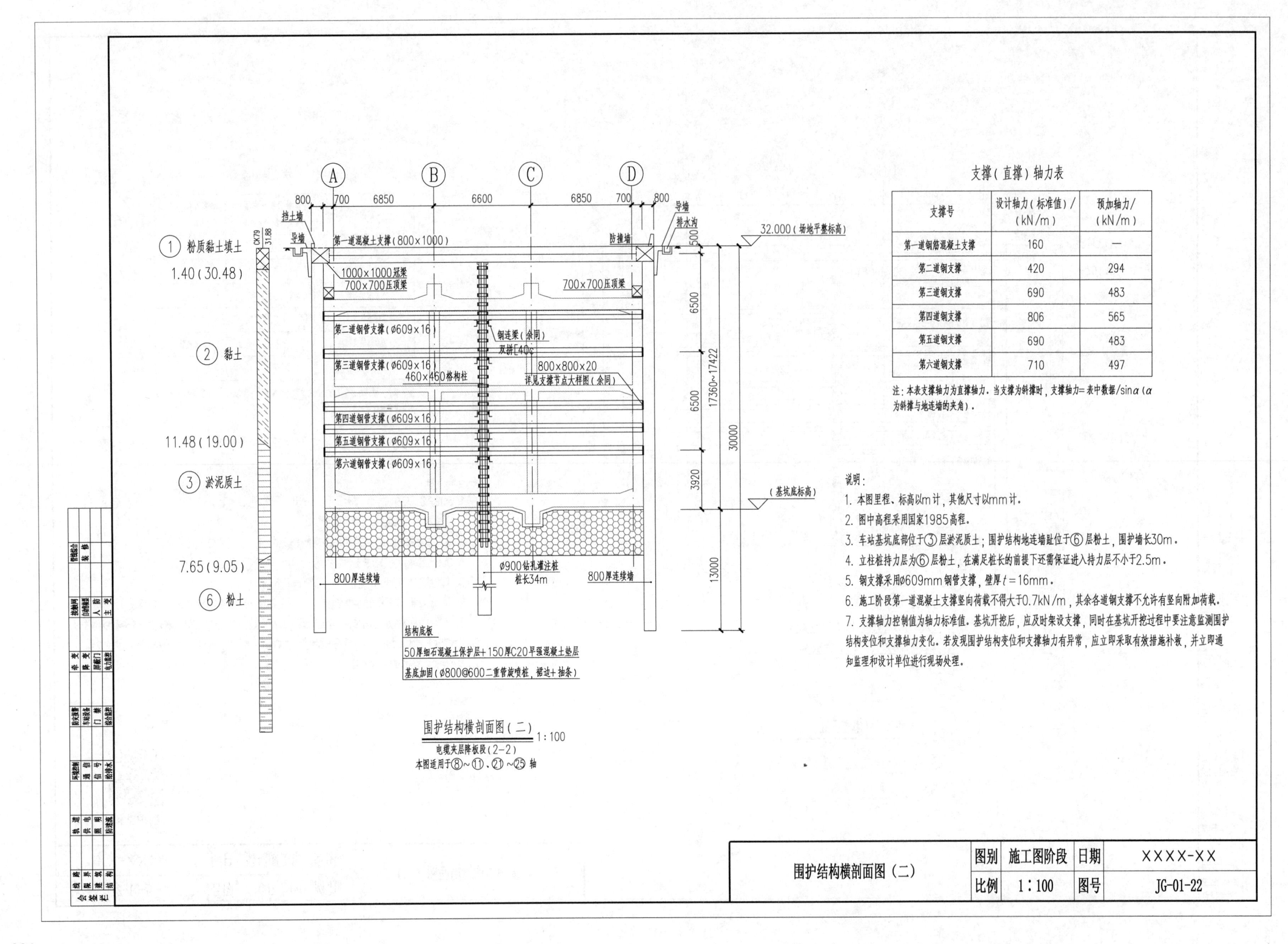

围护结构横剖面图（二） 1:100

电缆夹层降板段（2-2）

本图适用于⑧~⑪、㉑~㉕轴

支撑（直撑）轴力表

支撑号	设计轴力（标准值）/（kN/m）	预加轴力/（kN/m）
第一道钢筋混凝土支撑	160	—
第二道钢支撑	420	294
第三道钢支撑	690	483
第四道钢支撑	806	565
第五道钢支撑	690	483
第六道钢支撑	710	497

注：本表支撑轴力为直撑轴力，当支撑为斜撑时，支撑轴力=表中数据/sinα（α为斜撑与地连墙的夹角）。

说明：

1. 本图里程、标高以m计，其他尺寸以mm计。
2. 图中高程采用国家1985高程。
3. 车站基坑底部位于③层淤泥质土；围护结构地连墙趾位于⑥层粉土，围护墙长30m。
4. 立柱桩持力层为⑥层粉土，在满足桩长的前提下还需保证进入持力层不小于2.5m。
5. 钢支撑采用ø609mm钢管支撑，壁厚$t=16$mm。
6. 施工阶段第一道混凝土支撑竖向荷载不得大于0.7kN/m，其余各道钢支撑不允许有竖向附加荷载。
7. 支撑轴力控制值为轴力标准值。基坑开挖后，应及时架设支撑，同时在基坑开挖过程中要注意监测围护结构变位和支撑轴力变化。若发现围护结构变位和支撑轴力有异常，应立即采取有效措施补救，并立即通知监理和设计单位进行现场处理。

围护结构横剖面图（二）	图别	施工图阶段	日期	XXXX-XX
	比例	1:100	图号	JG-01-22

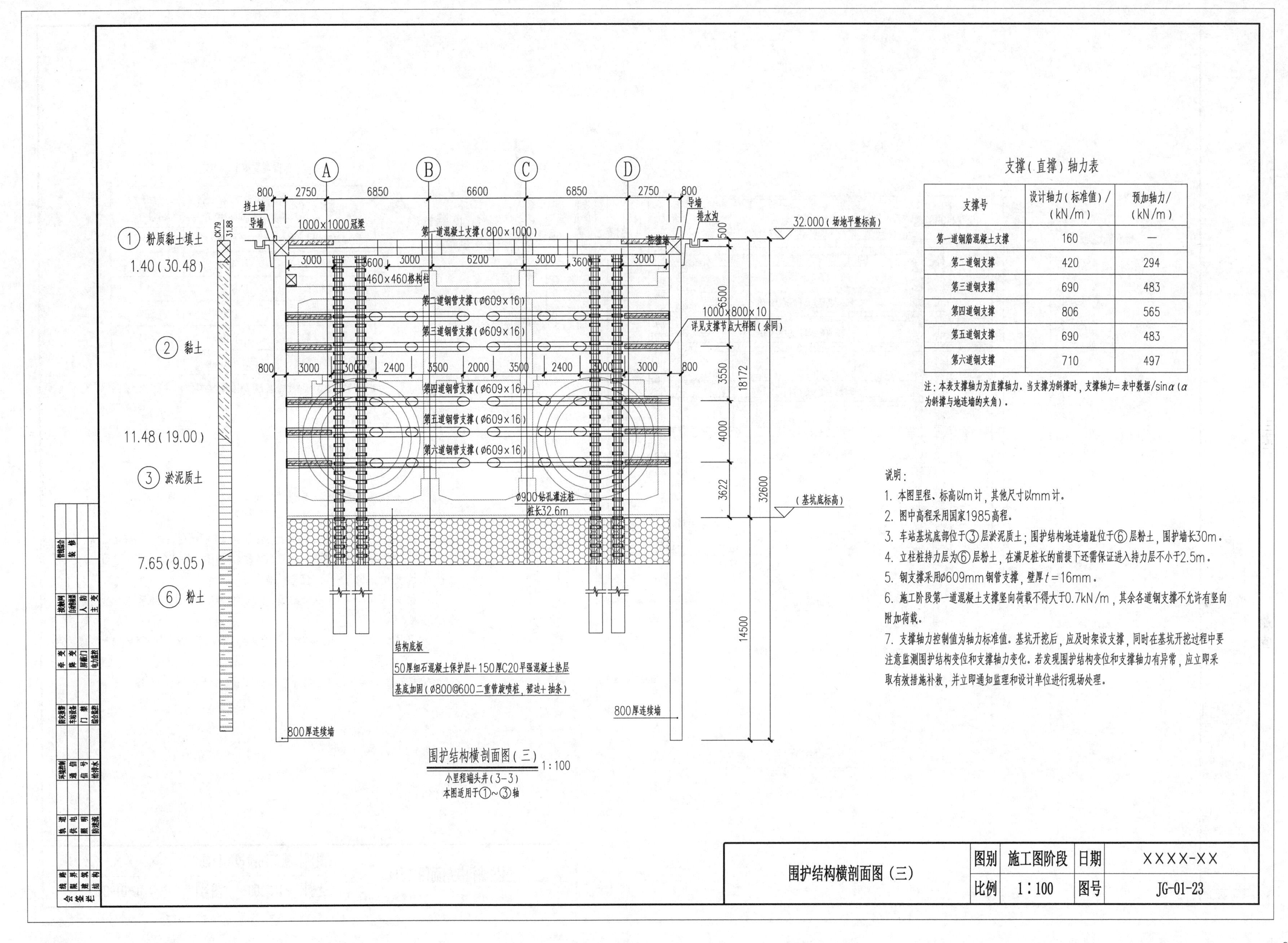

围护结构横剖面图（三） 1:100

小里程端头井（3-3）

本图适用于①~③轴

支撑（直撑）轴力表

支撑号	设计轴力（标准值）/（kN/m）	预加轴力/（kN/m）
第一道钢筋混凝土支撑	160	—
第二道钢支撑	420	294
第三道钢支撑	690	483
第四道钢支撑	806	565
第五道钢支撑	690	483
第六道钢支撑	710	497

注：本表支撑轴力为直撑轴力。当支撑为斜撑时，支撑轴力=表中数据/sinα（α为斜撑与地连墙的夹角）。

说明：

1. 本图里程、标高以m计，其他尺寸以mm计。
2. 图中高程采用国家1985高程。
3. 车站基坑底部位于③层淤泥质土；围护结构地连墙趾位于⑥层粉土，围护墙长30m。
4. 立柱桩持力层为⑥层粉土，在满足桩长的前提下还需保证进入持力层不小于2.5m。
5. 钢支撑采用ø609mm钢管支撑，壁厚$t=16$mm。
6. 施工阶段第一道混凝土支撑竖向荷载不得大于0.7kN/m，其余各道钢支撑不允许有竖向附加荷载。
7. 支撑轴力控制值为轴力标准值。基坑开挖后，应及时架设支撑，同时在基坑开挖过程中要注意监测围护结构变位和支撑轴力变化。若发现围护结构变位和支撑轴力有异常，应立即采取有效措施补救，并立即通知监理和设计单位进行现场处理。

围护结构横剖面图（三）	图别	施工图阶段	日期	××××-××
	比例	1:100	图号	JG-01-23

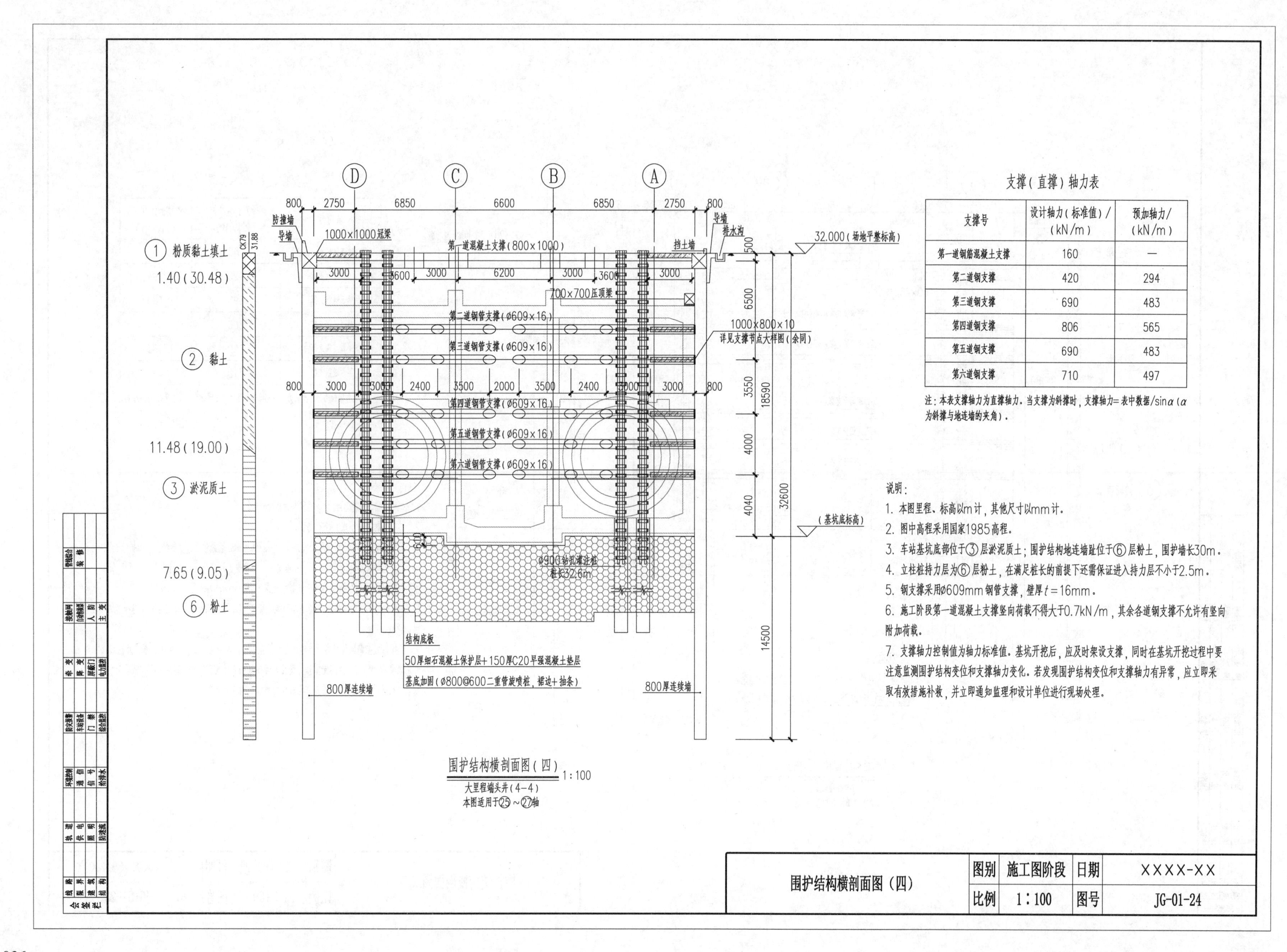

围护结构横剖面图(四) 1:100

大里程端头井(4-4)

本图适用于㉕~㉗轴

支撑(直撑)轴力表

支撑号	设计轴力(标准值)/(kN/m)	预加轴力/(kN/m)
第一道钢筋混凝土支撑	160	—
第二道钢支撑	420	294
第三道钢支撑	690	483
第四道钢支撑	806	565
第五道钢支撑	690	483
第六道钢支撑	710	497

注:本表支撑轴力为直撑轴力。当支撑为斜撑时,支撑轴力=表中数据/sinα(α为斜撑与地连墙的夹角)。

说明:

1. 本图里程、标高以m计,其他尺寸以mm计。
2. 图中高程采用国家1985高程。
3. 车站基坑底部位于③层淤泥质土;围护结构地连墙趾位于⑥层粉土,围护墙长30m。
4. 立柱桩持力层为⑥层粉土,在满足桩长的前提下还需保证进入持力层不小于2.5m。
5. 钢支撑采用ø609mm钢管支撑,壁厚$t=16$mm。
6. 施工阶段第一道混凝土支撑竖向荷载不得大于0.7kN/m,其余各道钢支撑不允许有竖向附加荷载。
7. 支撑轴力控制值为轴力标准值。基坑开挖后,应及时架设支撑,同时在基坑开挖过程中要注意监测围护结构变位和支撑轴力变化。若发现围护结构变位和支撑轴力有异常,应立即采取有效措施补救,并立即通知监理和设计单位进行现场处理。

围护结构横剖面图(四)	图别	施工图阶段	日期	XXXX-XX
	比例	1:100	图号	JG-01-24

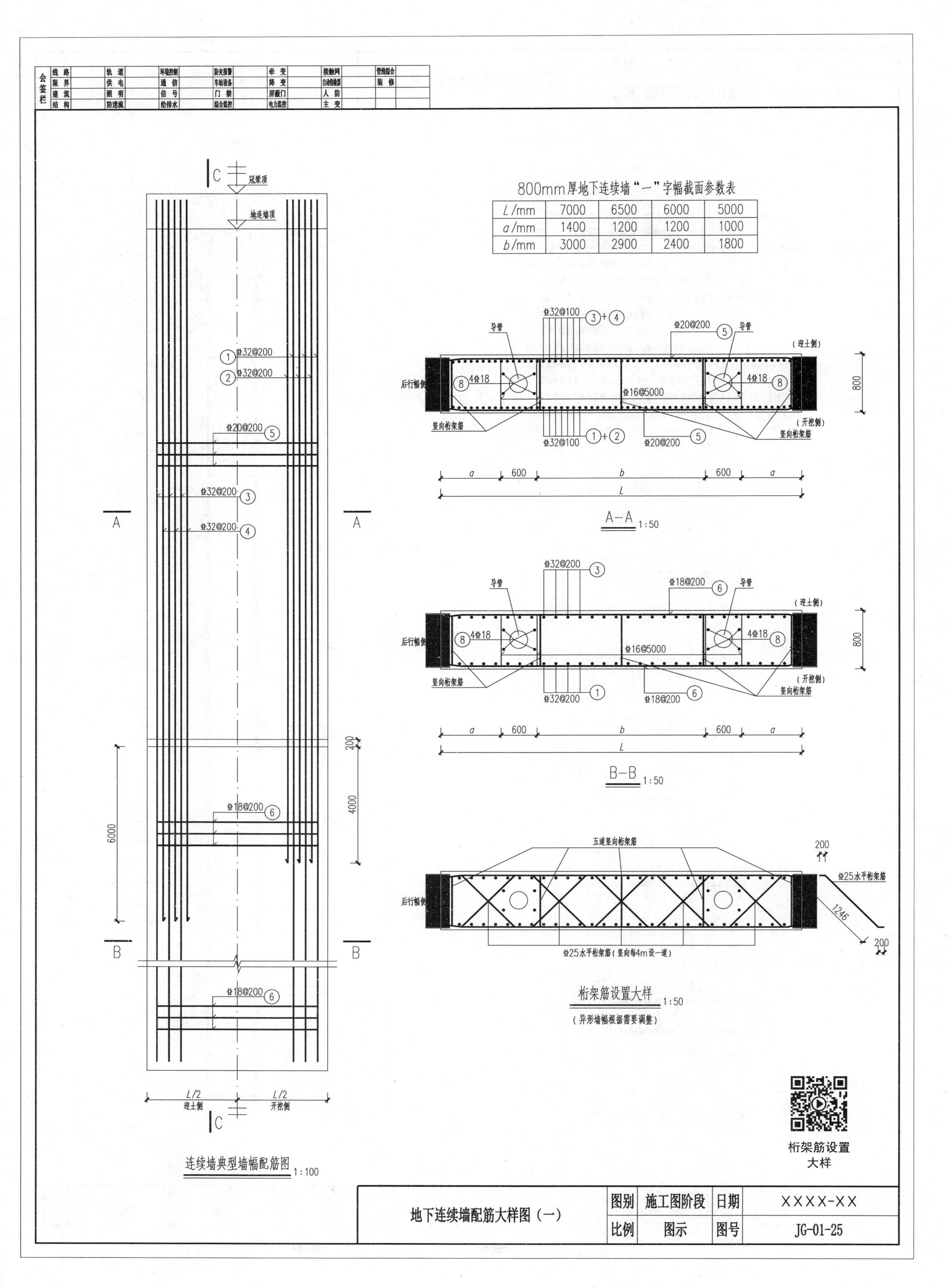

800mm厚地下连续墙"一"字幅截面参数表

L/mm	7000	6500	6000	5000
a/mm	1400	1200	1200	1000
b/mm	3000	2900	2400	1800

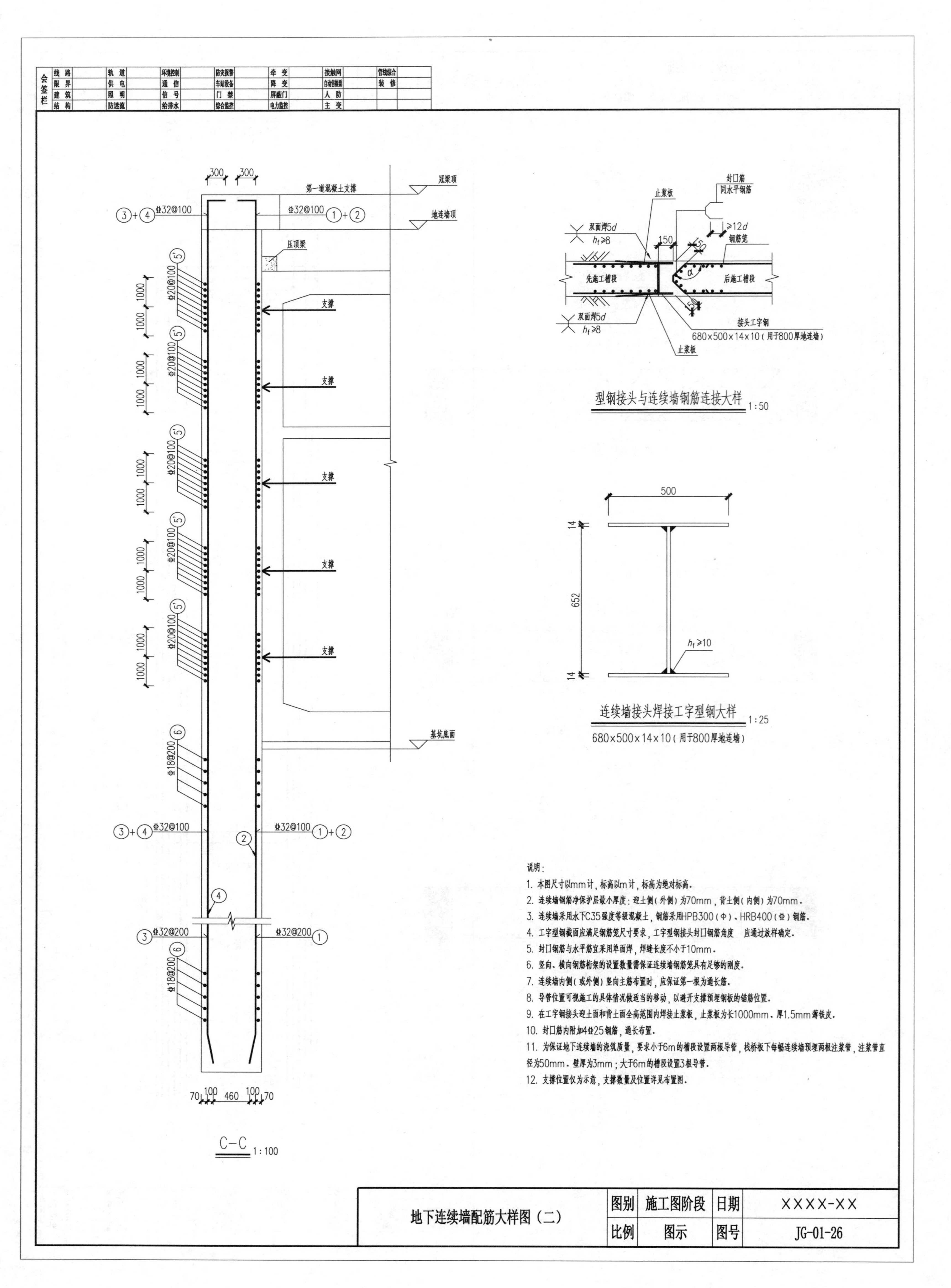

会签栏
线路 轨道 环境控制 防灾报警 牵变 接触网 管线综合
限界 供电 通信 车站设备 降变 自动售检票 装修
建筑 照明 信号 门禁 屏蔽门 人防
结构 防迷流 给排水 综合监控 电力监控 主变
第一道混凝土支撑
冠梁顶
地连墙顶
压顶梁
支撑
基坑底面
③+④ ⌀32@100
⌀32@100 ①+②
⑤' ⌀20@100
⑥ ⌀18@200
③ ⌀32@200
⌀32@200 ①
1000
300
70 100 460 100 70
C—C 1:100
止浆板
封口筋
同水平钢筋
≥12d
钢筋笼
双面焊5d
h_f≥8
150
先施工槽段
后施工槽段
接头工字钢
680×500×14×10（用于800厚地连墙）
型钢接头与连续墙钢筋连接大样 1:50
500
14
652
h_f≥10
连续墙接头焊接工字型钢大样 1:25
680×500×14×10（用于800厚地连墙）
说明：
1. 本图尺寸以mm计，标高以m计，标高为绝对标高。
2. 连续墙钢筋净保护层最小厚度：迎土侧（外侧）为70mm，背土侧（内侧）为70mm。
3. 连续墙采用水下C35强度等级混凝土，钢筋采用HPB300（Φ）、HRB400（⌀）钢筋。
4. 工字型钢截面应满足钢筋笼尺寸要求，工字型钢接头封口钢筋角度 应通过放样确定。
5. 封口钢筋与水平筋宜采用单面焊，焊缝长度不小于10mm。
6. 竖向、横向钢筋桁架的设置数量需保证连续墙钢筋笼具有足够的刚度。
7. 连续墙内侧（或外侧）竖向主筋布置时，应保证第一根为通长筋。
8. 导管位置可视施工的具体情况做适当的移动，以避开支撑预埋钢板的锚筋位置。
9. 在工字钢接头迎土面和背土面全高范围内焊接止浆板，止浆板为长1000mm、厚1.5mm薄铁皮。
10. 封口筋内附加4⌀25钢筋，通长布置。
11. 为保证地下连续墙的浇筑质量，要求小于6m的槽段设置两根导管，栈桥板下每幅连续墙预埋两根注浆管，注浆管直径为50mm、壁厚为3mm；大于6m的槽段设置3根导管。
12. 支撑位置仅为示意，支撑数量及位置详见布置图。
地下连续墙配筋大样图（二）
图别 施工图阶段 日期 XXXX-XX
比例 图示 图号 JG-01-26

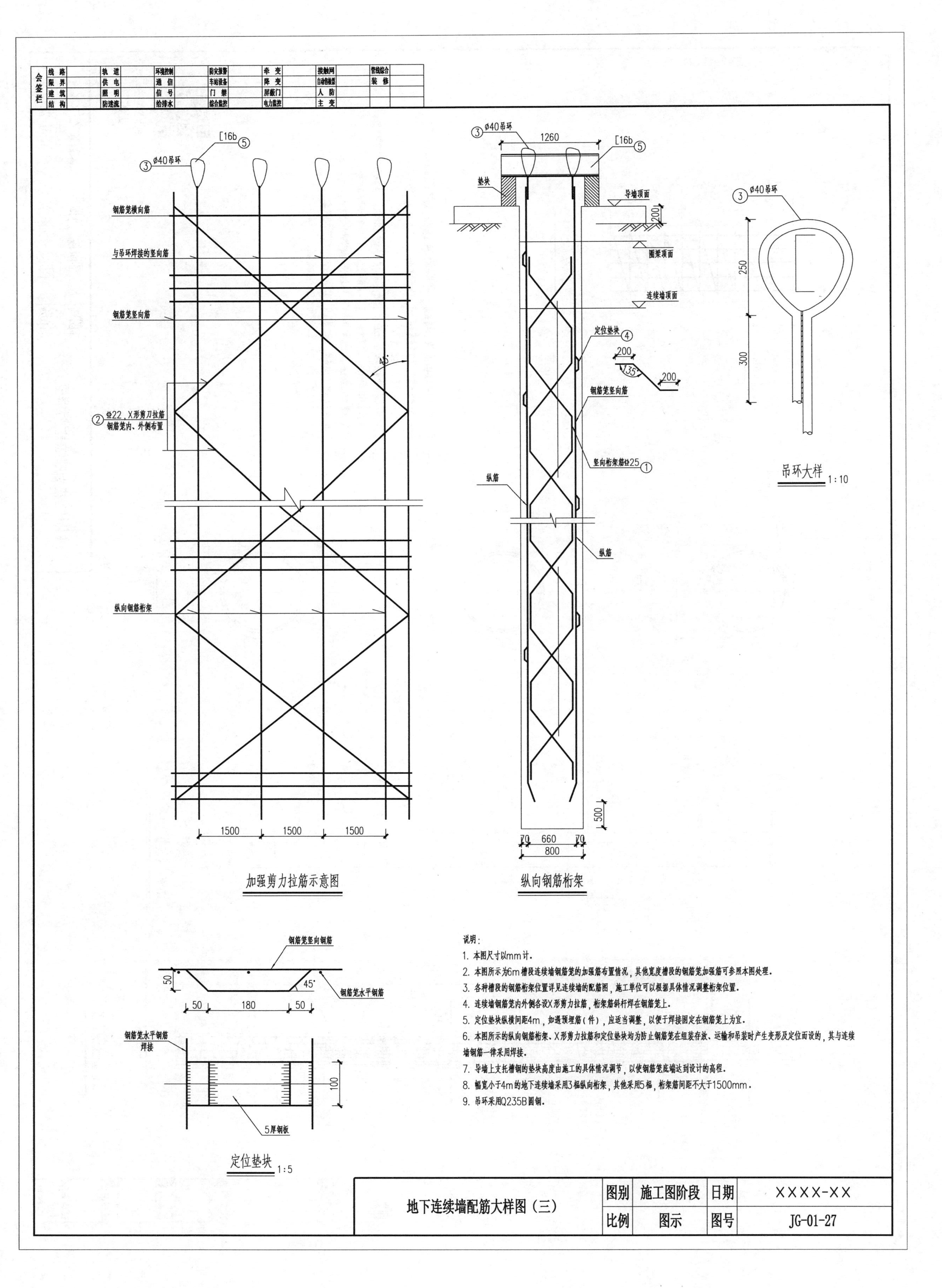

会签栏
线路 轨道 环境控制 防灾报警 牵变 接触网 管线综合
限界 供电 通信 车站设备 降变 自动售检票 装修
建筑 照明 信号 门禁 屏蔽门 人防
结构 防迷流 给排水 综合监控 电力监控 主变
[16b ⑤
③ ø40吊环
钢筋笼横向筋
与吊环焊接的竖向筋
钢筋笼竖向筋
45°
② ⌀22，X形剪刀拉筋
钢筋笼内、外侧布置
纵向钢筋桁架
1500
1500
1500
加强剪力拉筋示意图
③ ø40吊环
1260
[16b ⑤
垫块
导墙顶面
200
圈梁顶面
连续墙顶面
定位垫块 ④
200
135°
200
钢筋笼竖向筋
竖向桁架筋⌀25 ①
纵筋
纵筋
500
70 660 70
800
纵向钢筋桁架
③ ø40吊环
250
300
吊环大样 1:10
钢筋笼竖向钢筋
50
45°
钢筋笼水平钢筋
50 180 50
钢筋笼水平钢筋
焊接
100
5厚钢板
定位垫块 1:5
说明：
1. 本图尺寸以mm计.
2. 本图所示为6m槽段连续墙钢筋笼的加强筋布置情况，其他宽度槽段的钢筋笼加强筋可参照本图处理.
3. 各种槽段的钢筋桁架位置详见连续墙的配筋图，施工单位可以根据具体情况调整桁架位置.
4. 连续墙钢筋笼内外侧各设X形剪力拉筋，桁架筋斜杆焊在钢筋笼上.
5. 定位垫块纵横间距4m，如遇预埋筋（件），应适当调整，以便于焊接固定在钢筋笼上为宜.
6. 本图所示的纵向钢筋桁架、X形剪力拉筋和定位垫块均为防止钢筋笼在组装存放、运输和吊装时产生变形及定位而设的，其与连续墙钢筋一律采用焊接.
7. 导墙上支托槽钢的垫块高度由施工的具体情况调节，以使钢筋笼底端达到设计的高程.
8. 幅宽小于4m的地下连续墙采用3榀纵向桁架，其他采用5榀，桁架筋间距不大于1500mm.
9. 吊环采用Q235B圆钢.
地下连续墙配筋大样图（三）
图别 施工图阶段 日期 XXXX-XX
比例 图示 图号 JG-01-27

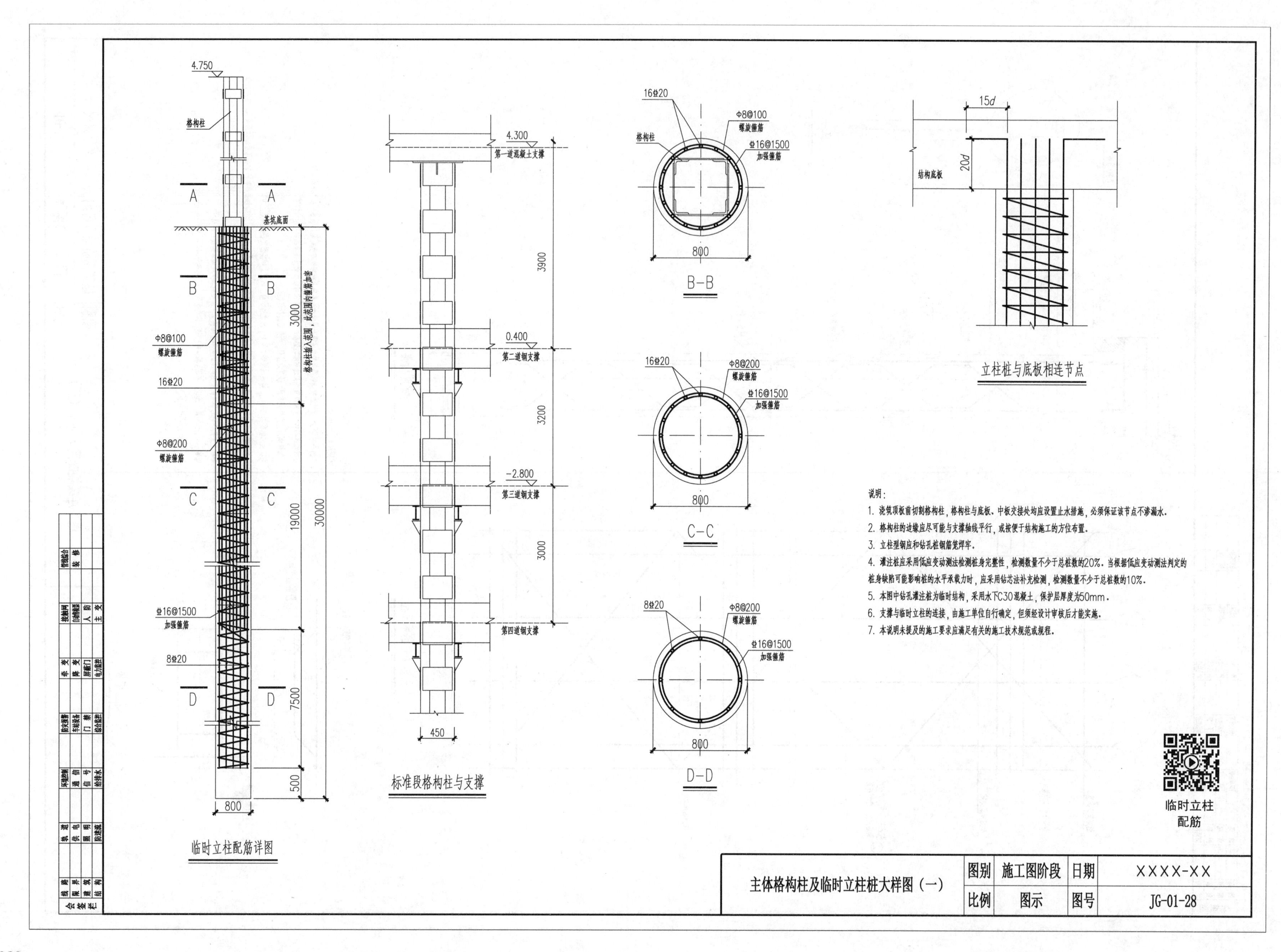

4.750
格构柱
A A
基坑底面
B B
Φ8@100
螺旋箍筋
16⌀20
Φ8@200
螺旋箍筋
C C
⌀16@1500
加强箍筋
8⌀20
D D
3000
19000
30000
7500
500
800
临时立柱配筋详图
4.300
第一道混凝土支撑
0.400
第二道钢支撑
−2.800
第三道钢支撑
第四道钢支撑
3900
3200
3000
450
标准段格构柱与支撑
16⌀20
Φ8@100
螺旋箍筋
格构柱
⌀16@1500
加强箍筋
800
B−B
16⌀20
Φ8@200
螺旋箍筋
⌀16@1500
加强箍筋
800
C−C
8⌀20
Φ8@200
螺旋箍筋
⌀16@1500
加强箍筋
800
D−D
15d
20d
结构底板
立柱桩与底板相连节点
说明：
1. 浇筑顶板前切割格构柱，格构柱与底板、中板交接处均应设置止水措施，必须保证该节点不渗漏水。
2. 格构柱的边缘应尽可能与支撑轴线平行，或按便于结构施工的方位布置。
3. 立柱型钢应和钻孔桩钢筋笼焊牢。
4. 灌注桩应采用低应变动测法检测桩身完整性，检测数量不少于总桩数的20%。当根据低应变动测法判定的桩身缺陷可能影响桩的水平承载力时，应采用钻芯法补充检测，检测数量不少于总桩数的10%。
5. 本图中钻孔灌注桩为临时结构，采用水下C30混凝土，保护层厚度为50mm。
6. 支撑与临时立柱的连接，由施工单位自行确定，但须经设计审核后才能实施。
7. 本说明未提及的施工要求应满足有关的施工技术规范或规程。
临时立柱
配筋
主体格构柱及临时立柱桩大样图（一）
图别
施工图阶段
日期
XXXX-XX
比例
图示
图号
JG-01-28

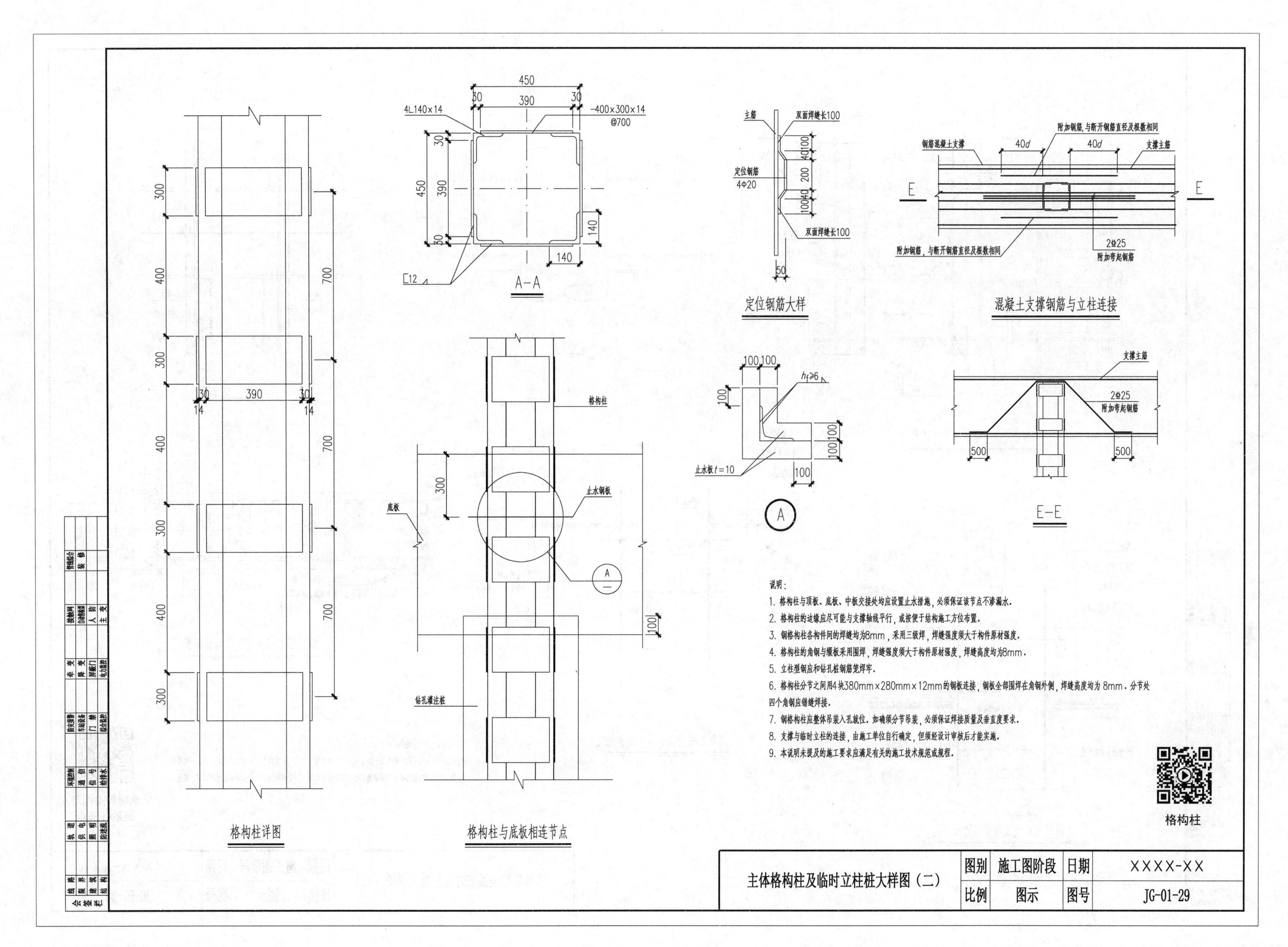
450
30
390
30
4L140×14
-400×300×14
@700
450
390
140
140
C12
A–A
主筋
双面焊缝长100
定位钢筋
4Φ20
双面焊缝长100
定位钢筋大样
钢筋混凝土支撑
附加钢筋，与断开钢筋直径及根数相同
40d
支撑主筋
E
E
2Φ25
附加弯起钢筋
混凝土支撑钢筋与立柱连接
100
100
止水板 t=10
A
支撑主筋
2Φ25
附加弯起钢筋
500
500
E–E
300
400
300
390
14
14
700
格构柱
底板
止水钢板
钻孔灌注柱
格构柱详图
格构柱与底板相连节点
说明：
1. 格构柱与顶板、底板、中板交接处均应设置止水措施，必须保证该节点不渗漏水。
2. 格构柱的边缘应尽可能与支撑轴线平行，或按便于结构施工方位布置。
3. 钢格构柱各构件间的焊缝均为8mm，采用三级焊，焊缝强度须大于构件原材强度。
4. 格构柱的角钢与缀板采用围焊，焊缝强度须大于构件原材强度，焊缝高度均为8mm。
5. 立柱型钢应和钻孔桩钢筋笼焊牢。
6. 格构柱分节之间用4块380mm×280mm×12mm的钢板连接，钢板全部围焊在角钢外侧，焊缝高度均为 8mm。分节处四个角钢应错缝焊接。
7. 钢格构柱应整体吊装入孔就位。如确须分节吊装，必须保证焊接质量及垂直度要求。
8. 支撑与临时立柱的连接，由施工单位自行确定，但须经设计审核后才能实施。
9. 本说明未提及的施工要求应满足有关的施工技术规范或规程。
格构柱
主体格构柱及临时立柱桩大样图（二）
图别
施工图阶段
日期
XXXX-XX
比例
图示
图号
JG-01-29

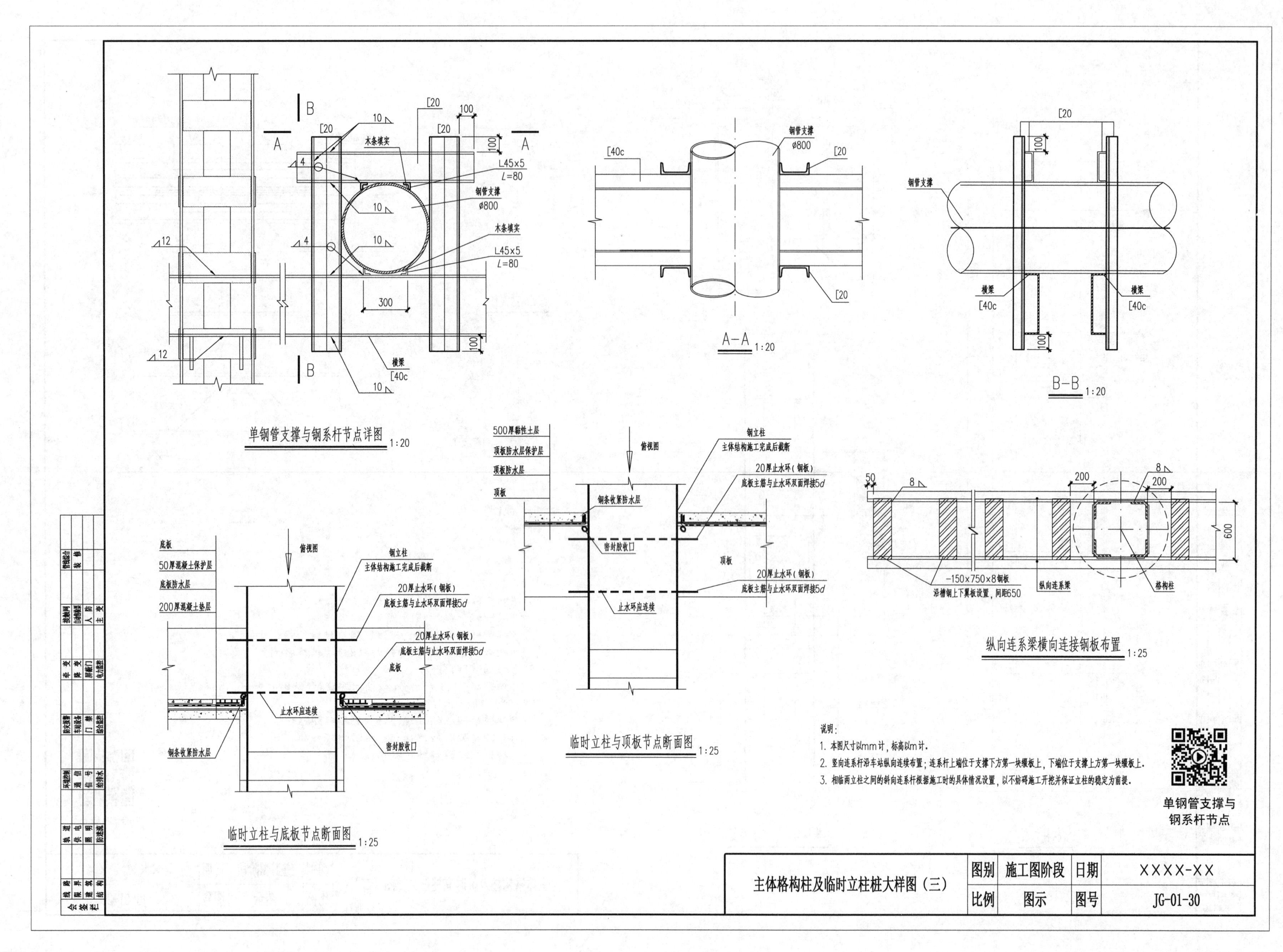
单钢管支撑与钢系杆节点详图 1:20
A-A 1:20
B-B 1:20
临时立柱与顶板节点断面图 1:25
临时立柱与底板节点断面图 1:25
纵向连系梁横向连接钢板布置 1:25
说明:
1. 本图尺寸以mm计，标高以m计。
2. 竖向连系杆沿车站纵向连续布置；连系杆上端位于支撑下方第一块缀板上，下端位于支撑上方第一块缀板上。
3. 相临两立柱之间的斜向连系杆根据施工时的具体情况设置，以不妨碍施工开挖并保证立柱的稳定为前提。
单钢管支撑与钢系杆节点
主体格构柱及临时立柱桩大样图（三）
图别 施工图阶段
日期 XXXX-XX
比例 图示
图号 JG-01-30

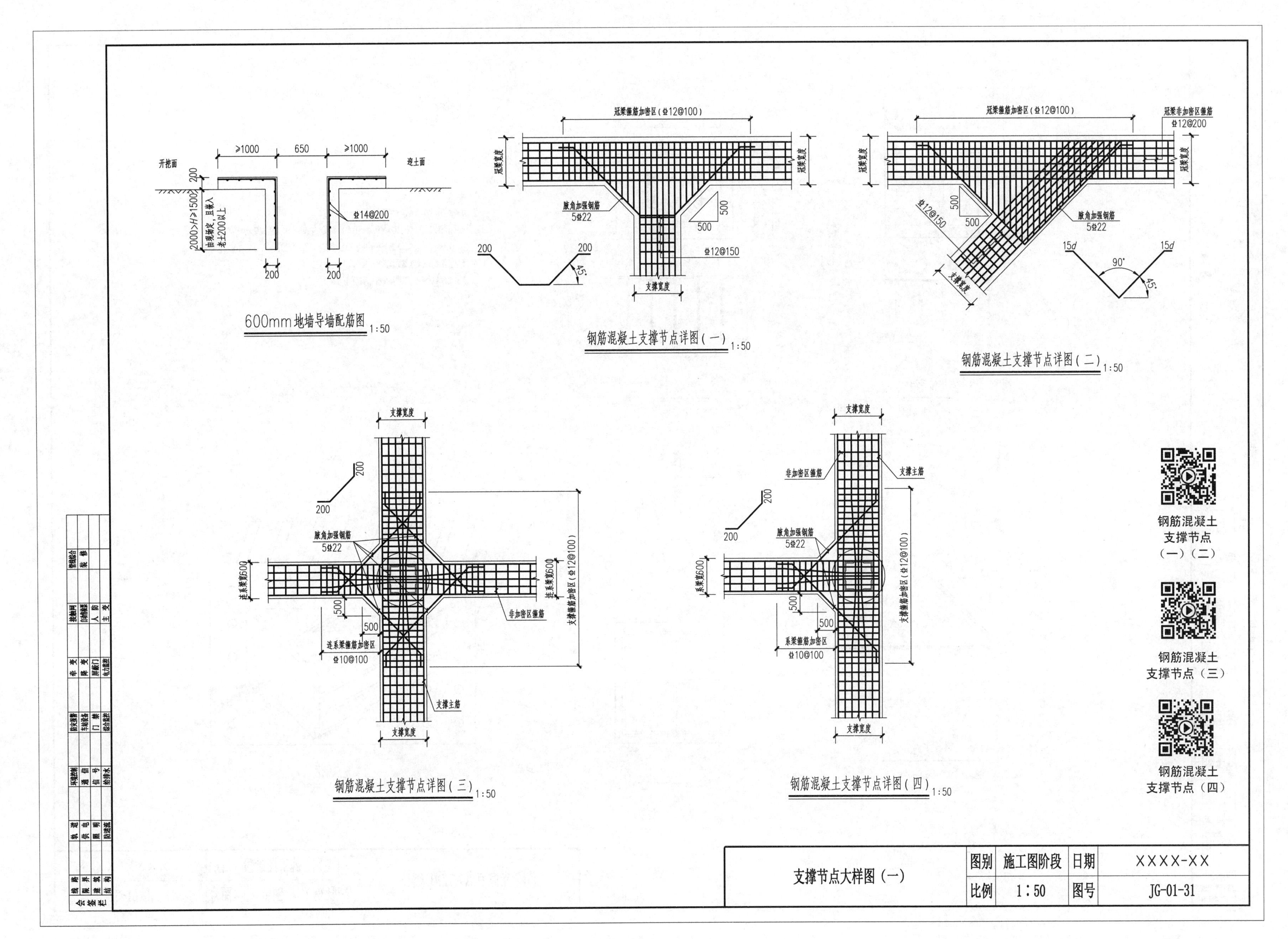
开挖面
迎土面
≥1000
650
≥1000
200
2000>H≥1500
由现场定，且嵌入老土200以上
Φ14@200
200
200
600mm地墙导墙配筋图 1:50
冠梁箍筋加密区（Φ12@100）
冠梁宽度
腋角加强钢筋
5Φ22
500
500
Φ12@150
200
200
45°
支撑宽度
钢筋混凝土支撑节点详图（一） 1:50
冠梁非加密区箍筋
Φ12@200
Φ12@150
15d
15d
90°
45°
钢筋混凝土支撑节点详图（二） 1:50
支撑宽度
200
200
连系梁宽600
支撑箍筋加密区（Φ12@100）
非加密区箍筋
连系梁箍筋加密区
Φ10@100
支撑主筋
钢筋混凝土支撑节点详图（三） 1:50
系梁宽600
系梁箍筋加密区
钢筋混凝土支撑节点详图（四） 1:50
钢筋混凝土
支撑节点
（一）（二）
钢筋混凝土
支撑节点（三）
钢筋混凝土
支撑节点（四）
支撑节点大样图（一）
图别
施工图阶段
日期
XXXX-XX
比例
1:50
图号
JG-01-31

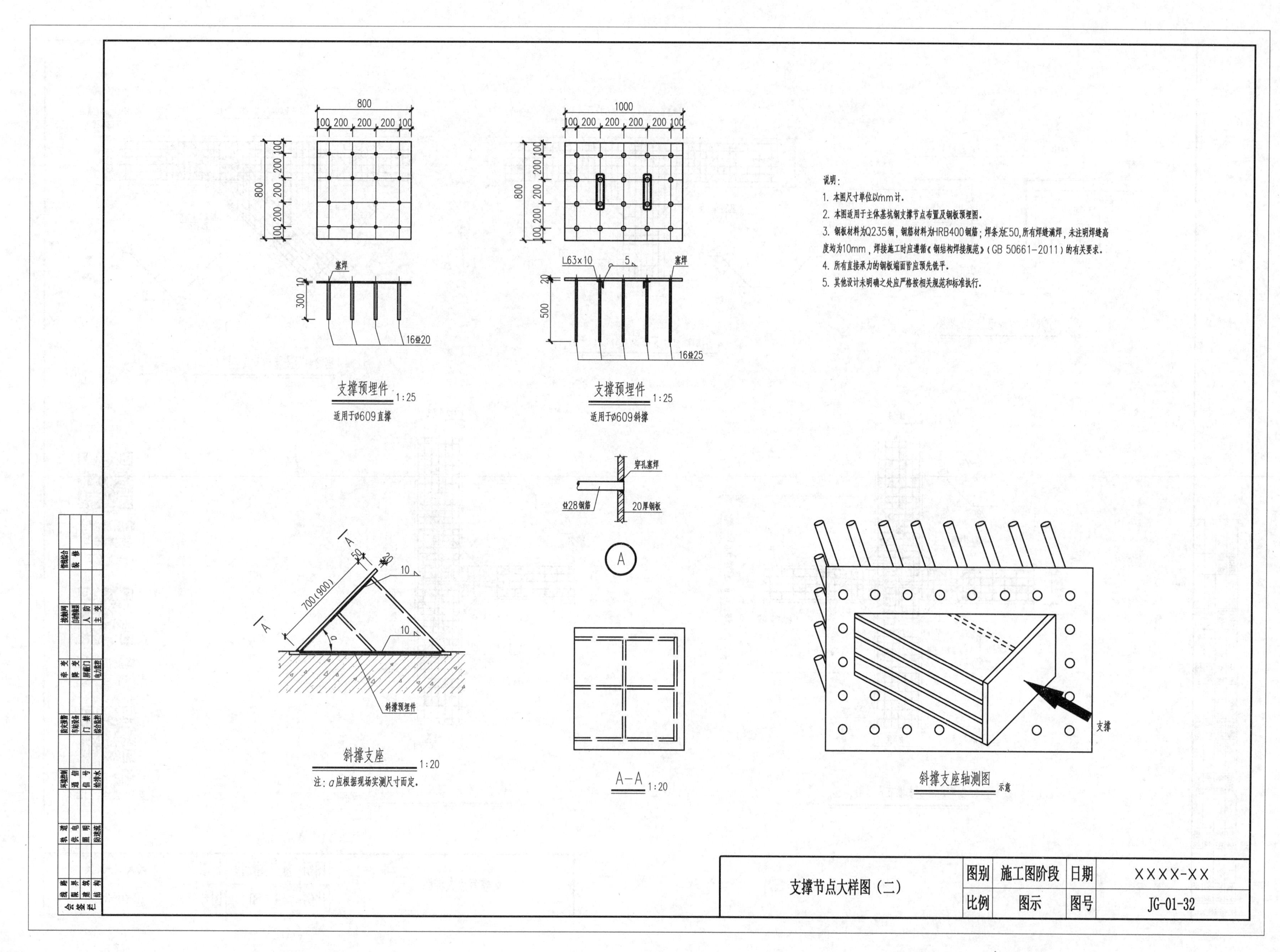
800
100 200 200 200 100
塞焊
300
10
16⌀20
支撑预埋件 1:25
适用于⌀609直撑
1000
100 200 200 200 200 100
L63×10
5
塞焊
20
500
16⌀25
支撑预埋件 1:25
适用于⌀609斜撑
说明：
1. 本图尺寸单位以mm计。
2. 本图适用于主体基坑钢支撑节点布置及钢板预埋图。
3. 钢板材料为Q235钢，钢筋材料为HRB400钢筋；焊条为E50，所有焊缝满焊，未注明焊缝高度均为10mm，焊接施工时应遵循《钢结构焊接规范》（GB 50661-2011）的有关要求。
4. 所有直接承力的钢板端面皆应预先铣平。
5. 其他设计未明确之处应严格按相关规范和标准执行。
穿孔塞焊
⌀28钢筋
20厚钢板
A
700(900)
50
10
α
斜撑预埋件
斜撑支座 1:20
注：α应根据现场实测尺寸而定。
A—A 1:20
支撑
斜撑支座轴测图 示意
支撑节点大样图（二）
图别
施工图阶段
日期
XXXX-XX
比例
图示
图号
JG-01-32

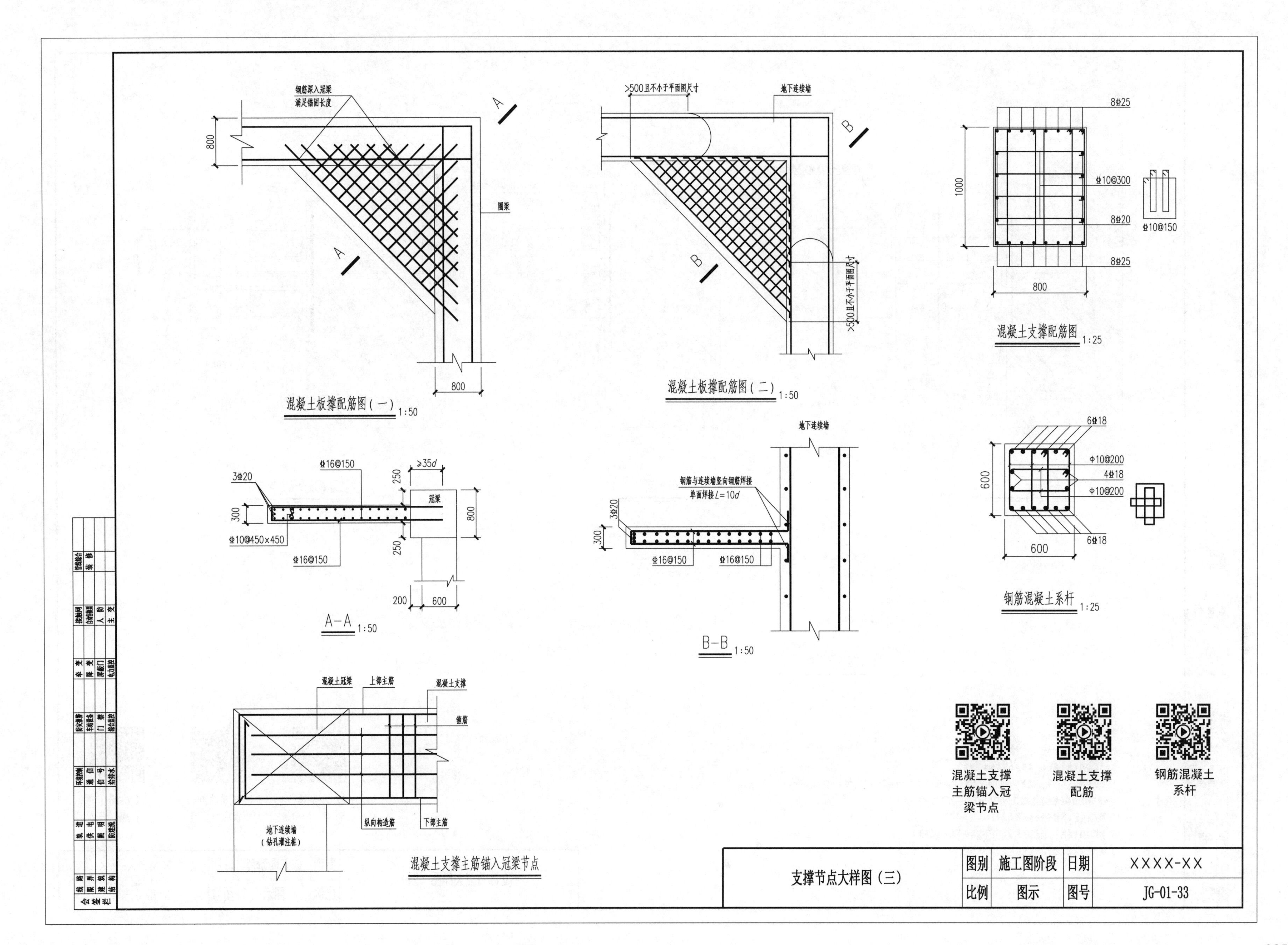

钢筋深入冠梁
满足锚固长度
800
圈梁
800
混凝土板撑配筋图（一） 1:50
>500且不小于平面图尺寸
地下连续墙
>500且不小于平面图尺寸
混凝土板撑配筋图（二） 1:50
8Φ25
1000
Φ10@300
8Φ20
8Φ25
800
Φ10@150
混凝土支撑配筋图 1:25
3Φ20
Φ16@150
≥35d
250
冠梁
300
800
Φ10@450×450
Φ16@150
250
200
600
A—A 1:50
地下连续墙
钢筋与连续墙竖向钢筋焊接
单面焊接L=10d
3Φ20
300
Φ16@150
Φ16@150
B—B 1:50
6Φ18
Φ10@200
4Φ18
Φ10@200
600
6Φ18
600
钢筋混凝土系杆 1:25
混凝土冠梁
上部主筋
混凝土支撑
箍筋
纵向构造筋
下部主筋
地下连续墙
（钻孔灌注桩）
混凝土支撑主筋锚入冠梁节点
混凝土支撑
主筋锚入冠
梁节点
混凝土支撑
配筋
钢筋混凝土
系杆
支撑节点大样图（三）
图别
施工图阶段
日期
XXXX-XX
比例
图示
图号
JG-01-33

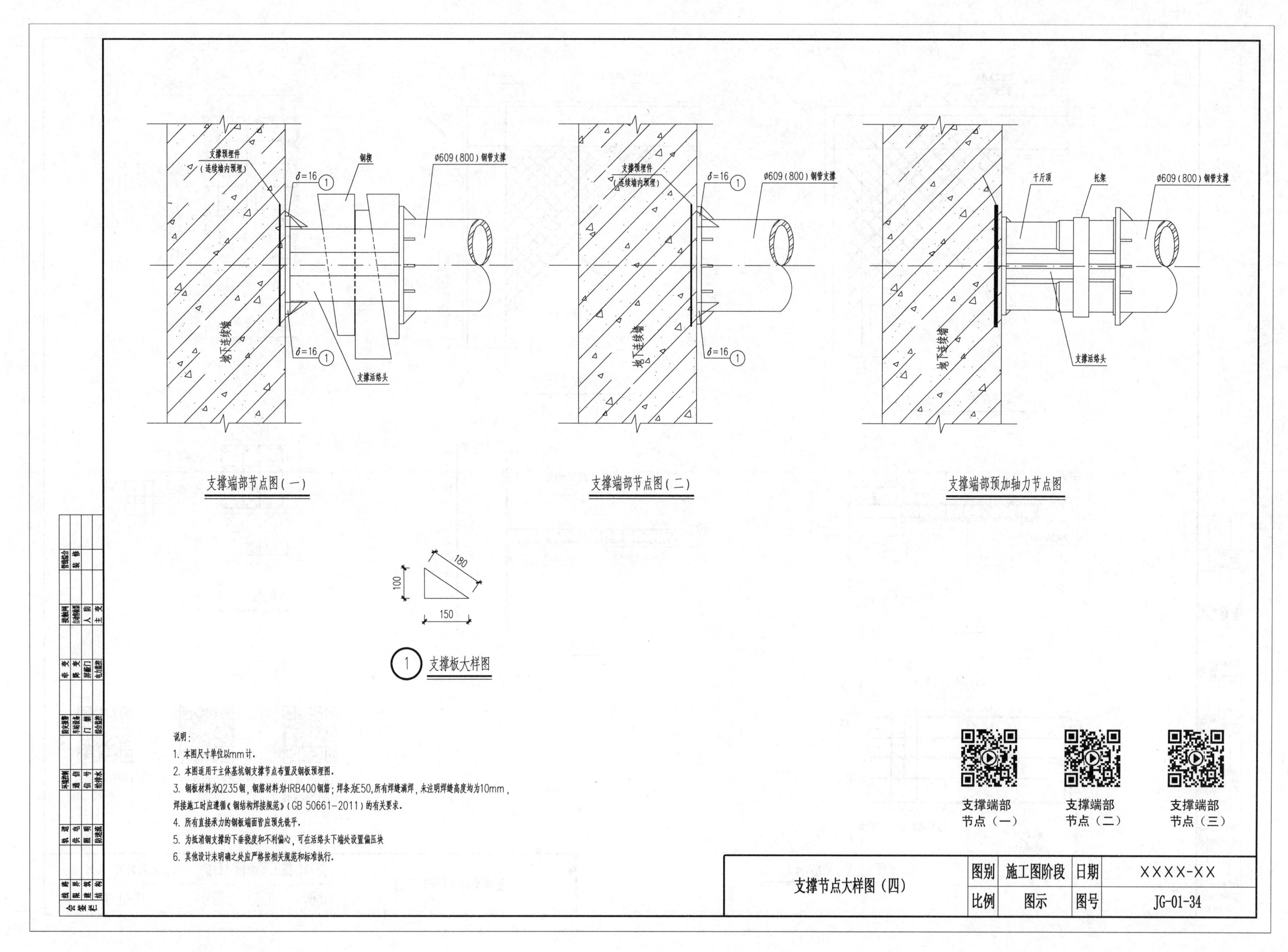

支撑预埋件
（连续墙内预埋）
钢楔
ø609（800）钢管支撑
δ=16
1
地下连续墙
支撑活络头
支撑端部节点图（一）
支撑端部节点图（二）
千斤顶
托架
支撑端部预加轴力节点图
180
100
150
1
支撑板大样图
说明：
1. 本图尺寸单位以mm计。
2. 本图适用于主体基坑钢支撑节点布置及钢板预埋图。
3. 钢板材料为Q235钢，钢筋材料为HRB400钢筋；焊条为E50，所有焊缝满焊，未注明焊缝高度均为10mm，焊接施工时应遵循《钢结构焊接规范》（GB 50661-2011）的有关要求。
4. 所有直接承力的钢板端面皆应预先铣平。
5. 为抵消钢支撑的下垂挠度和不利偏心，可在活络头下端处设置偏压块
6. 其他设计未明确之处应严格按相关规范和标准执行。
支撑端部
节点（一）
支撑端部
节点（二）
支撑端部
节点（三）
支撑节点大样图（四）
图别
施工图阶段
日期
XXXX-XX
比例
图示
图号
JG-01-34

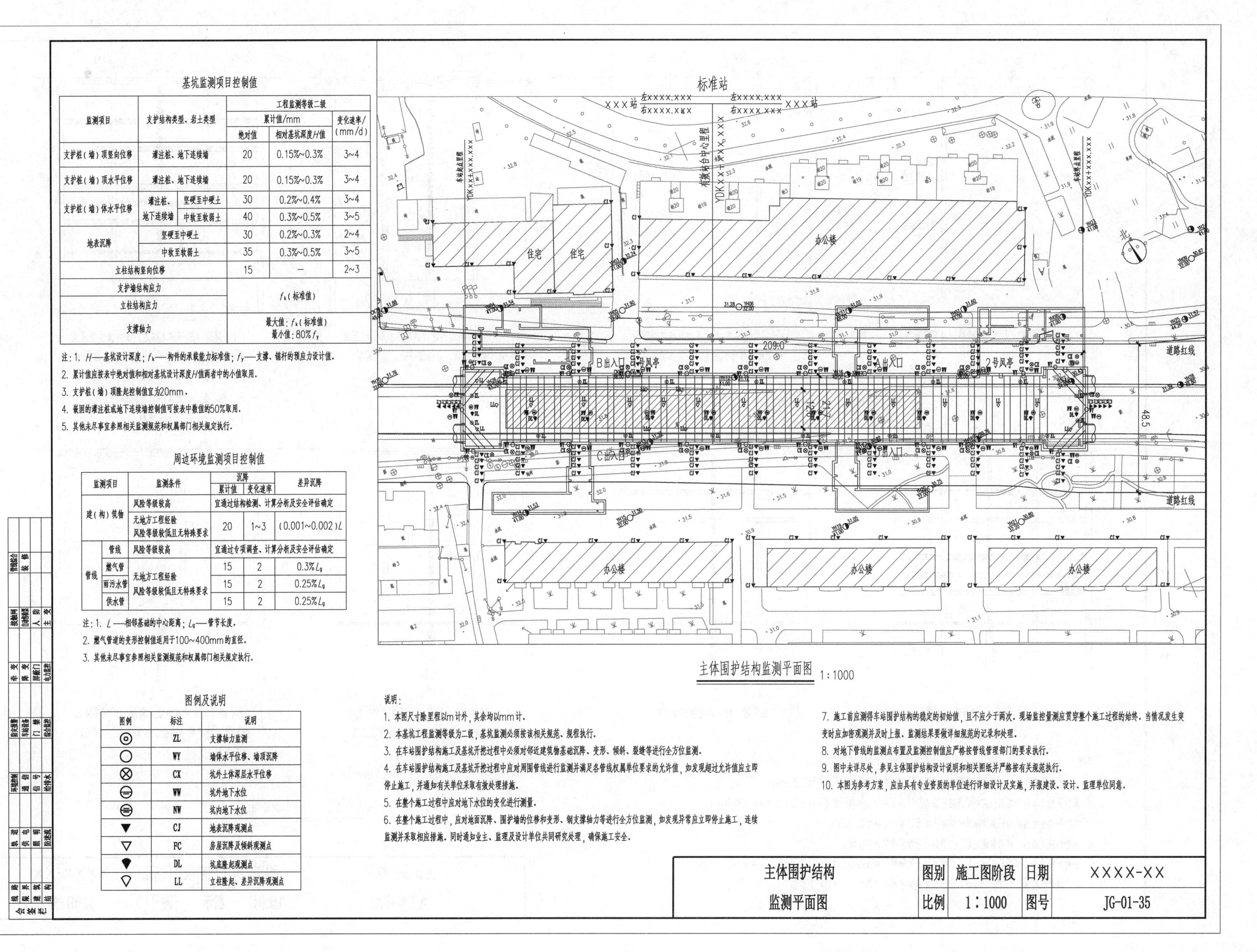

基坑监测项目控制值

监测项目	支护结构类型、岩土类型		工程监测等级二级		
			累计值/mm		变化速率/(mm/d)
			绝对值	相对基坑深度H值	
支护桩(墙)顶竖向位移	灌注桩、地下连续墙		20	0.15%~0.3%	3~4
支护桩(墙)顶水平位移	灌注桩、地下连续墙		20	0.15%~0.3%	3~4
支护桩(墙)体水平位移	灌注桩、地下连续墙	坚硬至中硬土	30	0.2%~0.4%	3~4
		中软至软弱土	40	0.3%~0.5%	3~5
地表沉降	坚硬至中硬土		30	0.2%~0.3%	2~4
	中软至软弱土		35	0.3%~0.5%	3~5
立柱结构竖向位移			15	—	2~3
支护墙结构应力			f_k(标准值)		
立柱结构应力					
支撑轴力			最大值:f_k(标准值) 最小值:80%f_y		

注:1. H——基坑设计深度;f_k——构件的承载能力标准值;f_y——支撑、锚杆的预应力设计值.

2. 累计值应按表中绝对值和相对基坑设计深度H值两者中的小值取用.

3. 支护桩(墙)顶隆起控制值宜为20mm.

4. 嵌固的灌注桩或地下连续墙控制值可按表中数值的50%取用.

5. 其他未尽事宜参照相关监测规范和权属部门相关规定执行.

周边环境监测项目控制值

监测项目		监测条件	沉降		差异沉降
			累计值	变化速率	
建(构)筑物		风险等级较高	宜通过结构检测、计算分析及安全评估确定		
		无地方工程经验 风险等级较低且无特殊要求	20	1~3	(0.001~0.002)L
管线	管线	风险等级较高	宜通过专项调查、计算分析及安全评估确定		
	燃气管	无地方工程经验 风险等级较低且无特殊要求	15	2	0.3%L_g
	雨污水管		15	2	0.25%L_g
	供水管		15	2	0.25%L_g

注:1. L——相邻基础的中心距离;L_g——管节长度.

2. 燃气管道的变形控制值适用于100~400mm的直径.

3. 其他未尽事宜参照相关监测规范和权属部门相关规定执行.

图例及说明

图例	标注	说明
	ZL	支撑轴力监测
	WY	墙体水平位移、墙顶沉降
	CX	坑外土体深层水平位移
	WW	坑外地下水位
	NW	坑内地下水位
	CJ	地表沉降观测点
	FC	房屋沉降及倾斜观测点
	DL	坑底隆起观测点
	LL	立柱隆起、差异沉降观测点

主体围护结构监测平面图 1:1000

说明:

1. 本图尺寸除里程以m计外,其余均以mm计。
2. 本基坑工程监测等级为二级,基坑监测必须按该相关规范、规程执行。
3. 在车站围护结构施工及基坑开挖过程中必须对邻近建筑物基础沉降、变形、倾斜、裂缝等进行全方位监测。
4. 在车站围护结构施工及基坑开挖过程中应对周围管线进行监测并满足各管线权属单位要求的允许值,如发现超过允许值应立即停止施工,并通知有关单位采取有效处理措施。
5. 在整个施工过程中应对地下水位的变化进行测量。
6. 在整个施工过程中,应对地面沉降、围护墙的位移和变形、钢支撑轴力等进行全方位监测,如发现异常应立即停止施工,连续监测并采取相应措施。同时通知业主、监理及设计单位共同研究处理,确保施工安全。
7. 施工前应测得车站围护结构的稳定的初始值,且不应少于两次。现场监控量测应贯穿整个施工过程的始终。当情况发生突变时应加密观测并及时上报。监测结果要做详细规范的记录和处理。
8. 对地下管线的监测点布置及监测控制值应严格按管线管理部门的要求执行。
9. 图中未详尽处,参见主体围护结构设计说明和相关图纸并严格按有关规范执行。
10. 本图为参考方案,应由具有专业资质的单位进行详细设计及实施,并报建设、设计、监理单位同意。

主体围护结构监测平面图	图别	施工图阶段	日期	XXXX-XX
	比例	1:1000	图号	JG-01-35

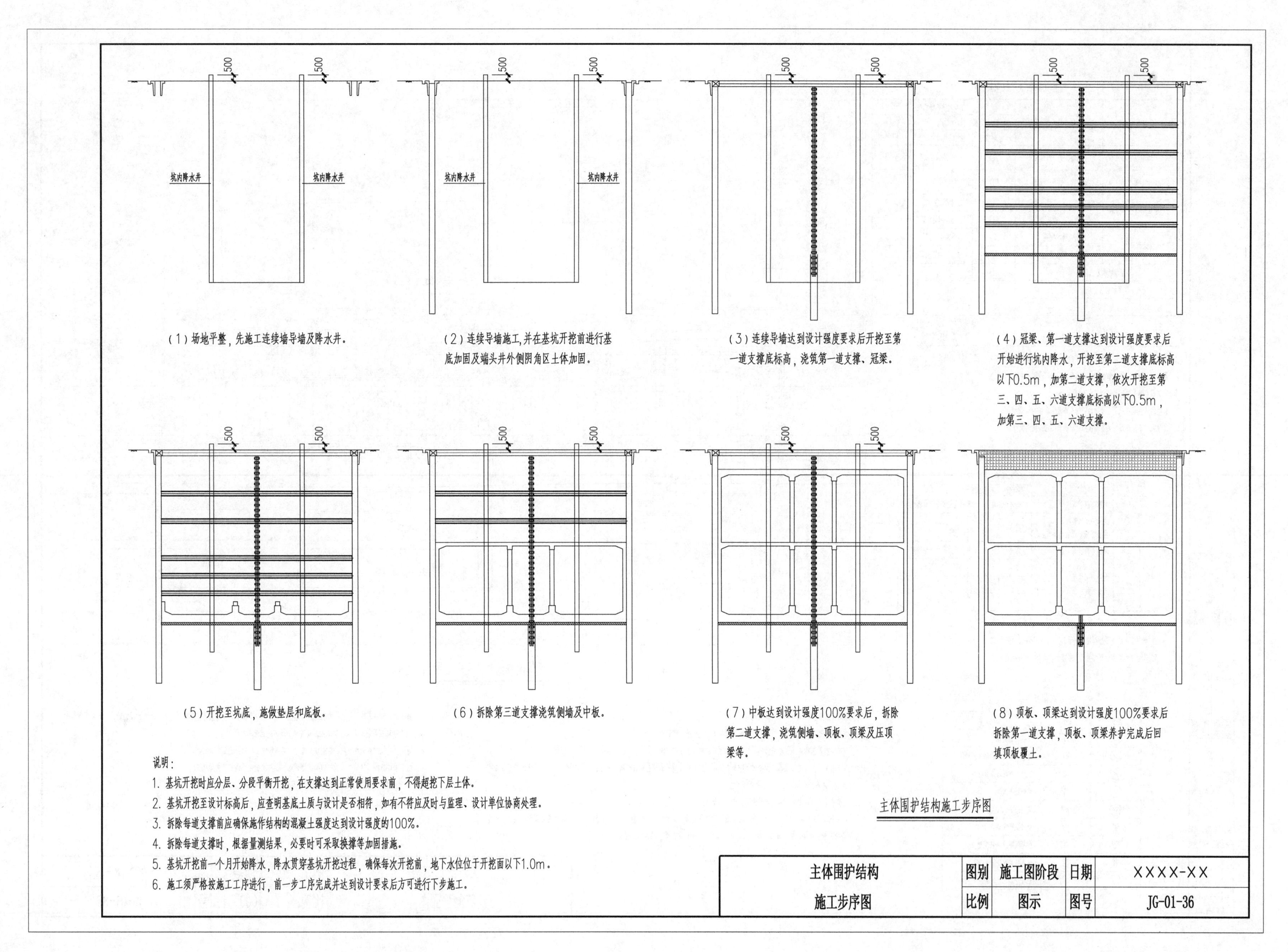
500
坑内降水井
坑内降水井
（1）场地平整，先施工连续墙导墙及降水井。
（2）连续导墙施工，并在基坑开挖前进行基底加固及端头井外侧阴角区土体加固。
（3）连续导墙达到设计强度要求后开挖至第一道支撑底标高，浇筑第一道支撑、冠梁。
（4）冠梁、第一道支撑达到设计强度要求后开始进行坑内降水，开挖至第二道支撑底标高以下0.5m，加第二道支撑，依次开挖至第三、四、五、六道支撑底标高以下0.5m，加第三、四、五、六道支撑。
（5）开挖至坑底，施做垫层和底板。
（6）拆除第三道支撑浇筑侧墙及中板。
（7）中板达到设计强度100%要求后，拆除第二道支撑，浇筑侧墙、顶板、顶梁及压顶梁等。
（8）顶板、顶梁达到设计强度100%要求后拆除第一道支撑，顶板、顶梁养护完成后回填顶板覆土。
说明：
1. 基坑开挖时应分层、分段平衡开挖，在支撑达到正常使用要求前，不得超挖下层土体。
2. 基坑开挖至设计标高后，应查明基底土质与设计是否相符，如有不符应及时与监理、设计单位协商处理。
3. 拆除每道支撑前应确保施作结构的混凝土强度达到设计强度的100%。
4. 拆除每道支撑时，根据量测结果，必要时可采取换撑等加固措施。
5. 基坑开挖前一个月开始降水，降水贯穿基坑开挖过程，确保每次开挖前，地下水位位于开挖面以下1.0m。
6. 施工须严格按施工工序进行，前一步工序完成并达到设计要求后方可进行下步施工。
主体围护结构施工步序图
主体围护结构
施工步序图
图别
施工图阶段
日期
XXXX-XX
比例
图示
图号
JG-01-36

项目 2 标准车站主体结构图

主体结构图纸目录

会签栏							
线路	轨道	环境控制	防灾报警	牵变	接触网	管线综合	
限界	供电	通信	车站设备	降变	自动售检票	装修	
建筑	照明	信号	门禁	屏蔽门	人防		
结构	防迷流	给排水	综合监控	电力监控	主变		

主体结构图纸目录	图别	施工图阶段	日期	XXXX-XX-XX
	比例		图号	JG-02-00

主体结构设计说明(一)

一、工程概况

标准站位于标准一路(道路红线宽42m，现状为双向6车道+2个非机动车道)与标准二路交叉路口，沿标准一路东西向敷设，跨交叉路口布置。车站东北象限为办公楼，西北象限为多层民房，西南象限和东南象限为办公楼。标准站为地下二层站，顶板覆土3.2~3.6m，底板垫层底(有效站台中心里程处)埋深约16.84m。车站两端接盾构区间，小里程端盾构始发，大里程端盾构接收。

车站为地下二层岛式车站，双柱三跨钢筋混凝土框架结构。

本站设两组风亭和A、B、C、D四个出入口，A、B出入口及两组风亭位于车站北侧，C、D出入口位于车站南侧。

二、设计依据主要规范、规程等

2.1 主要规范、规程及标准

(1)《地铁设计规范》(GB 50157-2013)。

(2)《城市轨道交通技术规范》(GB 50490-2009)。

(3)《城市轨道交通工程项目建设标准》(建标104-2008)。

(4)《混凝土结构设计规范(2015年版)》(GB 50010-2010)。

(5)《建筑抗震设计规范(2016年版)》(GB 50011-2010)。

(6)《钢结构设计标准》(GB50017-2017)。

(7)《建筑结构荷载规范》(GB 50009-2012)。

(8)《轨道交通工程人民防空设计规范》(RFJ 02-2009)。

(9)《混凝土结构工程施工质量验收规范》(GB 50204-2015)。

(10)《地下铁道工程施工质量验收标准》(GB/T 50299-2018)。

(11)《建筑结构可靠度设计统一标准》(GB 50068-2018)。

(12)《混凝土外加剂应用技术规范》(GB 50119-2013)。

(13)《混凝土结构耐久性设计标准》(GB/T 50476-2019)。

(14)《地下工程防水技术规范》(GB 50108-2008)。

(15)《地铁杂散电流腐蚀防护技术标准》(CJJ/T 49-2020)。

(16)《建筑地基基础设计规范》(GB 50007-2011)。

(17)《建筑地基基础工程施工质量验收标准》(GB 50202-2018)。

(18)《城市轨道交通结构抗震设计规范》(GB 50909-2014)。

(19)《钢筋焊接及验收规程》(JGJ 18-2012)。

(20)《钢筋机械连接技术规程》(JGJ 107-2016)。

(21)《人民防空工程设计规范》(GB 50225-2005)。

(22)《城市轨道交通地下工程建设风险管理规范》(GB 50652-2011)。

(23)《建筑施工场界环境噪声排放标准》(GB 12523-2011)。

(24)其他现行国家、地方、行业有关设计规范与规程。

2.2 主要图集

(1)《混凝土结构施工图平面整体表示方法制图规则和构造详图(现浇混凝土框架、剪力墙、梁、板)》(16G101-1)。

(2)《混凝土结构施工图平面整体表示方法制图规则和构造详图(现浇混凝土板式楼梯)》(16G101-2)。

(3)《混凝土结构施工图平面整体表示方法制图规则和构造详图(独立基础、条形基础、筏形基础、桩基础)》(16G101-3)。

(4)《G101系列图集常见问题答疑图解》(17G101-11)。

三、技术标准

(1)车站主体结构设计使用年限为100年。与主体结构相连的构件，当维修或置换会影响正常运营时，其设计使用年限也为100年；使用期间可以更换且不影响运营的次要结构构件，设计使用年限为50年。

(2)结构的安全等级为一级，按荷载效应基本组合进行承载能力计算时重要性系数为1.1；临时构件的安全等级为三级，相应结构构件的重要性系数γ_0取0.9；在人防荷载或地震荷载组合下，相应结构构件的重要性系数γ_0取1.0。

(3)车站的环境类别按照一般环境条件考虑，当地下水无侵蚀性时，地下结构中处于长期湿润环境的混凝土构件的环境类别和环境作用等级为Ⅰ-B类，设有环控系统的车站结构内部混凝土构件的环境类别和环境作用等级为Ⅰ-B类。

(4)车站结构抗震设防烈度为6度，设防分类属重点设防类(乙类)，抗震等级为二级，并根据此抗震等级采取抗震构造措施。

(5)地下结构应具有战时防护功能，并能做好平时转换功能。在规定的设防部位，结构设计按6级人防的抗力标准进行验算，并设置相应的防护措施。在核爆炸动荷载作用下，结构构件按弹塑性工作状态进行设计。钢筋混凝土结构或构件在弹塑性工作状态下的允许延性比(β)，对于受弯构件取3.0，对于大偏心受压构造取2.0。

(6)车站结构中主要构件的耐火等级为一级，其他构件应满足相应的室内建筑防火规范要求。

(7)钢筋混凝土构件(不含临时构件)正截面的裂缝控制等级一般为三级，裂缝正常使用极限状态验算的明挖结构最大裂缝宽度允许值≤0.3mm。进行裂缝宽度计算时，如果保护层厚度超过30mm，裂缝宽度按30mm取值。

(8)车站结构设计应按最不利荷载组合进行抗浮稳定验算，在不考虑侧壁摩阻力时，抗浮安全系数K_f≥1.05；考虑侧壁摩阻力时，抗浮安全系数K_f≥1.15。

(9)车站防水等级为一级，不允许渗水，结构表面应无湿渍。

四、设计荷载

车站主体结构按作用在弹性地基上平面框架进行内力分析。内衬与连续墙构成只传递压力的复合墙，共同承受水土压力；远期则内衬与连续墙共同承受土压力，内衬承受全部水压力。

主体结构设计说明(一)	图别	施工图阶段	日期	xxxx-xx-xx
	比例		图号	JG-02-01

主体结构设计说明（二）

（1）永久荷载。

①结构自重：钢筋混凝土重度γ=25kN/m^3。

②覆土荷载：覆土重度γ=19kN/m^3，车站覆土3.2~3.6m。

③浮力：地下水位取地表以下0.5m计算水浮力。

④侧向水土荷载：采用静止土压力，施工阶段对于黏性土层可采用水土合算，对于砂性土层及水平渗透系数≥10^{-5}cm/s的土层应采用水土分算，使用阶段均应按水土分算计算。

⑤设备荷载：设备区一般可按8kPa进行计算，但对重型设备需依据设备的实际质量、动力影响、安装运输途径等确定其大小与范围，进行结构计算。设备区隔墙荷载、悬吊荷载分项计入。

（2）可变荷载。

①公共区站厅、站台层人群荷载：按4kPa计算。

②地面超载：一般按标准值20kPa计算；端头井附近由于盾构下井、吊出、堆放管片或其他特殊情况时，端头井侧向超载按地面超载70kPa乘以土体静止土压力系数确定，端头井竖向超载按35kPa计算，最终按承包商提供荷载进行检算。

③施工荷载：楼板施工荷载按4kPa计算。

五、工程材料及结构构造措施

5.1 工程材料

（1）混凝土。

①顶板、地下一层和二层侧墙、底板：C35、P8混凝土。

②中板：C35混凝土。

③独立框架柱：C45混凝土。

④压顶梁：C35混凝土。

⑤梯梁、梯柱、梯板、夹层板（梁、柱）：C35混凝土。

⑥底板垫层：C20早强混凝土。

⑦顶板、顶梁及与顶板一次浇筑的内衬墙：C35补偿收缩混凝土。

除上述外，混凝土还必须满足防水施工图所提出的其他耐久性要求。

梁柱混凝土节点做法参见《G101系列图集常见问题答疑图解》（17G101-11）P2-1。

（2）钢筋及焊条。

钢筋：采用HPB300级钢筋和HRB400级钢筋。受力钢筋采用满足二级抗震性能要求的带"E"牌号钢筋，钢筋的抗拉强度实测值与屈服强度实测值的比值不应小于1.25；钢筋的屈服强度实测值与屈服强度标准值的比值不应大于1.30，且钢筋在最大拉力下的总伸长率实测值不应小于9%。材质应分别符合现行国家标准《钢筋混凝土用钢 第2部分：热轧带肋钢筋》（GB/T 1499.2-2018）及《钢筋混凝土用钢 第1部分：热轧光圆钢筋 》（GB/T 1499.1-2017）。

钢筋接驳器：采用相关部门检测认可的Ⅰ级钢筋等强度直螺纹接驳器，符合《钢筋机械连接技术规程》（JGJ 107-2016）及《钢筋机械连接用套筒》（JG/T 163-2013）的要求，并经现场试验合格后方可使用。

钢板和型钢：材质应符合《碳素结构钢》（GB/T 700-2006）的规定，并有符合国家标准的证明书。

预埋铁件：Q235B。

焊条：E43型用于HPB300级钢筋、Q235号钢焊接，E50型用于HRB400级钢筋。焊接熔敷金属的化学成分和力学性能满足《非合金钢及细晶粒钢焊条》（GB/T 5117-2012）和《热强钢焊条》（GB/T 5118-2012）的规定，焊接质量要求参见《钢筋焊接及验收规程》（JGJ 18-2012）。

5.2 结构构造措施

（1）变形缝、施工缝设置。

①本站主体结构不设变形缝，主体与附属接口视情况设置变形缝。

②施工缝应根据施工组织安排、施工分段等情况而定。施工缝的位置应留在结构受剪力较小且便于施工的部位，注意兼顾车站内部的设施（如水池、电梯井、出入口等）的完整性。其纵向间距一般以20m之内为宜，并且施工缝在车站横断面上环向设置。接缝处混凝土表面凿毛、清洗，钢筋全部贯通，其余要求见《混凝土结构工程施工质量验收规范》和防水设计图。

③主体与附属连接处设缝情况详见附属结构施工图。

（2）钢筋混凝土结构构件最外层钢筋保护层厚度。

钢筋混凝土结构构件最外层钢筋保护层厚度应满足下表要求。

项目	顶、底板/mm	梁/mm	侧墙/mm	中板/mm	柱/mm	站台板/mm
迎土面	45	45	45	30	35	30
背土面	35	35	35			

（3）钢筋锚固及连接

①受力钢筋最小锚固长度。

受力钢筋最小锚固长度应满足下表要求。

钢筋种类		受拉钢筋锚固长度 l_a		受拉钢筋抗震锚固长度 l_{aE}	
		混凝土等级	混凝土等级	混凝土等级	混凝土等级
		C35	C45	C35	C45
HPB300		28d	24d	32d	28d
HRB400	≤25d	32d	28d	37d	32d

会签栏							
线路	轨道	环境控制	防灾报警	牵变	接触网	管线综合	
限界	供电	通信	车站设备	降变	自动售检票	装修	
建筑	照明	信号	门禁	屏蔽门	人防		
结构	防迷流	给排水	综合监控	电力监控	主变		

主体结构设计说明（二）	图别	施工图阶段	日期	XXXX-XX-XX
	比例		图号	JG-02-02

主体结构设计说明（三）

（续表）

钢筋种类		受拉钢筋锚固长度 l_a		受拉钢筋抗震锚固长度 l_{aE}	
		混凝土等级	混凝土等级	混凝土等级	混凝土等级
		C35	C45	C35	C45
HRB400	>25d	35d	31d	40d	36d

注：1. l_a为考虑抗震要求构件的纵向受拉钢筋的最小锚固长度。

2. 在任何情况下，受拉钢筋锚固长度不得小于250mm。

3. HPB300级钢筋端部应另加180°弯钩，弯钩平直段长度不应小于3d。

②钢筋连接。

a. 纵向钢筋接头应采用焊接接头或机械连接，宜优先采用机械连接；受力钢筋直径d≥25mm时，应采用机械连接。钢筋接驳器等级为Ⅰ级。

b. 受力钢筋的接头位置应设在受力较小处，接头应互相错开。当采用非焊接的搭接接头时，从任一接头中心至1.3倍搭接长度的区间范围内；当采用焊接接头时，在任一焊接接头中心至长度为钢筋直径的35倍且不小于500mm的区段范围内，有接头的受力钢筋截面面积占受力钢筋总截面面积的百分率应满足下表要求（图中未注明钢筋搭接长度的均按受拉区处理）。

接头形式	受拉区	受压区
绑扎搭接接头	25%	50%
机械或焊接接头	50%	不限

注：受力钢筋接头面积百分率应小于表格中数值。

c. 受拉钢筋绑扎接头的最小搭接长度应满足下表要求。

绑扎搭接接头面积百分率	搭接长度
25%	1.2l_{aE}
50%	1.4l_{aE}
100%	1.6l_{aE}

注：受力钢筋接头面积百分率应小于表格中数值。

d. 受力钢筋搭接长度范围内箍筋应加密，其间距不应大于搭接钢筋较小直径的5倍，且不大于100mm。

e. 本图册所注结构尺寸及钢筋长度均为理论计算值。钢筋下料前应根据构件的实际尺寸调整钢筋长度，以保证钢筋搭接和锚固所必需的长度。框架主梁板钢筋接头位置：顶、中板梁上部钢筋在跨中，下部钢筋在支座处；底板梁则相反。

（4）其他技术要求。

①框架结构制图规则详见图集16G101－1，设计图中未涉及的结构构造详见图集16G101－1中的标准构造详图。

②底板梁的制图规则详见图集16G101－3，设计图中未涉及的结构构造详见图集16G101－3中的标准构造详图。

③为保证车站主体结构施工期间不发生结构整体抗浮失稳，在主体结构覆土以前应保留底板以下的降水井，并预埋穿墙套管将底板以下的水引出，从底板以下引出的水应进行有组织排放，避免排出的水浸泡基坑，并避免底板混凝土施工时带水作业。底板内预埋引水套管做法详见防水设计图。

④车站围护结构支撑设有临时立柱桩，临时型钢立柱待车站支撑全部拆除以后拆除，型钢立柱穿越车站结构顶、中、底板处设置后浇孔，底板后浇孔防水处理详见防水设计图。后浇孔内的先期施工混凝土浇筑按施工缝处理，并在先期施工混凝土内预埋钢筋连接器以便与后浇孔内钢筋连接。车站中板、顶板施工时将临时型钢立柱与模板支架焊接连接，以增强临时型钢立柱的稳定性。

六、其他

（1）本说明中未尽事宜详见相应图纸，并严格按相关设计、施工规范和规程的要求执行。

（2）底板下预埋电气接地极和通信、信号接地极。位置由专业设计单位确定，并在绑扎底板钢筋前埋入。

（3）基坑开挖时，若发现实际地质情况与勘察报告中的地质情况不符，应及时通知业主、监理、设计、勘察单位人员到现场会商处理或变更设计。

（4）施工前应与建筑、人防、设备各相关专业图纸仔细核对，确保开孔位置、尺寸及预埋件准确无误。

主体结构设计说明（三）	图别	施工图阶段	日期	xxxx-xx-xx
	比例		图号	JG-02-03

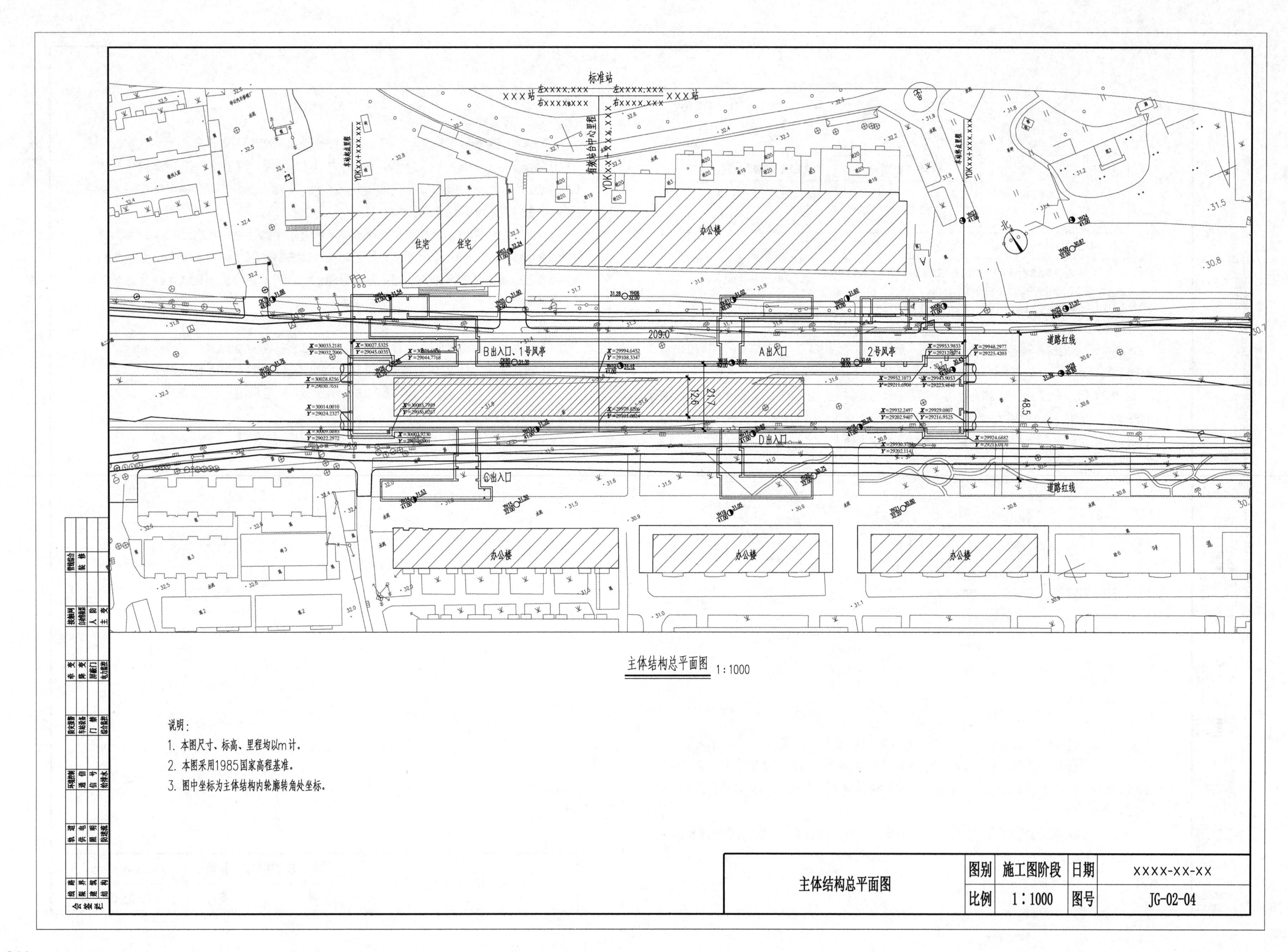
标准站
XXX站
XXX站
车站中心里程
办公楼
住宅
住宅
B出入口、1号风亭
A出入口
2号风亭
C出入口
D出入口
道路红线
道路红线
209.0
21.7
12.6
48.5
办公楼
办公楼
办公楼
主体结构总平面图 1:1000
说明：
1. 本图尺寸、标高、里程均以m计。
2. 本图采用1985国家高程基准。
3. 图中坐标为主体结构内轮廓转角处坐标。
主体结构总平面图
图别
施工图阶段
日期
XXXX-XX-XX
比例
1：1000
图号
JG-02-04

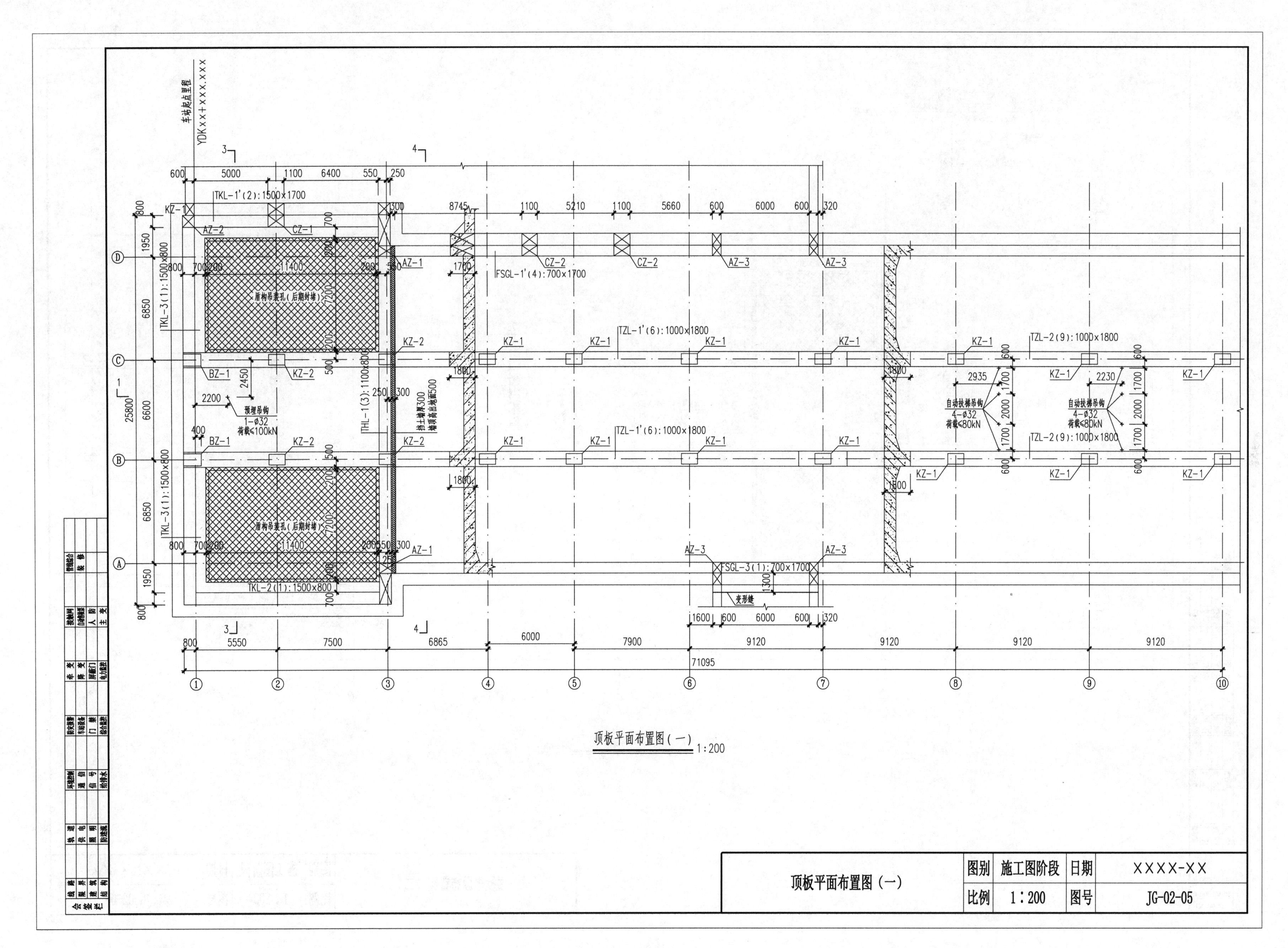

车站起点里程
YDK××+×××.×××
TKL-1'(2):1500×1700
TKL-3(1):1500×800
TKL-2(1):1500×800
THL-1(3):1100×800
FSGL-1'(4):700×1700
FSGL-3(1):700×1700
TZL-1'(6):1000×1800
TZL-2(9):1000×1800
KZ-1
KZ-2
AZ-1
AZ-2
AZ-3
CZ-1
CZ-2
BZ-1
盾构吊装孔(后期封堵)
预埋吊钩
1-ø32
荷载≤100kN
自动扶梯吊钩
4-ø32
荷载≤80kN
挡土墙厚300
墙顶高出地面500
变形缝
71095
顶板平面布置图(一)
1:200
图别
施工图阶段
日期
XXXX-XX
比例
1:200
图号
JG-02-05

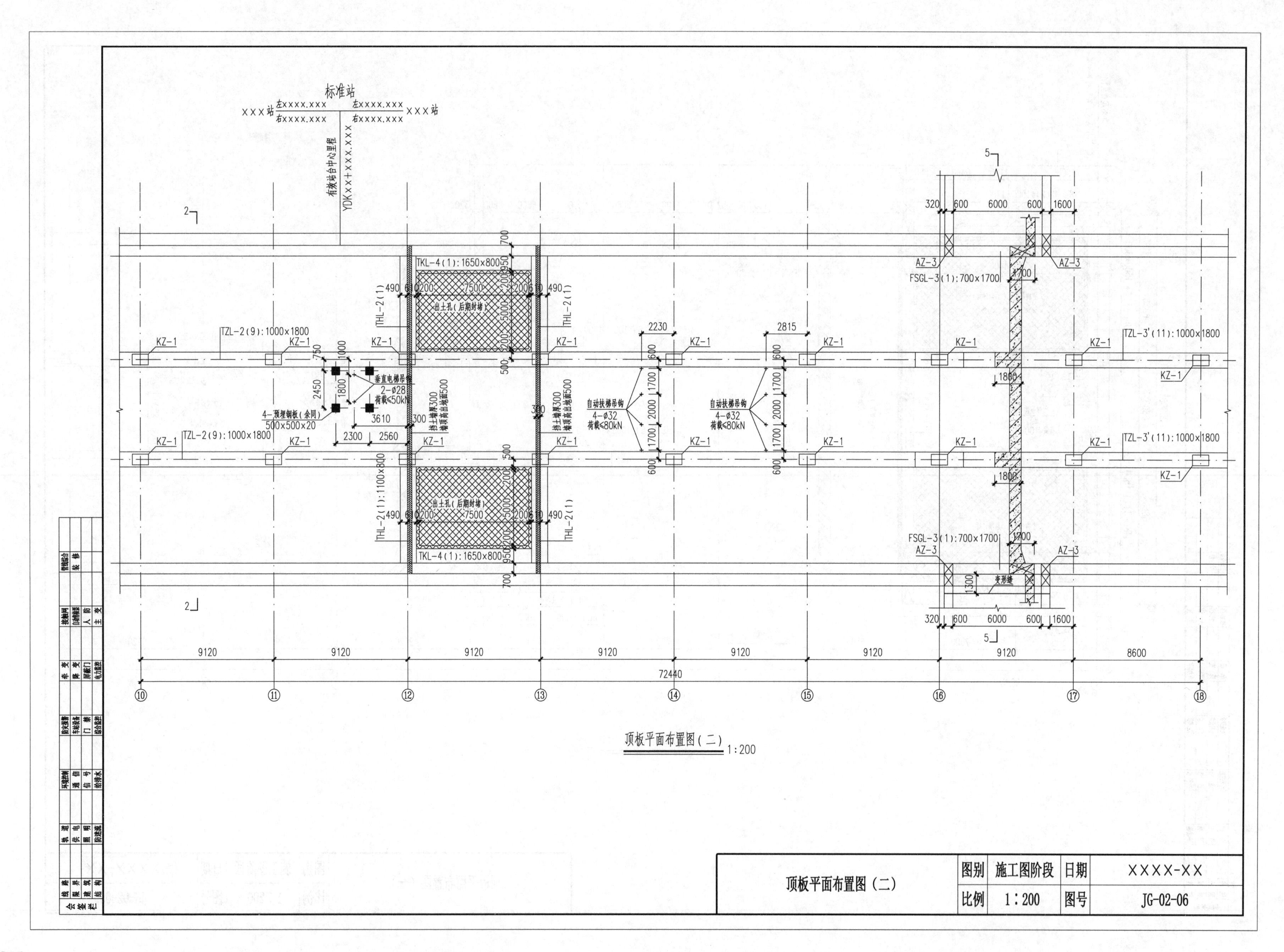

顶板平面布置图（二）	图别	施工图阶段	日期	XXXX-XX
	比例	1:200	图号	JG-02-06

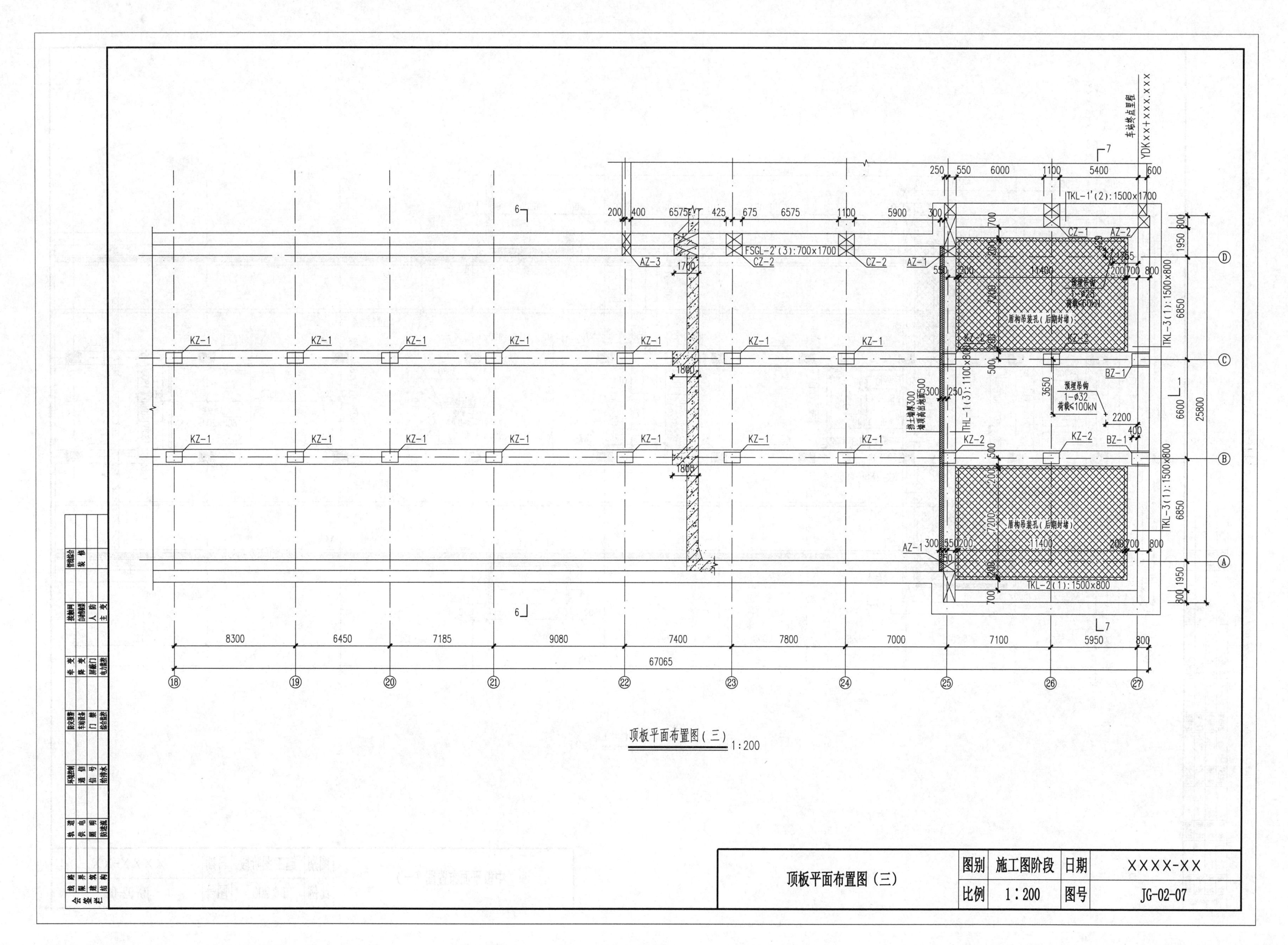

车站终点里程
YDKxx+xxx.xxx
TKL-1'(2):1500×1700
FSGL-2'(3):700×1700
AZ-1
AZ-2
AZ-3
CZ-1
CZ-2
KZ-1
KZ-2
BZ-1
THL-1(3):1100×800
TKL-2(1):1500×800
TKL-3(1):1500×800
盾构吊装孔（后期封堵）
预埋吊钩
1-ø32
荷载≤100kN
挡土墙厚300
墙顶高出地面500
8300
6450
7185
9080
7400
7800
7000
7100
5950
800
67065
25800
6850
6600
1950
11400
7200
18
19
20
21
22
23
24
25
26
27
A
B
C
D
顶板平面布置图（三） 1:200
顶板平面布置图（三）
图别
施工图阶段
日期
XXXX-XX
比例
1:200
图号
JG-02-07

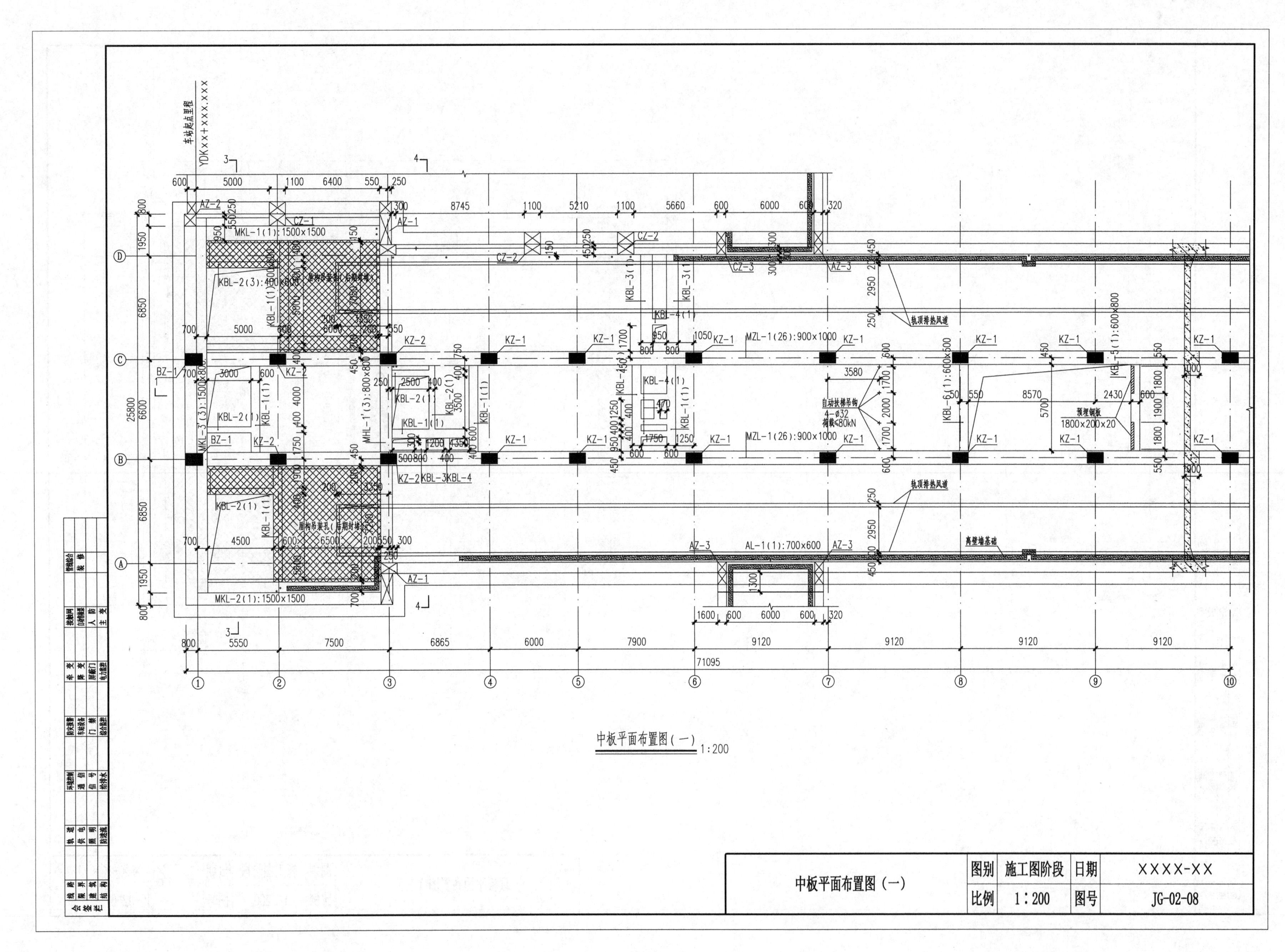

车站起点里程
YDKxx+xxx.xxx
MKL-1(1):1500×1500
MKL-2(1):1500×1500
KBL-2(3):400×800
MKL-3(3):1500×800
MHL-1(3):800×800
MZL-1(26):900×1000
KBL-5(1):600×800
KBL-6(1):600×500
AL-1(1):700×600
AZ-1
AZ-2
AZ-3
CZ-1
CZ-2
CZ-3
BZ-1
KZ-1
KZ-2
KBL-1(1)
KBL-2(1)
KBL-3(1)
KBL-4(1)
轨顶排热风道
自动扶梯吊钩
4-ø32
荷载≤80kN
预埋钢板
1800×200×20
离壁墙基础
25800
71095
中板平面布置图（一） 1:200
中板平面布置图（一）
图别 施工图阶段
日期 XXXX-XX
比例 1：200
图号 JG-02-08

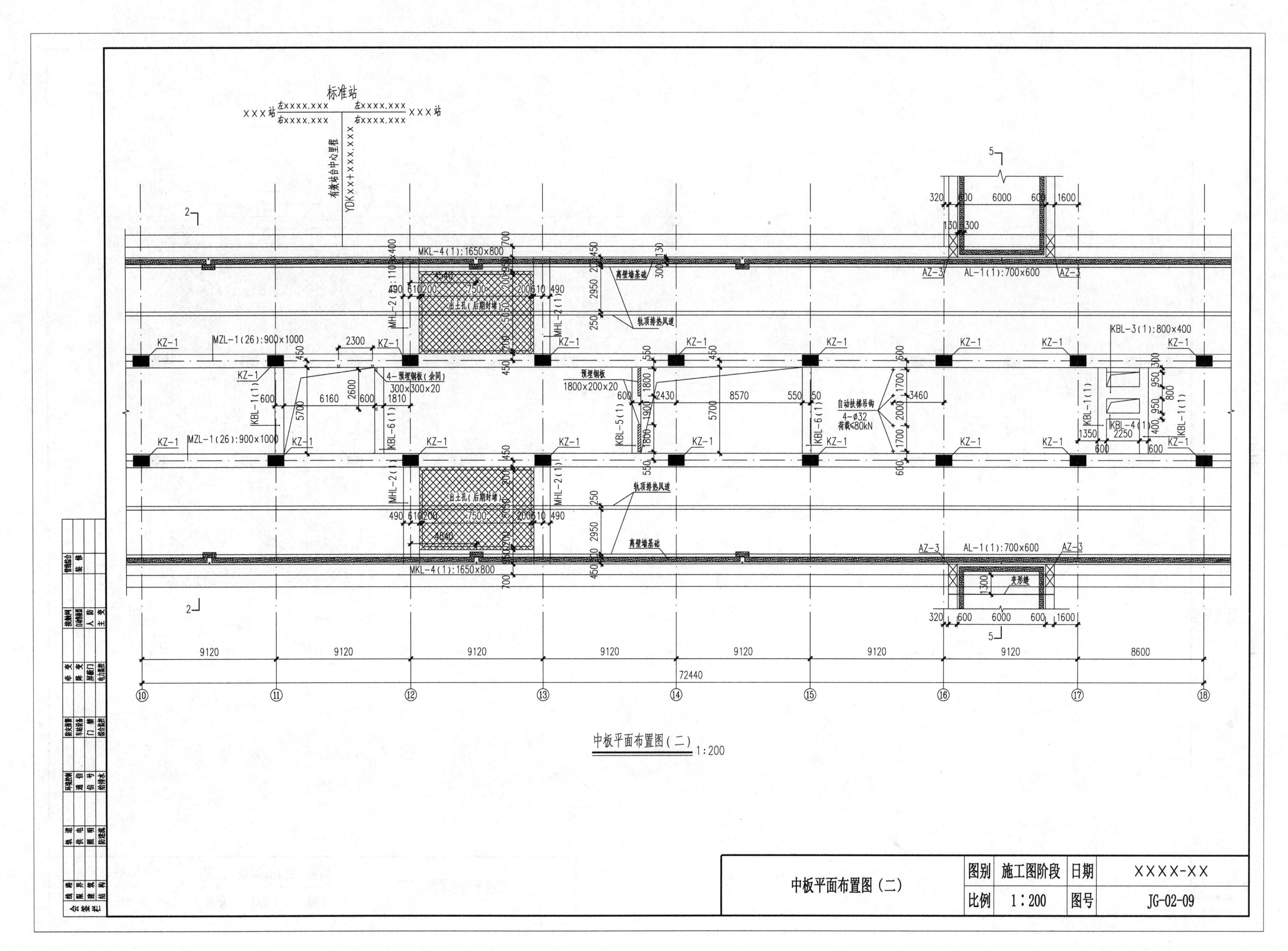
标准站
XXX站
左XXXX.XXX
右XXXX.XXX
有效站台中心里程
YDKXX+XXX.XXX
MKL-4(1):1650×800
MZL-1(26):900×1000
KZ-1
KBL-1(1)
KBL-6(1)
MHL-2(1)
出土孔(后期封堵)
离壁墙基础
轨顶排热风道
4-预埋钢板(余同)
300×300×20
预埋钢板
1800×200×20
KBL-5(1)
自动扶梯吊钩
4-ø32
荷载≤80kN
KBL-3(1):800×400
KBL-4(1)
AZ-3
AL-1(1):700×600
变形缝
9120
8600
72440
中板平面布置图(二) 1:200
中板平面布置图(二)
图别
施工图阶段
日期
XXXX-XX
比例
1:200
图号
JG-02-09

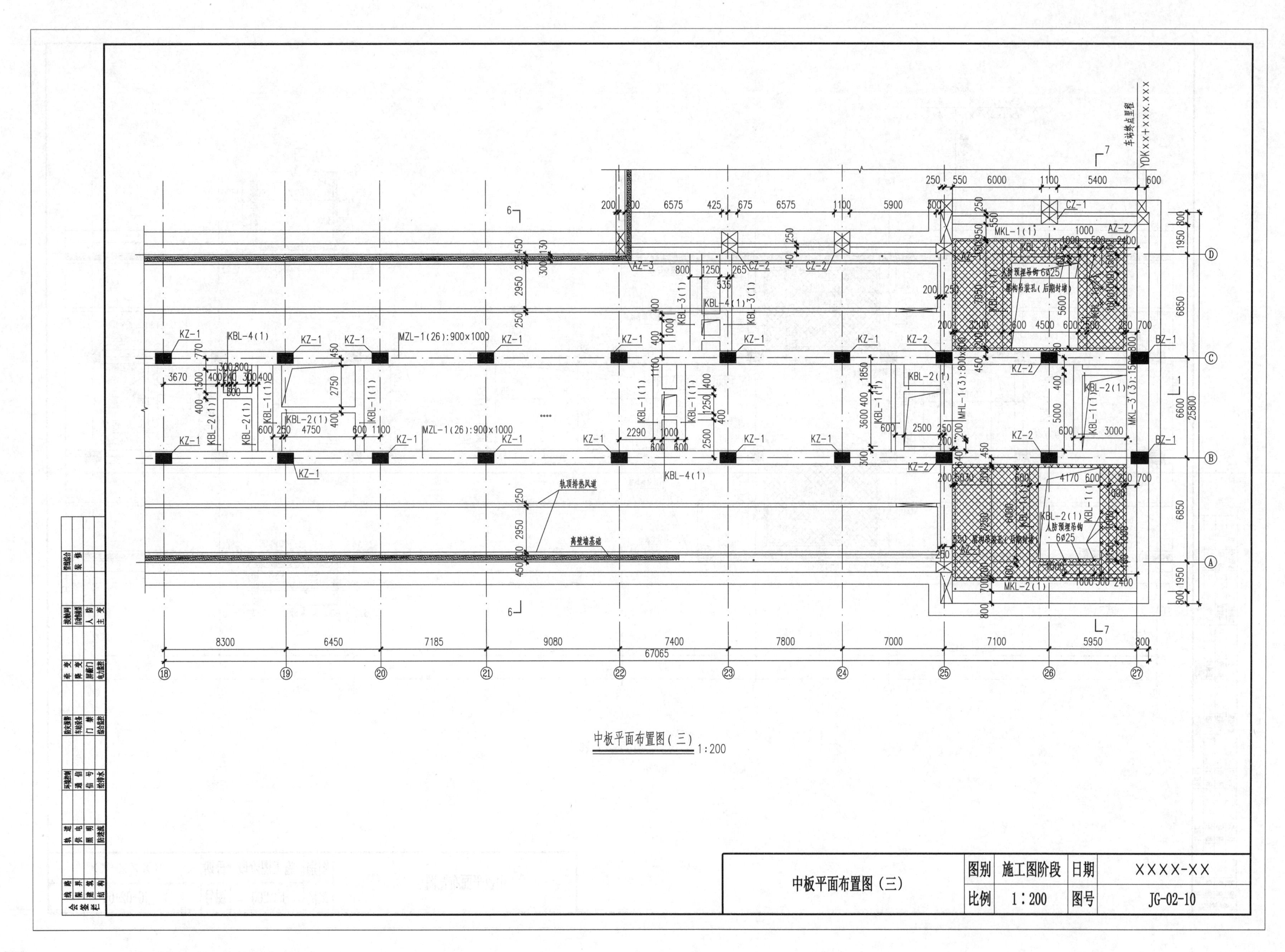

中板平面布置图（三） 1:200
KZ-1
KZ-2
BZ-1
MZL-1(26):900×1000
KBL-4(1)
KBL-3(1)
KBL-2(1)
KBL-1(1)
MKL-1(1)
MKL-2(1)
MHL-1(3):800×800
CZ-1
CZ-2
AZ-1
AZ-2
AZ-3
轨顶排热风道
离壁墙基础
人防预埋吊钩 6Φ25
车站终点里程
YDKxx+xxx.xxx
8300
6450
7185
9080
7400
7800
7000
7100
5950
800
67065
25800
6850
6600
1950
中板平面布置图（三）
图别
施工图阶段
日期
XXXX-XX
比例
1：200
图号
JG-02-10

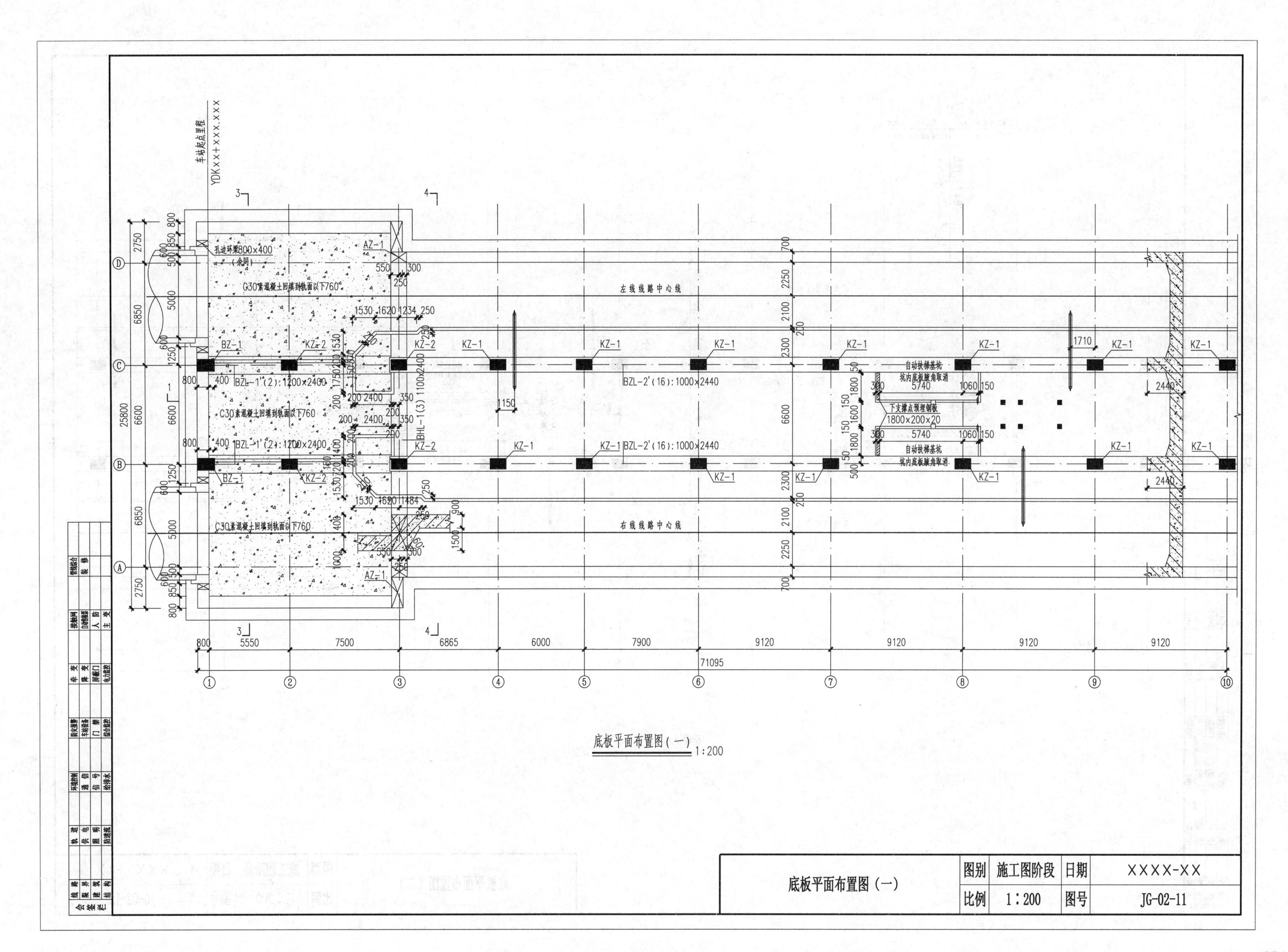

底板平面布置图(一) 1:200

底板平面布置图(一)	图别	施工图阶段	日期	XXXX-XX
	比例	1:200	图号	JG-02-11

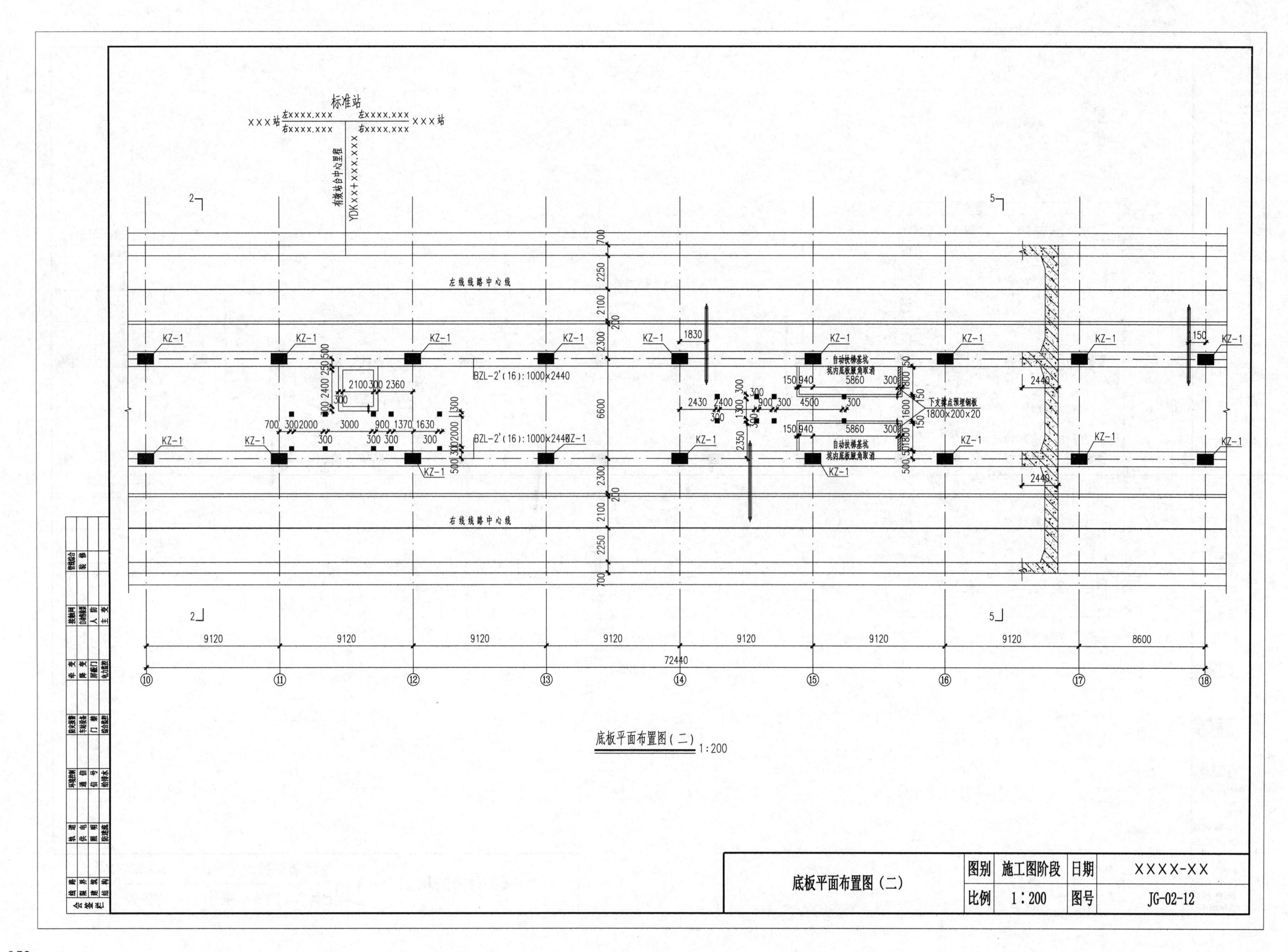

标准站
XXX站
XXX站
有效站台中心里程
YDKXX+XXX.XXX
左线线路中心线
右线线路中心线
KZ-1
BZL-2'(16):1000×2440
自动扶梯基坑
坑内底板腋角取消
下支撑点预埋钢板
1800×200×20
9120
8600
72440
底板平面布置图（二）
1:200
底板平面布置图（二）
图别
施工图阶段
日期
XXXX-XX
比例
1:200
图号
JG-02-12

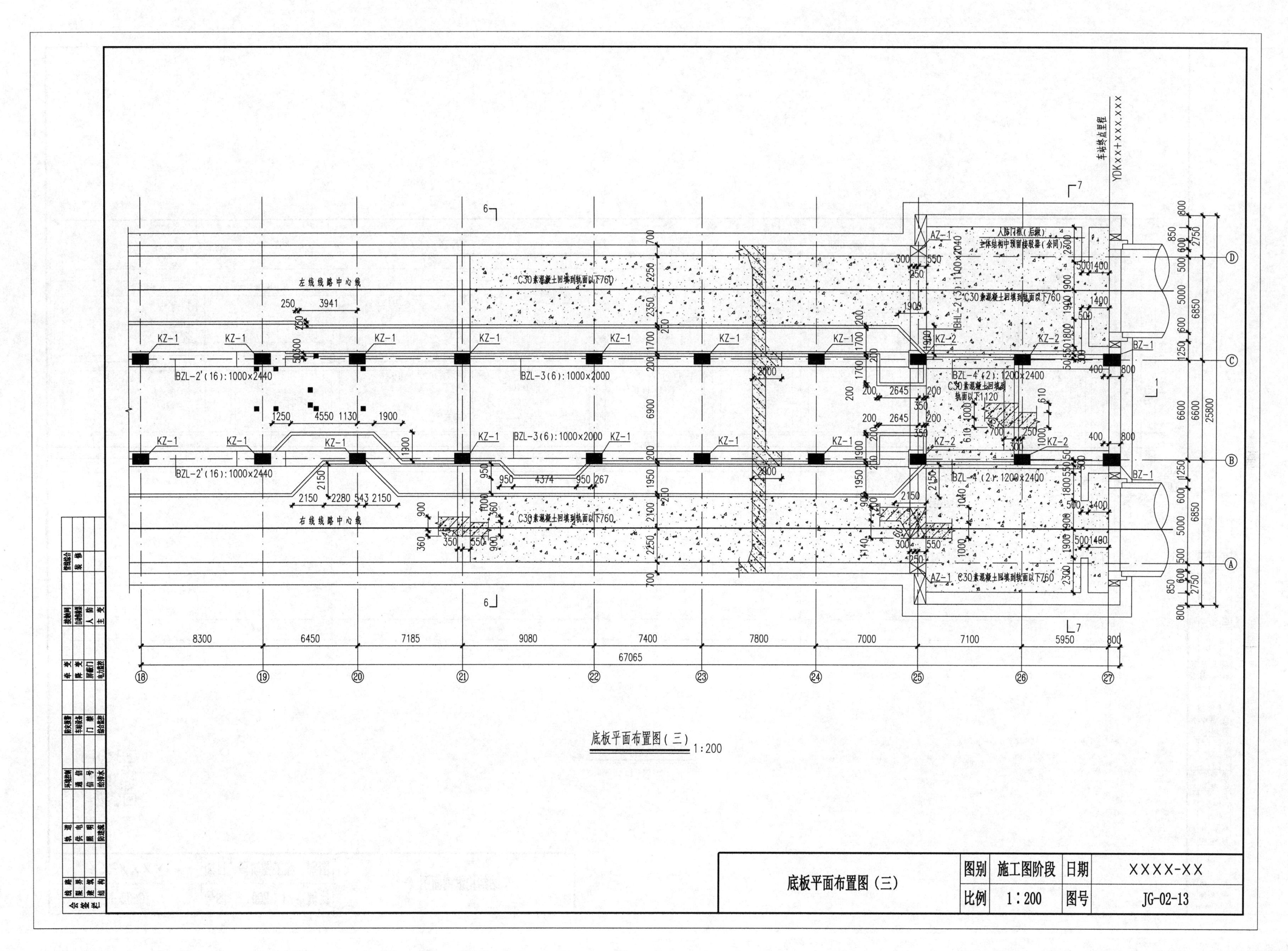

底板平面布置图（三） 1:200
底板平面布置图（三）
图别 施工图阶段
日期 XXXX-XX
比例 1：200
图号 JG-02-13

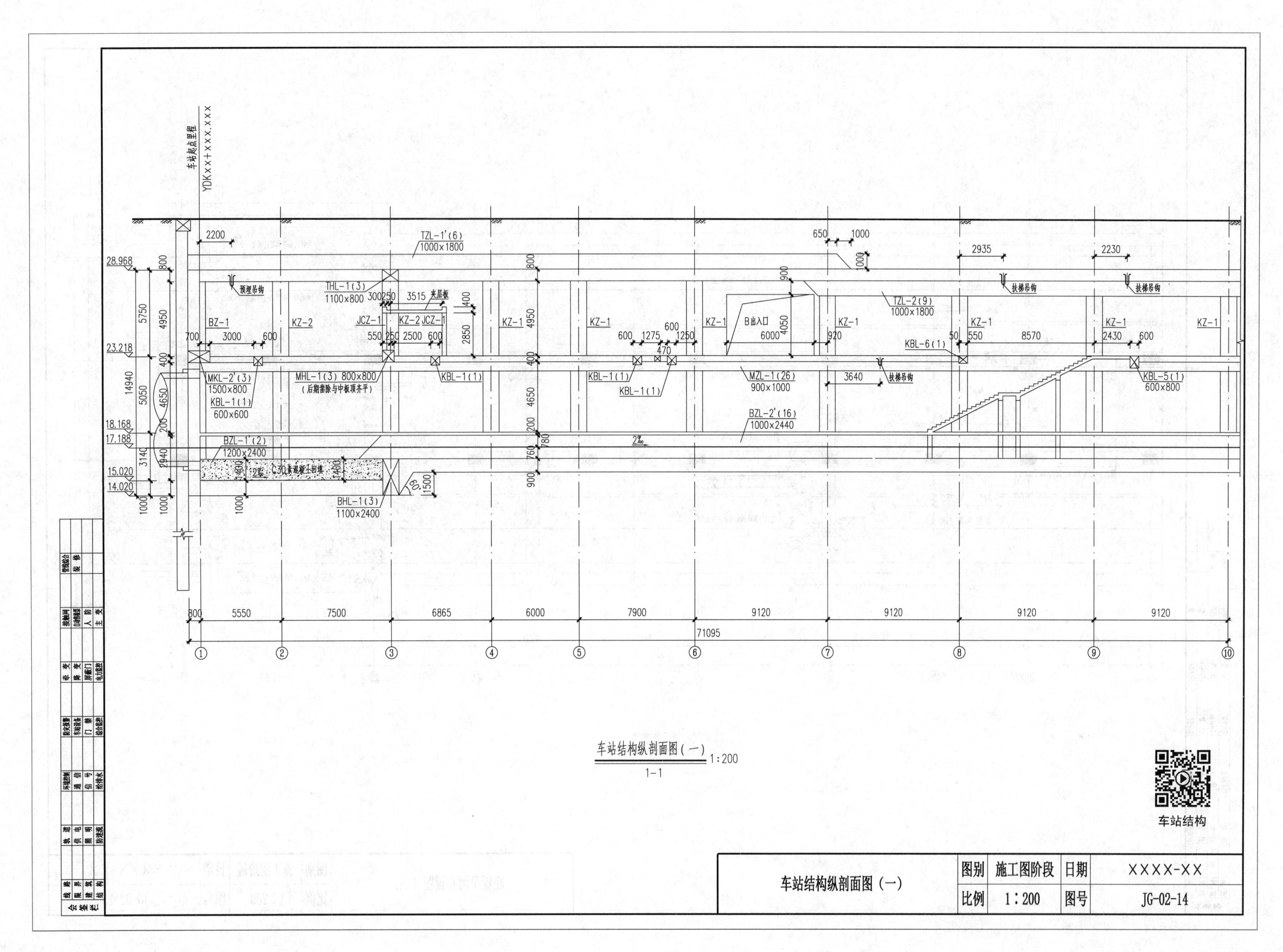
车站起点里程
YDKxx+xxx.xxx
TZL-1'(6)
1000×1800
THL-1(3)
1100×800
TZL-2(9)
1000×1800
MKL-2'(3)
1500×800
KBL-1(1)
600×600
MHL-1(3) 800×800
(后期凿除与中板顶齐平)
MZL-1(26)
900×1000
BZL-2'(16)
1000×2440
BZL-1'(2)
1200×2400
BHL-1(3)
1100×2400
KBL-5(1)
600×800
KBL-6(1)
B出入口
预埋吊钩
扶梯吊钩
夹层板
C30素混凝土回填
71095
车站结构纵剖面图(一) 1:200
1-1
车站结构
车站结构纵剖面图(一)
图别 施工图阶段
日期 XXXX-XX
比例 1:200
图号 JG-02-14

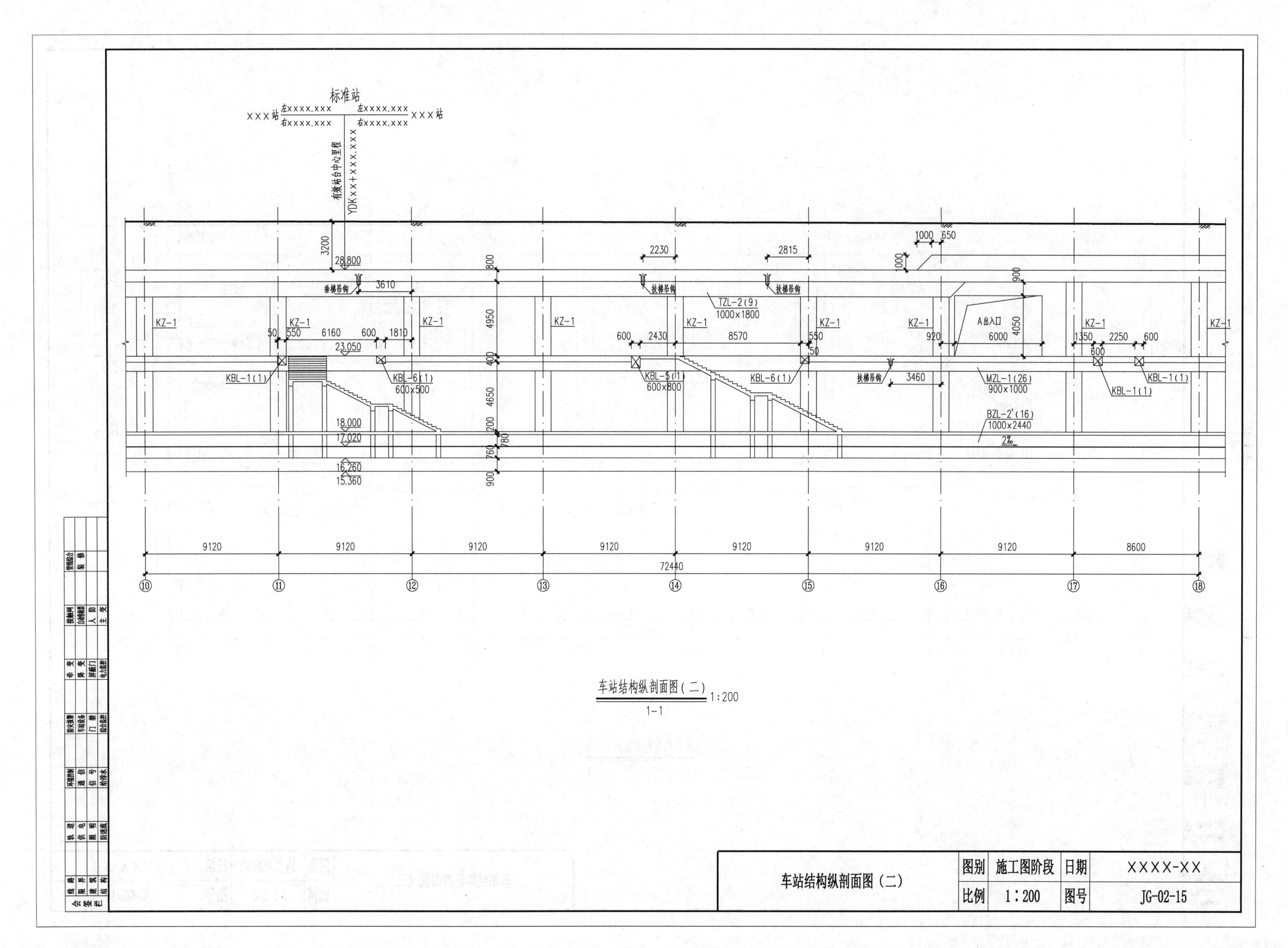

车站结构纵剖面图(二)	图别	施工图阶段	日期	XXXX-XX
	比例	1:200	图号	JG-02-15

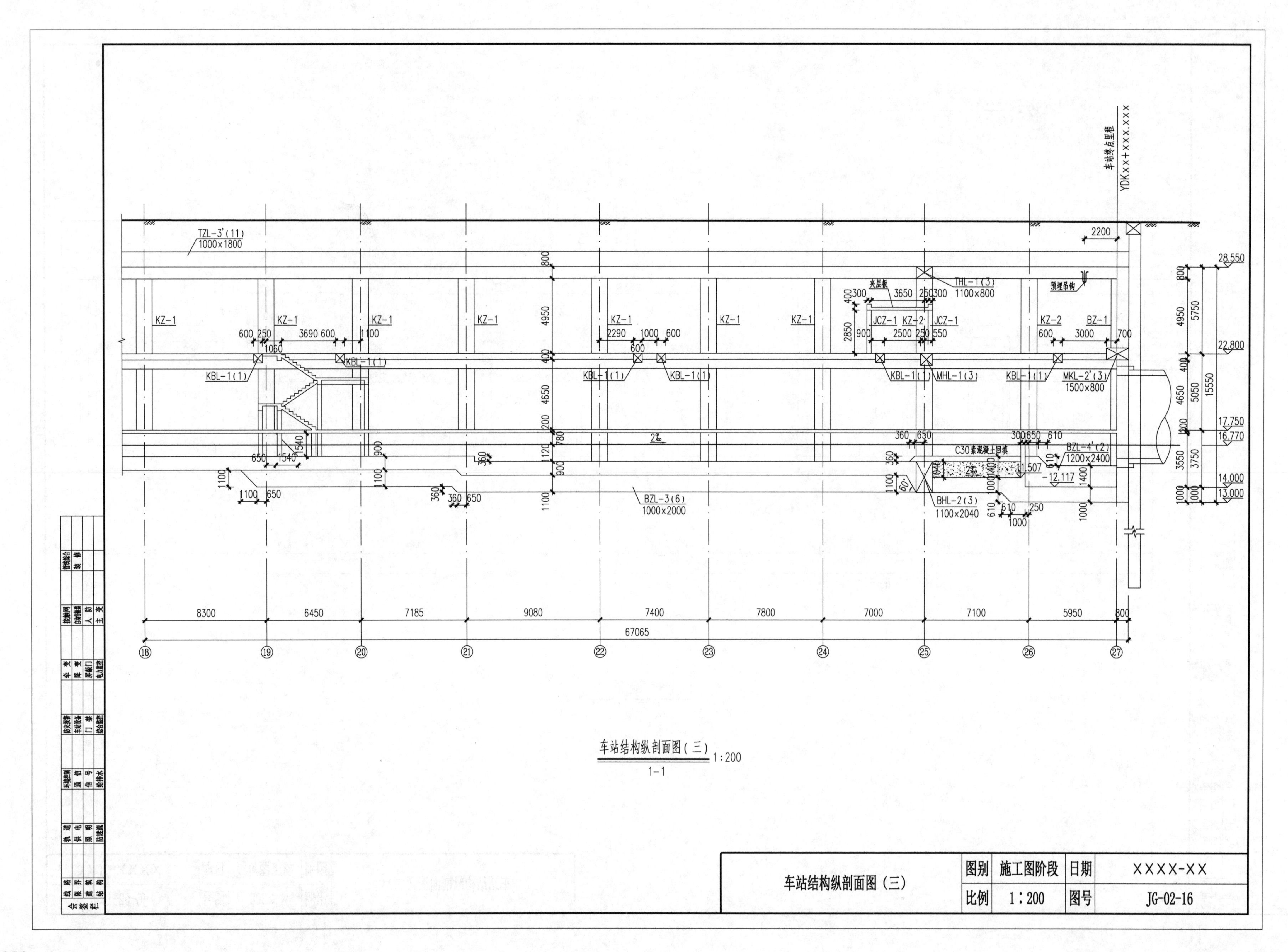
车站结构纵剖面图（三） 1:200
1-1
车站结构纵剖面图（三）
图别 施工图阶段 日期 XXXX-XX
比例 1：200 图号 JG-02-16
YDKxx+xxx.xxx
TZL-3'(11) 1000×1800
BZL-3(6) 1000×2000
BZL-4'(2) 1200×2400
BHL-2(3) 1100×2040
MKL-2'(3) 1500×800
THL-1(3) 1100×800
MHL-1(3)
KBL-1(1)
KZ-1
KZ-2
BZ-1
JCZ-1
C30素混凝土回填
28.550
22.800
17.750
16.770
14.000
13.000
8300 6450 7185 9080 7400 7800 7000 7100 5950 800
67065

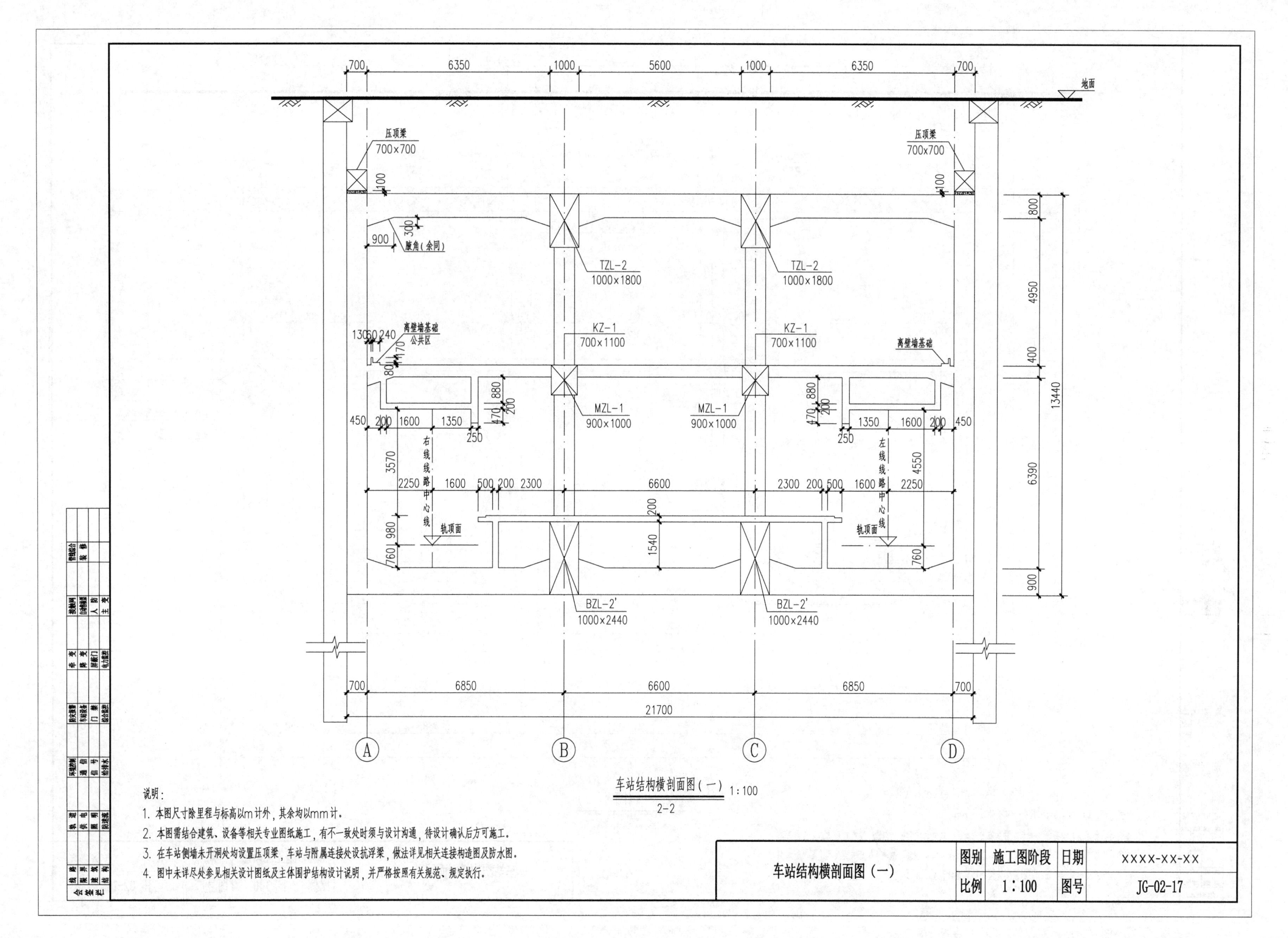
地面
压顶梁
700×700
压顶梁
700×700
腋角（余同）
TZL-2
1000×1800
TZL-2
1000×1800
KZ-1
700×1100
KZ-1
700×1100
离壁墙基础
公共区
离壁墙基础
MZL-1
900×1000
MZL-1
900×1000
右线线路中心线
左线线路中心线
轨顶面
轨顶面
BZL-2'
1000×2440
BZL-2'
1000×2440
A
B
C
D
车站结构横剖面图（一） 1:100
2-2
说明：
1. 本图尺寸除里程与标高以m计外，其余均以mm计。
2. 本图需结合建筑、设备等相关专业图纸施工，有不一致处时须与设计沟通，待设计确认后方可施工。
3. 在车站侧墙未开洞处均设置压顶梁，车站与附属连接处设抗浮梁，做法详见相关连接构造图及防水图。
4. 图中未详尽处参见相关设计图纸及主体围护结构设计说明，并严格按照有关规范、规定执行。
车站结构横剖面图（一）
图别
施工图阶段
日期
XXXX-XX-XX
比例
1：100
图号
JG-02-17

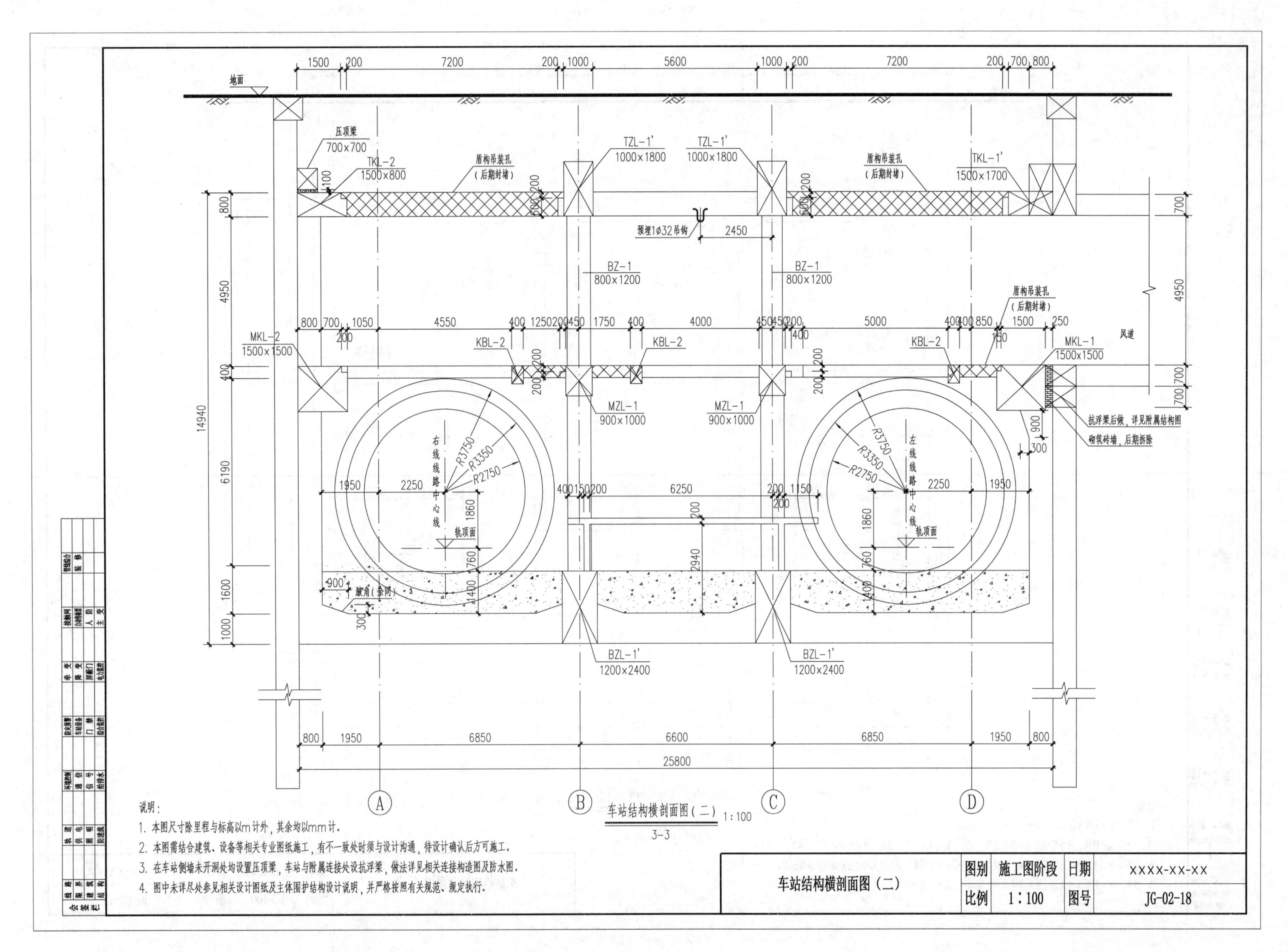
地面
压顶梁
700x700
TKL-2
1500x800
盾构吊装孔
（后期封堵）
TZL-1'
1000x1800
TZL-1'
1000x1800
盾构吊装孔
（后期封堵）
TKL-1'
1500x1700
预埋1φ32吊钩
BZ-1
800x1200
BZ-1
800x1200
盾构吊装孔
（后期封堵）
MKL-2
1500x1500
KBL-2
KBL-2
KBL-2
MKL-1
1500x1500
风道
MZL-1
900x1000
MZL-1
900x1000
抗浮梁后做，详见附属结构图
砌筑砖墙，后期拆除
右线线路中心线
左线线路中心线
R3750
R3350
R2750
轨顶面
腋角（余同）
BZL-1'
1200x2400
BZL-1'
1200x2400
25800
A
B
C
D
车站结构横剖面图（二） 1：100
3-3
说明：
1. 本图尺寸除里程与标高以m计外，其余均以mm计。
2. 本图需结合建筑、设备等相关专业图纸施工，有不一致处时须与设计沟通，待设计确认后方可施工。
3. 在车站侧墙未开洞处均设置压顶梁，车站与附属连接处设抗浮梁，做法详见相关连接构造图及防水图。
4. 图中未详尽处参见相关设计图纸及主体围护结构设计说明，并严格按照有关规范、规定执行。
车站结构横剖面图（二）
图别
施工图阶段
日期
XXXX-XX-XX
比例
1：100
图号
JG-02-18

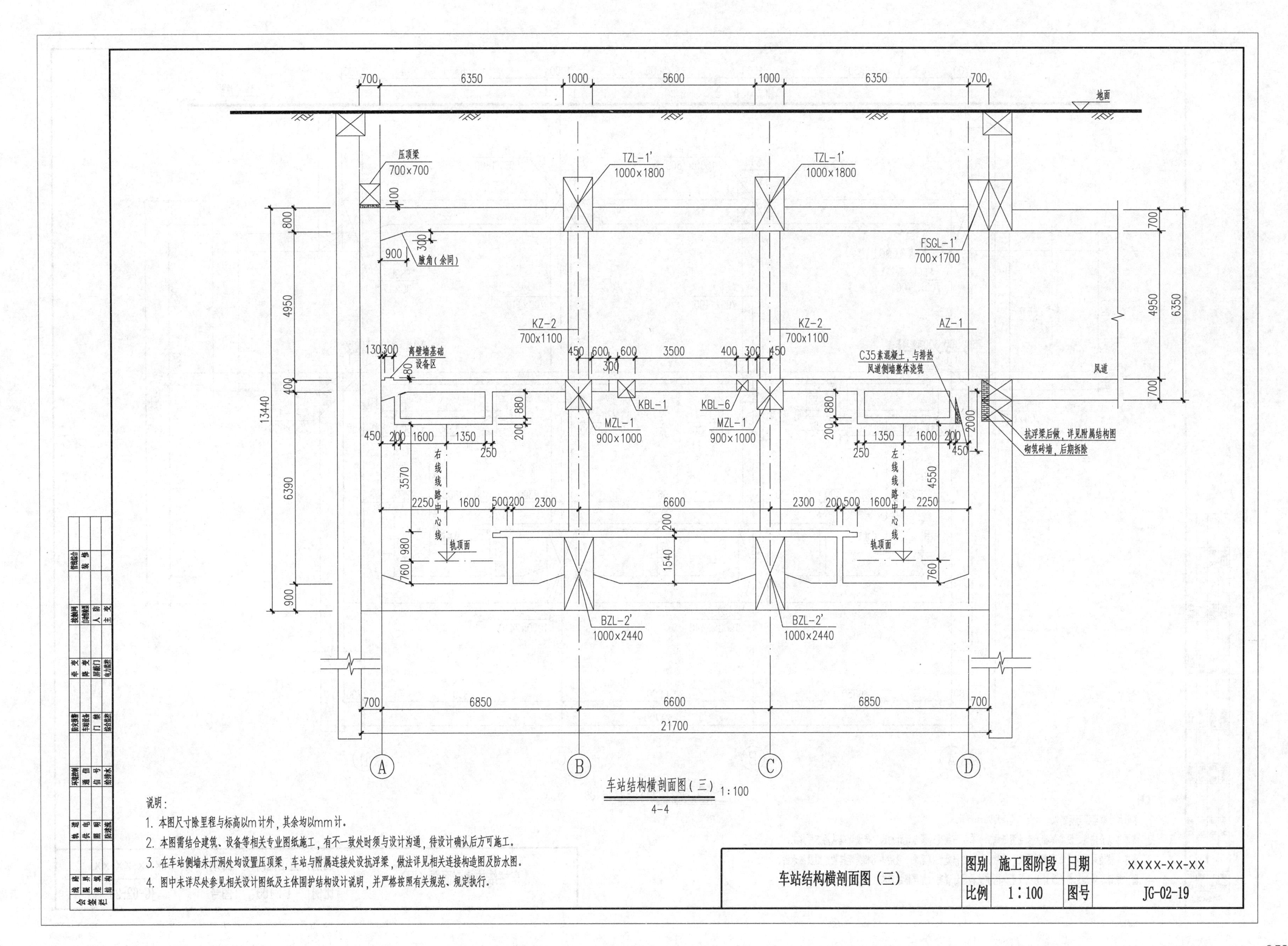
地面
压顶梁
700×700
TZL-1'
1000×1800
TZL-1'
1000×1800
FSGL-1'
700×1700
腋角（余同）
KZ-2
700×1100
KZ-2
700×1100
AZ-1
离壁墙基础
设备区
C35素混凝土，与排热
风道侧墙整体浇筑
风道
KBL-1
KBL-6
MZL-1
900×1000
MZL-1
900×1000
抗浮梁后做，详见附属结构图
砌筑砖墙，后期拆除
右线线路中心线
左线线路中心线
轨顶面
轨顶面
BZL-2'
1000×2440
BZL-2'
1000×2440
700
6350
1000
5600
1000
6350
700
6850
6600
6850
700
21700
13440
A
B
C
D
车站结构横剖面图（三） 1:100
4-4
说明：
1. 本图尺寸除里程与标高以m计外，其余均以mm计。
2. 本图需结合建筑、设备等相关专业图纸施工，有不一致处时须与设计沟通，待设计确认后方可施工。
3. 在车站侧墙未开洞处均设置压顶梁，车站与附属连接处设抗浮梁，做法详见相关连接构造图及防水图。
4. 图中未详尽处参见相关设计图纸及主体围护结构设计说明，并严格按照有关规范、规定执行。
车站结构横剖面图（三）
图别
施工图阶段
日期
XXXX-XX-XX
比例
1:100
图号
JG-02-19

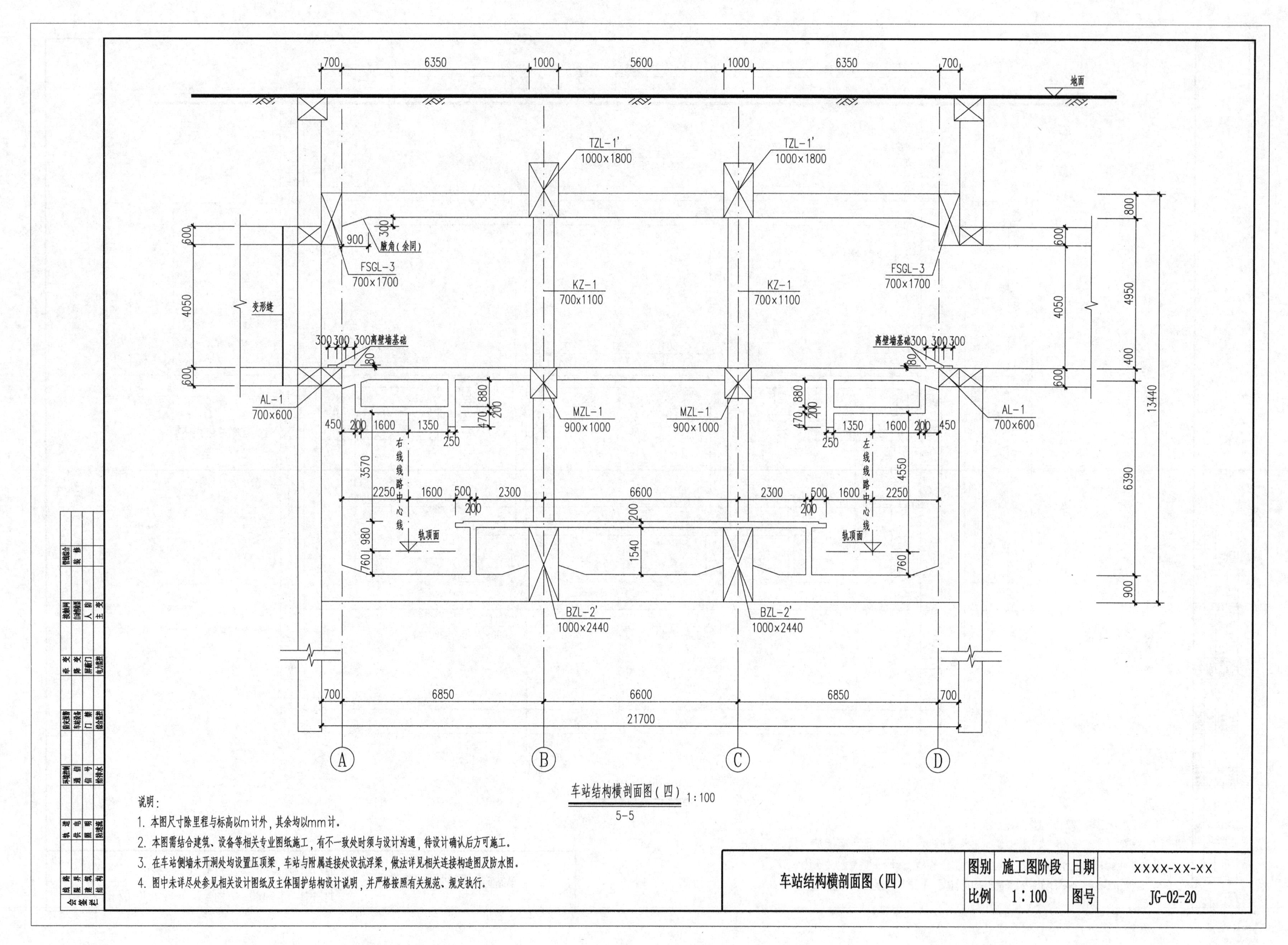

700 6350 1000 5600 1000 6350 700
地面
TZL-1'
1000×1800
TZL-1'
1000×1800
300
900
腋角（余同）
FSGL-3
700×1700
FSGL-3
700×1700
KZ-1
700×1100
KZ-1
700×1100
变形缝
300 300 300 离壁墙基础
离壁墙基础 300 300 300
AL-1
700×600
AL-1
700×600
MZL-1
900×1000
MZL-1
900×1000
左线线路中心线
右线线路中心线
轨顶面
轨顶面
BZL-2'
1000×2440
BZL-2'
1000×2440
800 4950 400 6390 900 13440
700 6850 6600 6850 700
21700
A B C D
车站结构横剖面图（四） 1:100
5-5
说明：
1. 本图尺寸除里程与标高以m计外，其余均以mm计。
2. 本图需结合建筑、设备等相关专业图纸施工，有不一致处时须与设计沟通，待设计确认后方可施工。
3. 在车站侧墙未开洞处均设置压顶梁，车站与附属连接处设抗浮梁，做法详见相关连接构造图及防水图。
4. 图中未详尽处参见相关设计图纸及主体围护结构设计说明，并严格按照有关规范、规定执行。
车站结构横剖面图（四）
图别 施工图阶段
日期 XXXX-XX-XX
比例 1：100
图号 JG-02-20

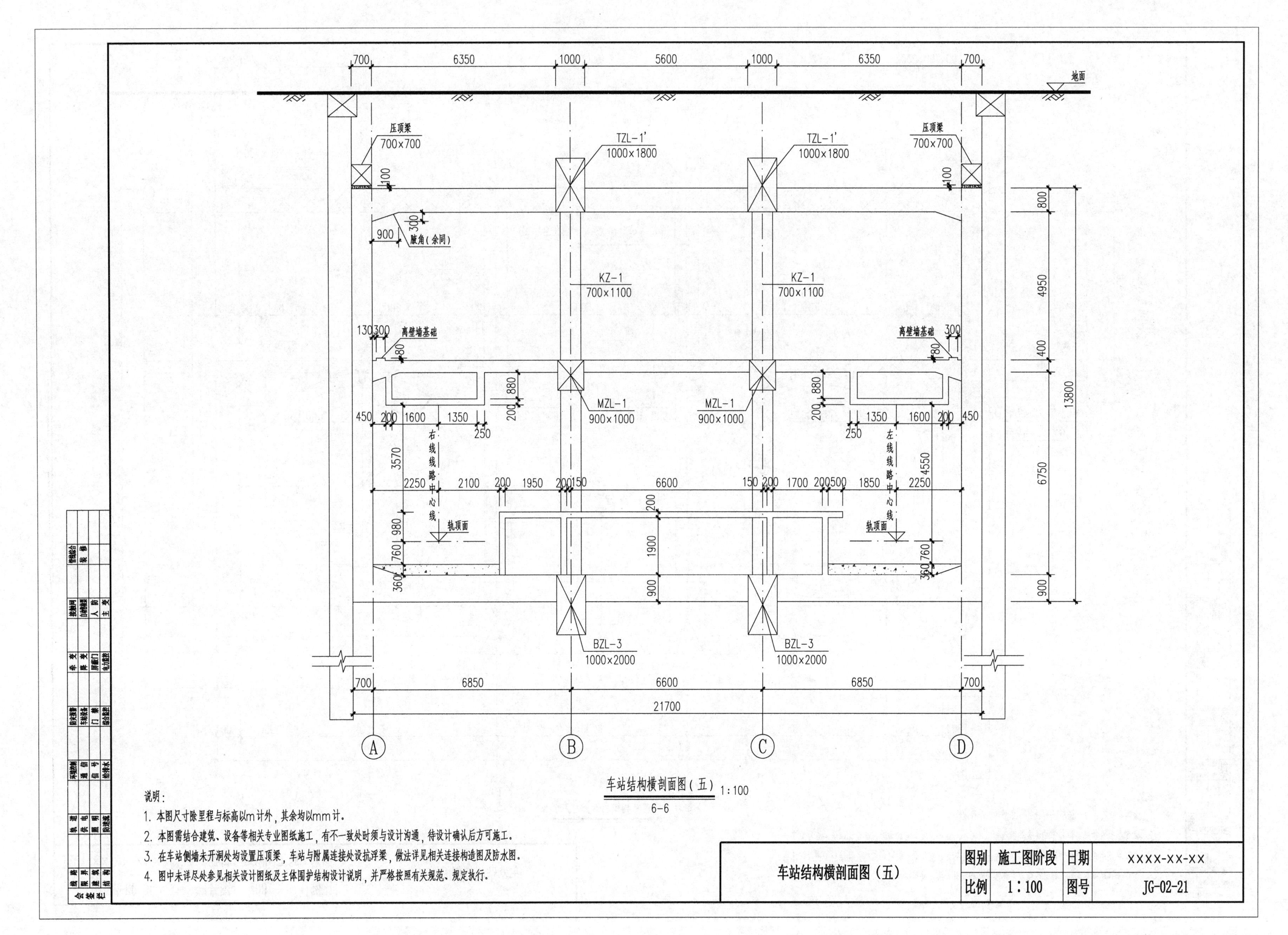
地面
压顶梁
700×700
TZL-1'
1000×1800
KZ-1
700×1100
腋角（余同）
离壁墙基础
MZL-1
900×1000
左线线路中心线
轨顶面
BZL-3
1000×2000
A
B
C
D
700
6350
1000
5600
6850
6600
21700
13800
4950
6750
车站结构横剖面图（五） 1:100
6-6
说明：
1. 本图尺寸除里程与标高以m计外，其余均以mm计。
2. 本图需结合建筑、设备等相关专业图纸施工，有不一致处时须与设计沟通，待设计确认后方可施工。
3. 在车站侧墙未开洞处均设置压顶梁，车站与附属连接处设抗浮梁，做法详见相关连接构造图及防水图。
4. 图中未详尽处参见相关设计图纸及主体围护结构设计说明，并严格按照有关规范、规定执行。
车站结构横剖面图（五）
图别
施工图阶段
日期
XXXX-XX-XX
比例
1：100
图号
JG-02-21

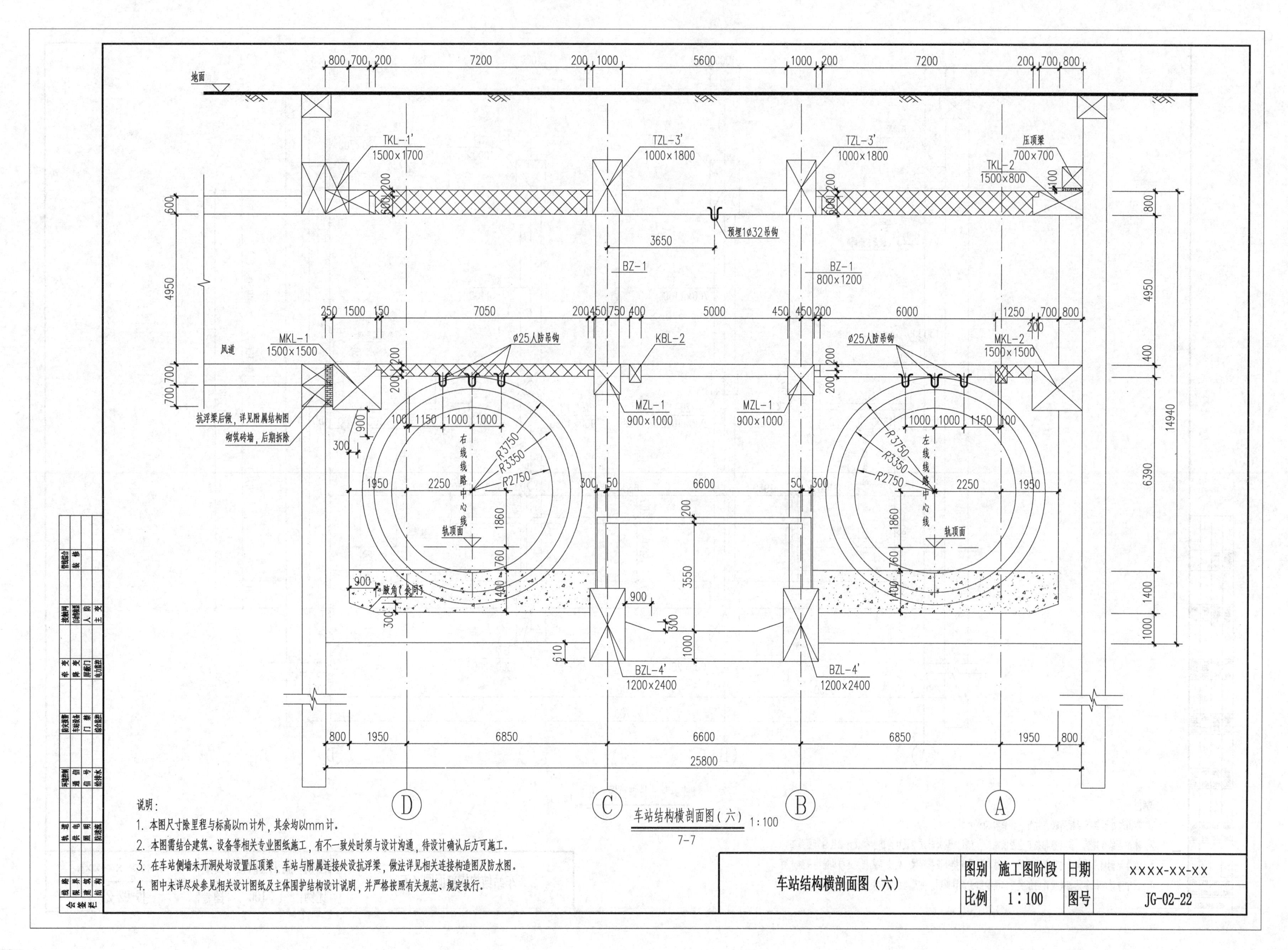

地面
TKL-1'
1500×1700
TZL-3'
1000×1800
TZL-3'
1000×1800
压顶梁
700×700
TKL-2
1500×800
预埋1φ32吊钩
BZ-1
BZ-1
800×1200
MKL-1
1500×1500
风道
φ25人防吊钩
KBL-2
φ25人防吊钩
MKL-2
1500×1500
抗浮梁后做，详见附属结构图
砌筑砖墙，后期拆除
MZL-1
900×1000
MZL-1
900×1000
R3750
R3350
R2750
右线线路中心线
左线线路中心线
轨顶面
轨顶面
腋角（余同）
BZL-4'
1200×2400
BZL-4'
1200×2400
25800
D
C
B
A
车站结构横剖面图（六） 1：100
7-7
说明：
1. 本图尺寸除里程与标高以m计外，其余均以mm计。
2. 本图需结合建筑、设备等相关专业图纸施工，有不一致处时须与设计沟通，待设计确认后方可施工。
3. 在车站侧墙未开洞处均设置压顶梁，车站与附属连接处设抗浮梁，做法详见相关连接构造图及防水图。
4. 图中未详尽处参见相关设计图纸及主体围护结构设计说明，并严格按照有关规范、规定执行。
车站结构横剖面图（六）
图别 施工图阶段
日期 XXXX-XX-XX
比例 1：100
图号 JG-02-22

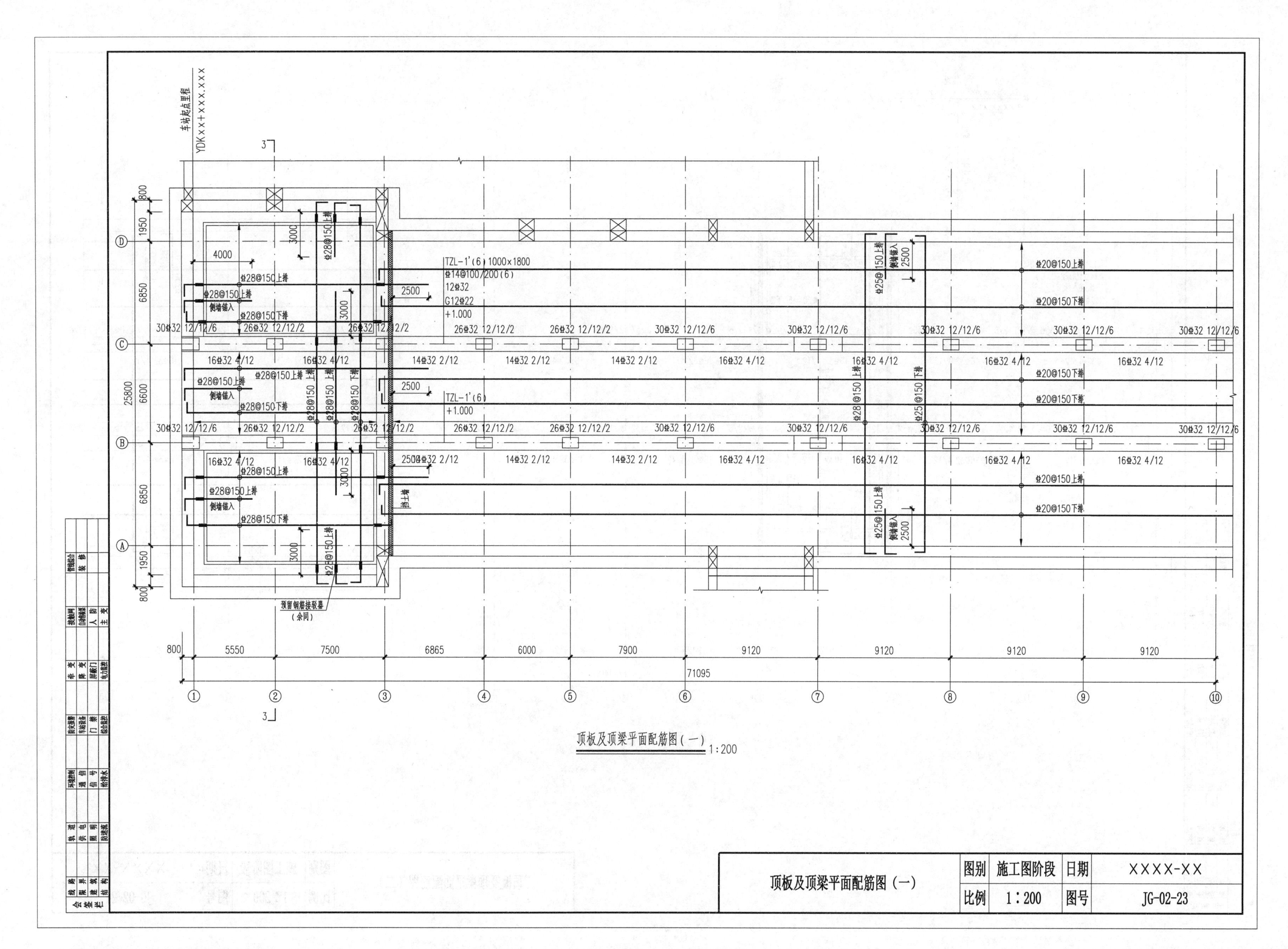

顶板及顶梁平面配筋图（一）	图别	施工图阶段	日期	XXXX-XX
	比例	1：200	图号	JG-02-23

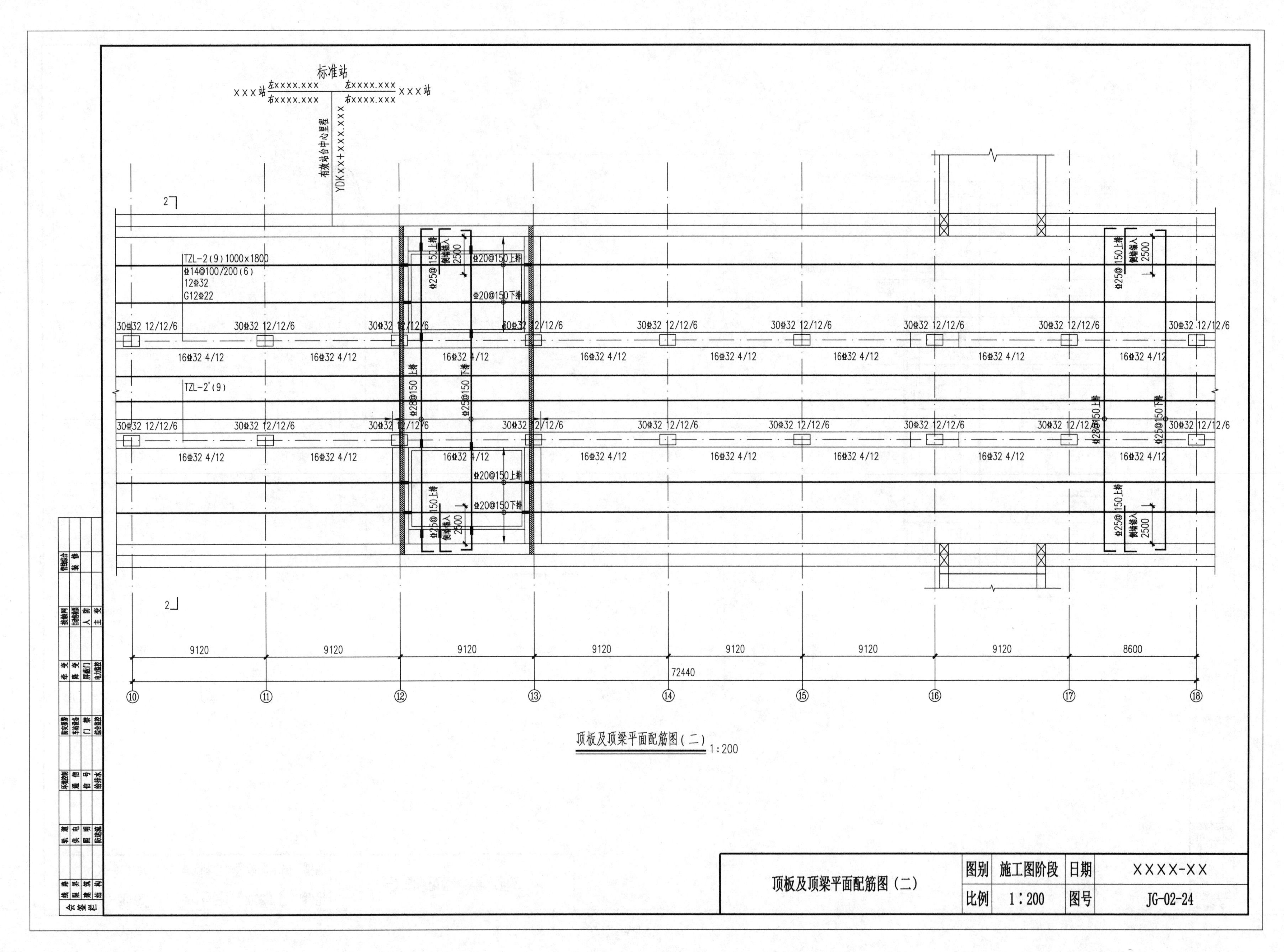

标准站
XXX站
左XXXX.XXX
右XXXX.XXX
XXX站
有效站台中心里程
YDKXX+XXX.XXX
TZL-2(9) 1000×1800
Φ14@100/200(6)
12Φ32
G12Φ22
TZL-2'(9)
30Φ32 12/12/6
16Φ32 4/12
Φ25@150上排
Φ20@150上排
Φ20@150下排
Φ28@150上排
Φ25@150下排
2500
9120
8600
72440
⑩
⑪
⑫
⑬
⑭
⑮
⑯
⑰
⑱
顶板及顶梁平面配筋图(二) 1:200
顶板及顶梁平面配筋图(二)
图别
施工图阶段
日期
XXXX-XX
比例
1:200
图号
JG-02-24

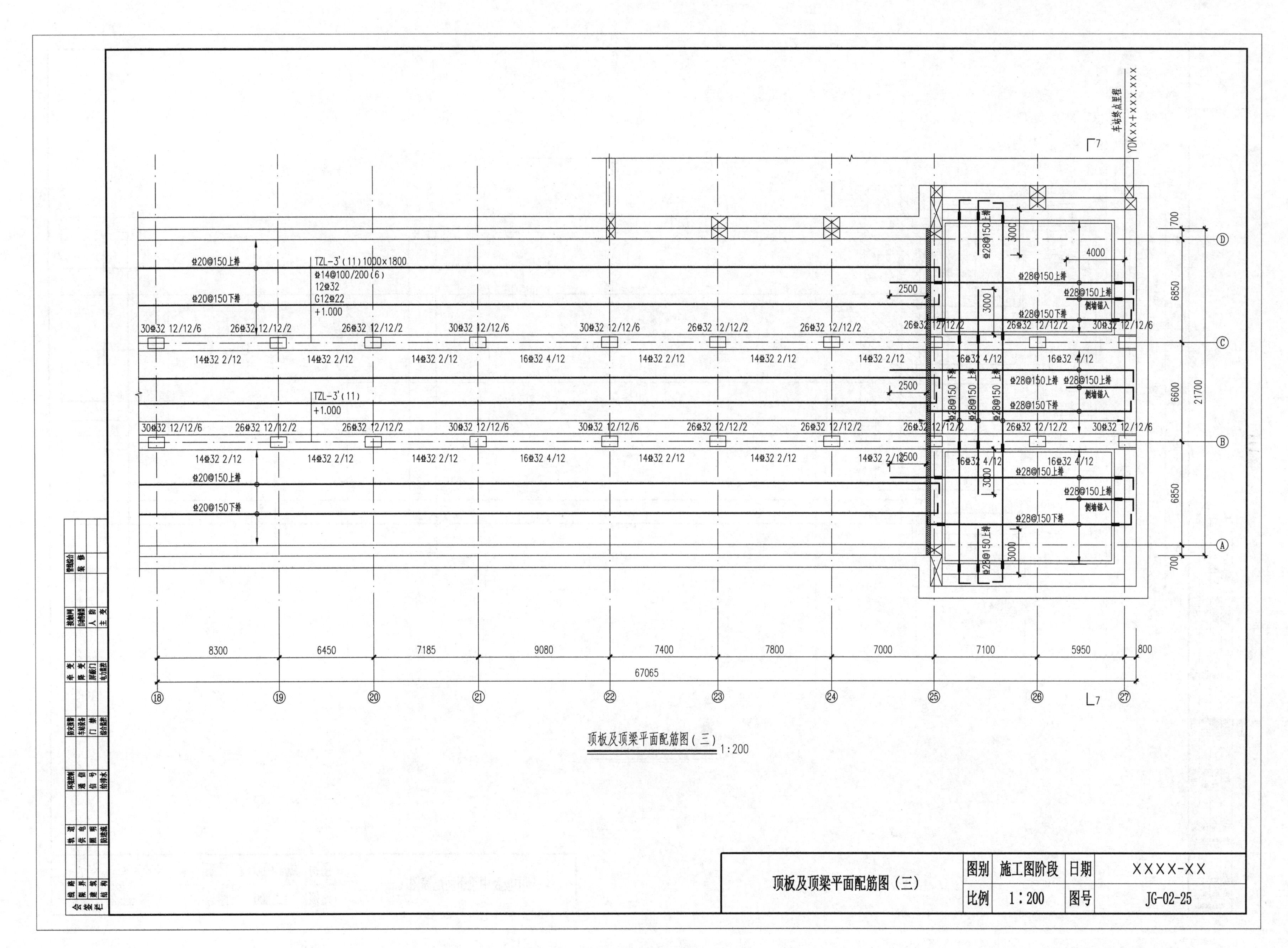

顶板及顶梁平面配筋图（三）	图别	施工图阶段	日期	XXXX-XX
	比例	1：200	图号	JG-02-25

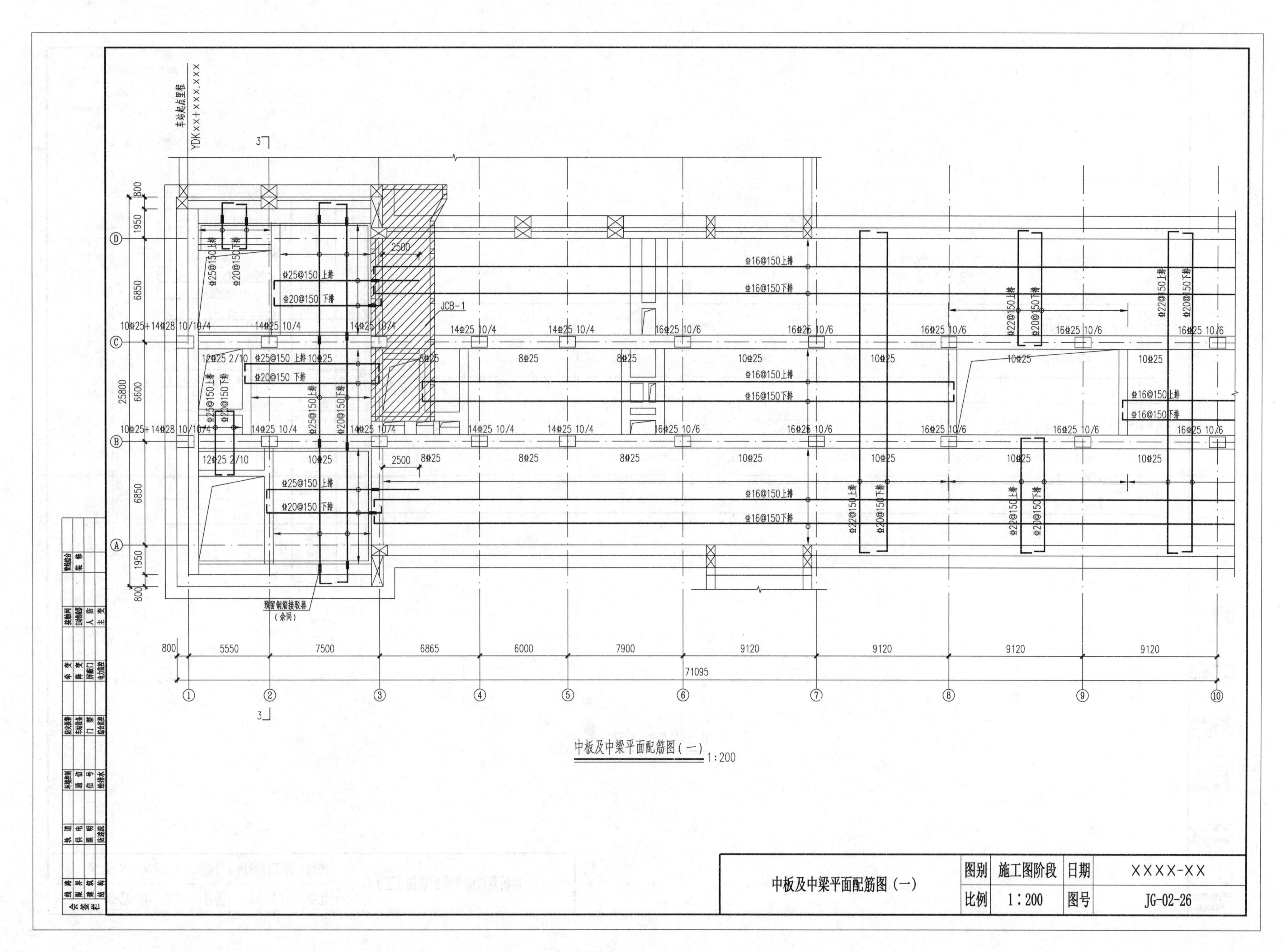
车站起点里程
YDKxx+xxx.xxx
JCB-1
φ25@150 上排
φ20@150 下排
φ16@150 上排
φ16@150 下排
φ22@150 上排
φ20@150 下排
10φ25+14φ28 10/10/4
14φ25 10/4
16φ25 10/6
12φ25 2/10
10φ25
8φ25
预留钢筋接驳器
（余同）
800
5550
7500
6865
6000
7900
9120
71095
1950
6850
6600
25800
中板及中梁平面配筋图（一）
1:200
中板及中梁平面配筋图（一）
图别
施工图阶段
日期
XXXX-XX
比例
1:200
图号
JG-02-26

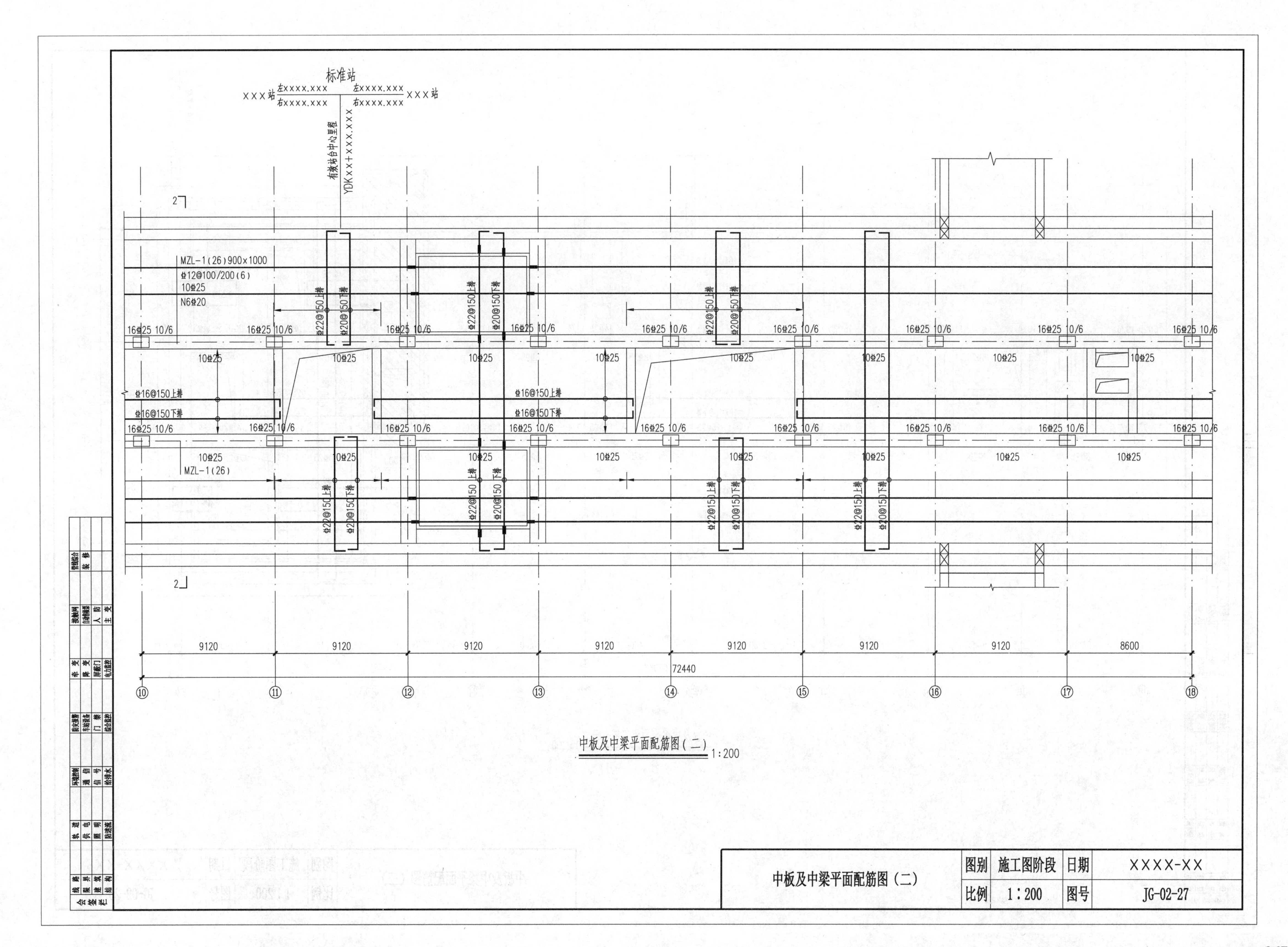
标准站
XXX站
XXX站
有效站台中心里程
YDKXX+XXX.XXX
MZL-1(26)900×1000
MZL-1(26)
9120
8600
72440
中板及中梁平面配筋图(二) 1:200
中板及中梁平面配筋图(二)
图别
施工图阶段
日期
XXXX-XX
比例
1:200
图号
JG-02-27

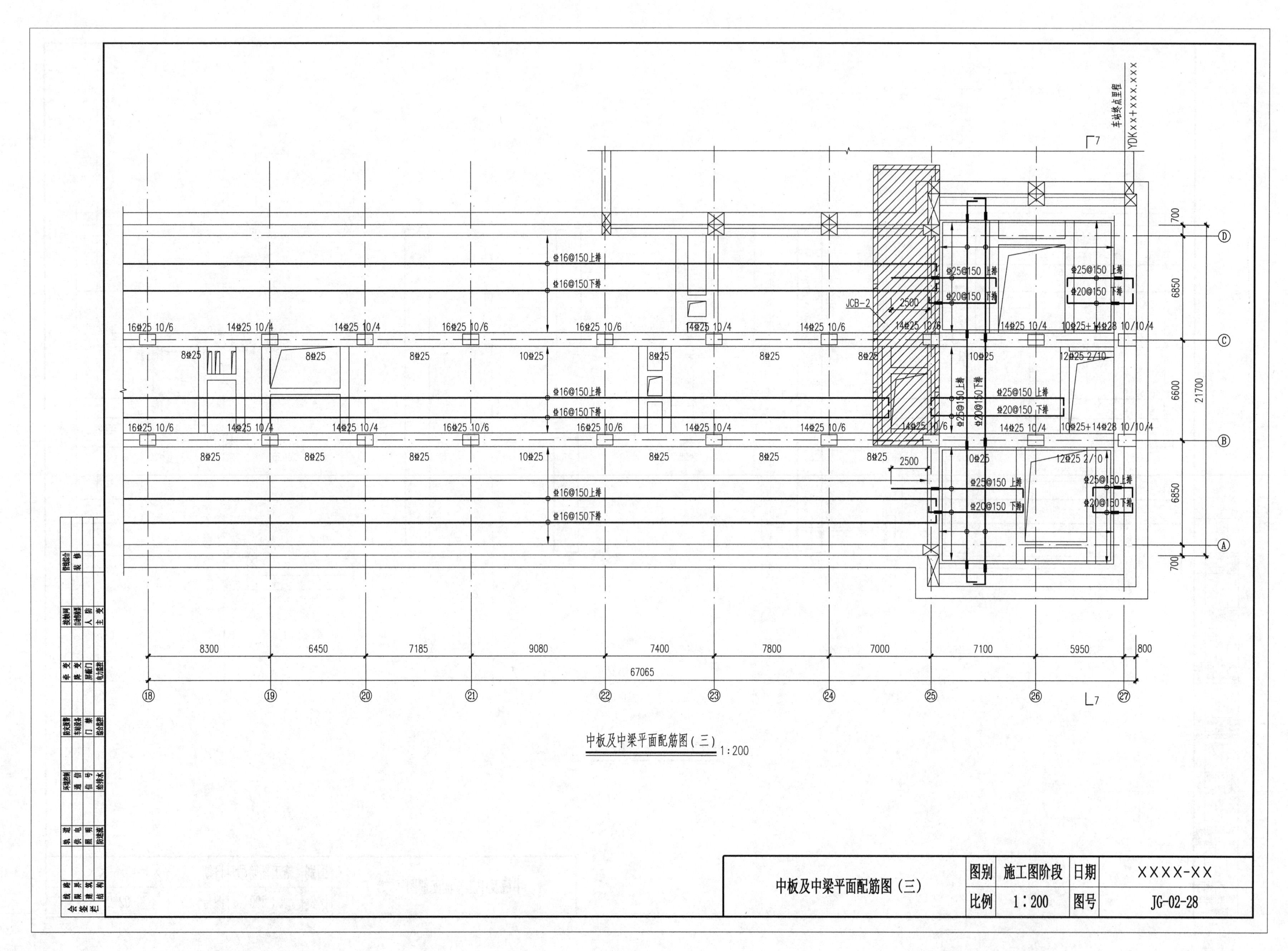
车站终点里程
YDKxx+xxx.xxx
JCB-2
中板及中梁平面配筋图（三） 1:200
中板及中梁平面配筋图（三）
图别 施工图阶段
日期 XXXX-XX
比例 1：200
图号 JG-02-28

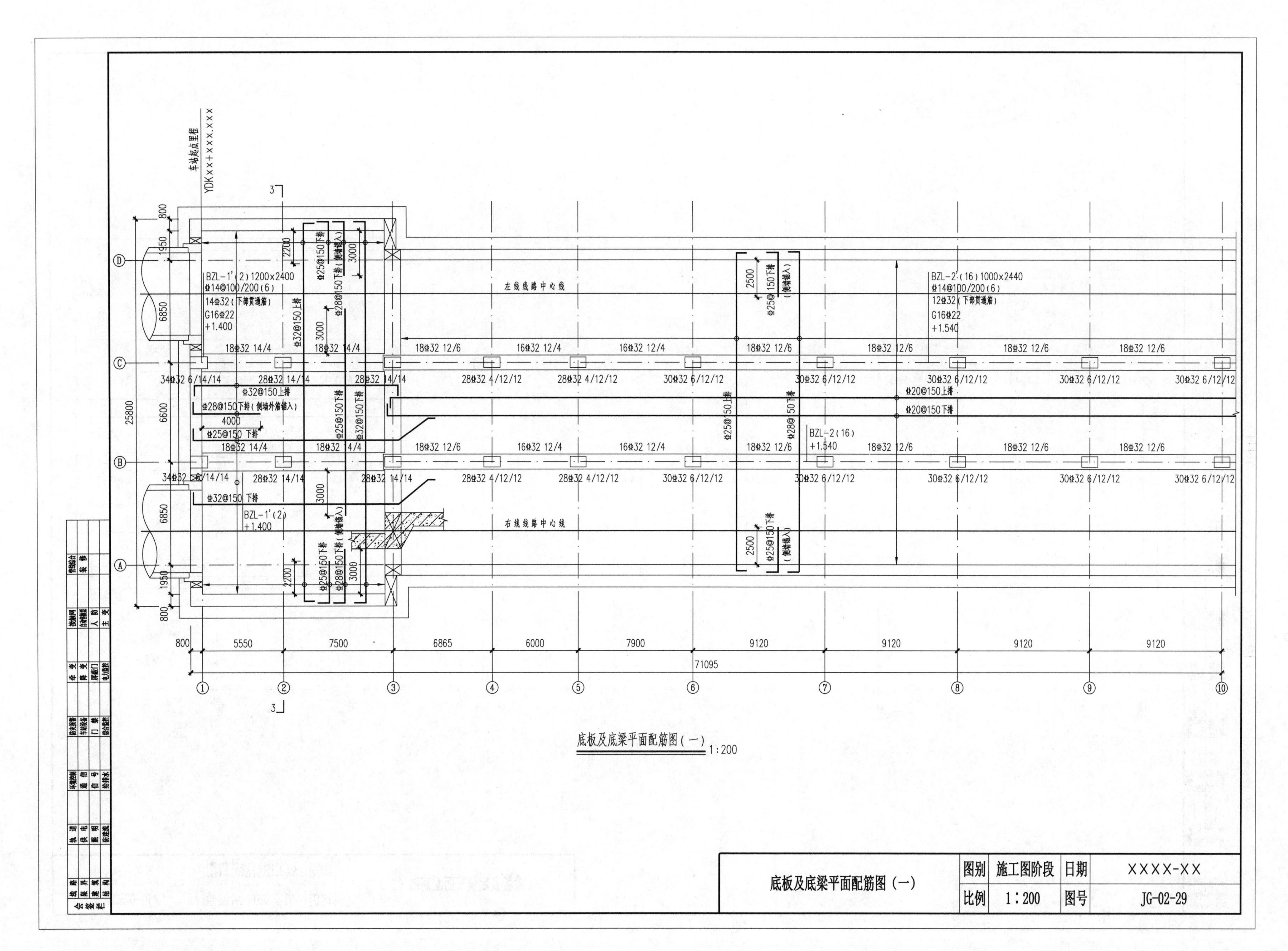

底板及底梁平面配筋图（一）	图别	施工图阶段	日期	XXXX-XX
	比例	1：200	图号	JG-02-29

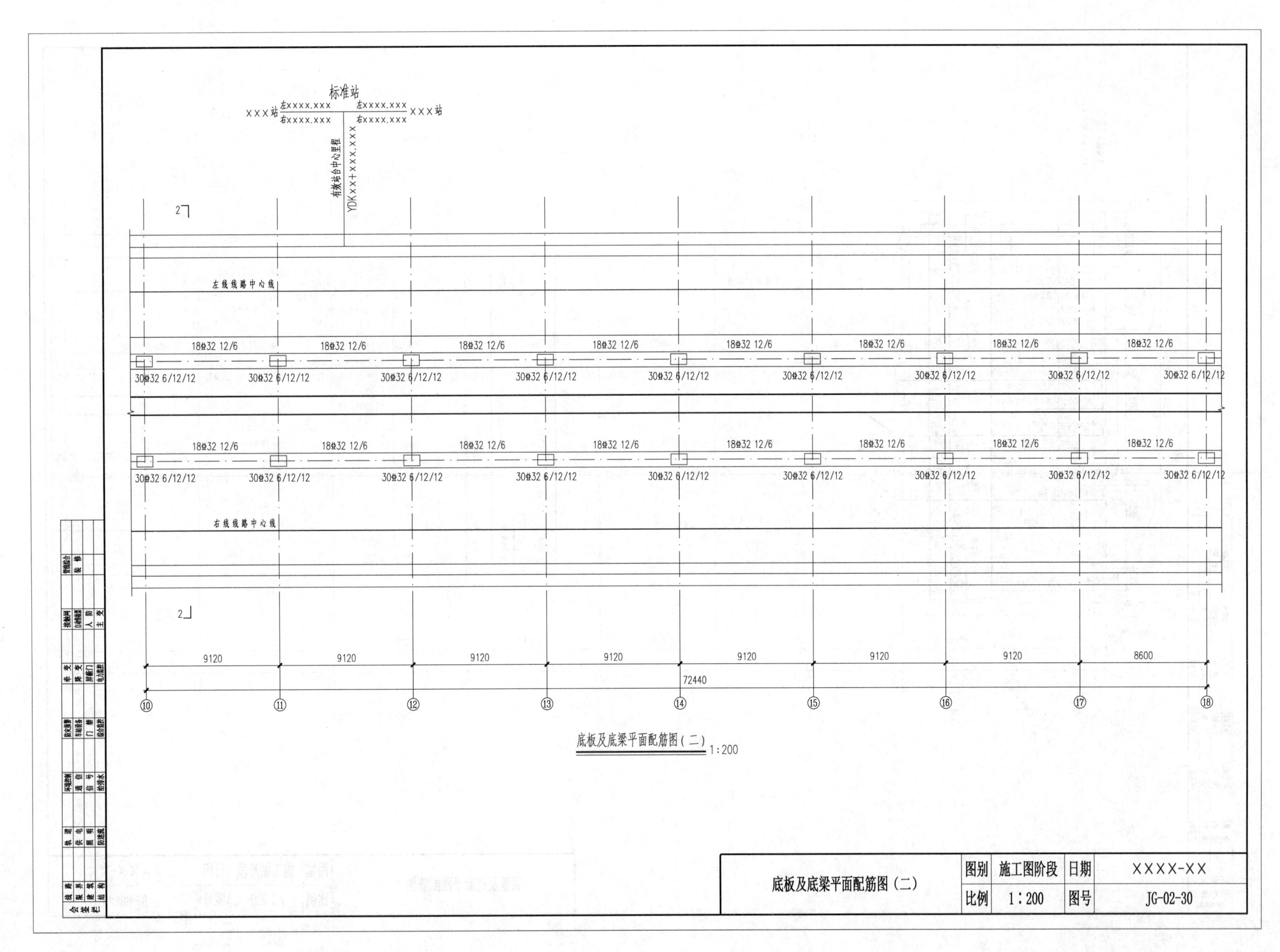

标准站
XXX站
左XXXX.XXX
右XXXX.XXX
左XXXX.XXX
右XXXX.XXX
XXX站
有效站台中心里程
YDKXX+XXX.XXX
左线线路中心线
右线线路中心线
18⌀32 12/6
30⌀32 6/12/12
9120
8600
72440
⑩
⑪
⑫
⑬
⑭
⑮
⑯
⑰
⑱
底板及底梁平面配筋图（二） 1:200
底板及底梁平面配筋图（二）
图别
施工图阶段
日期
XXXX-XX
比例
1：200
图号
JG-02-30

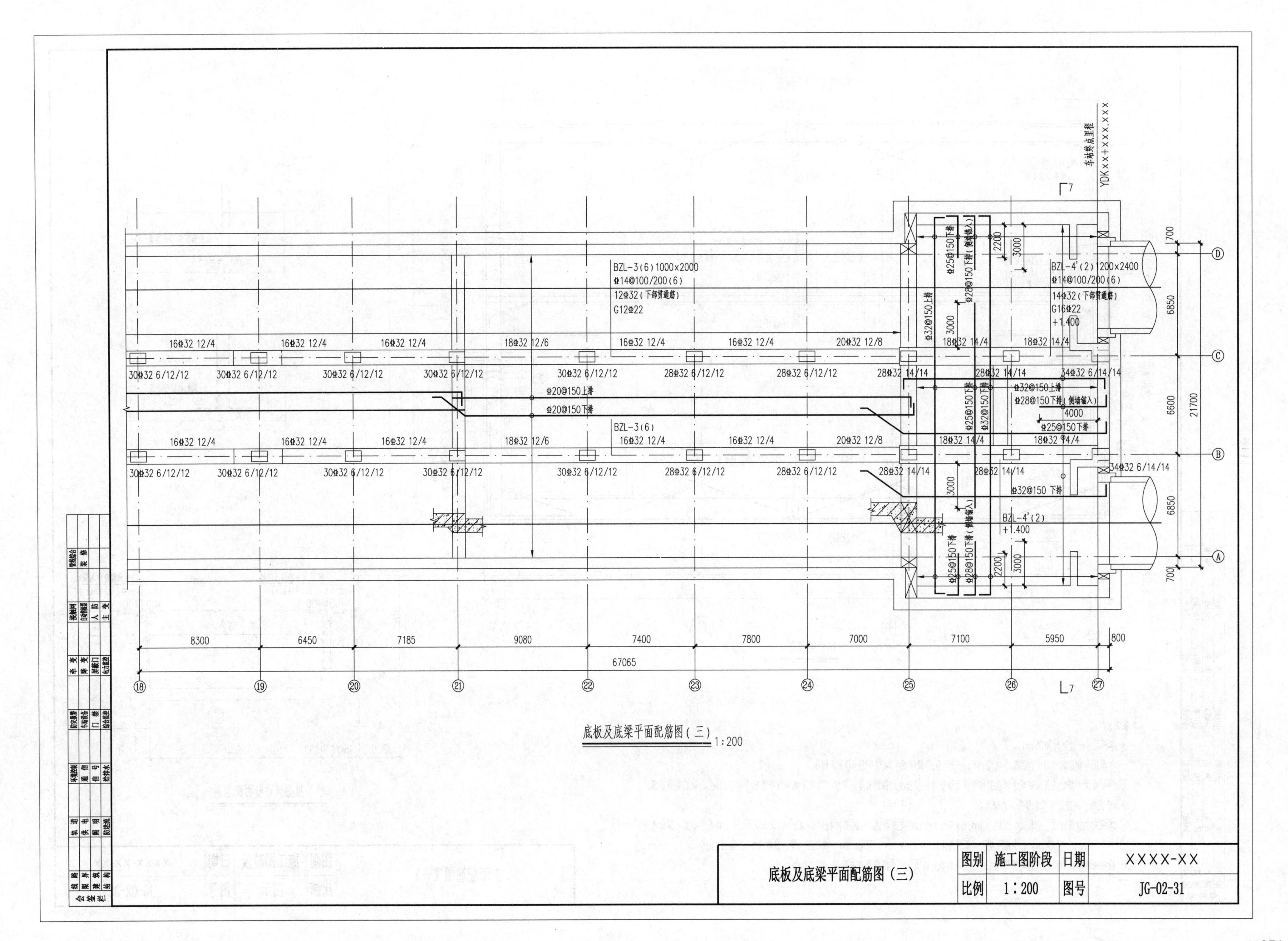

底板及底梁平面配筋图(三) 1:200

底板及底梁平面配筋图(三)	图别	施工图阶段	日期	XXXX-XX
	比例	1:200	图号	JG-02-31

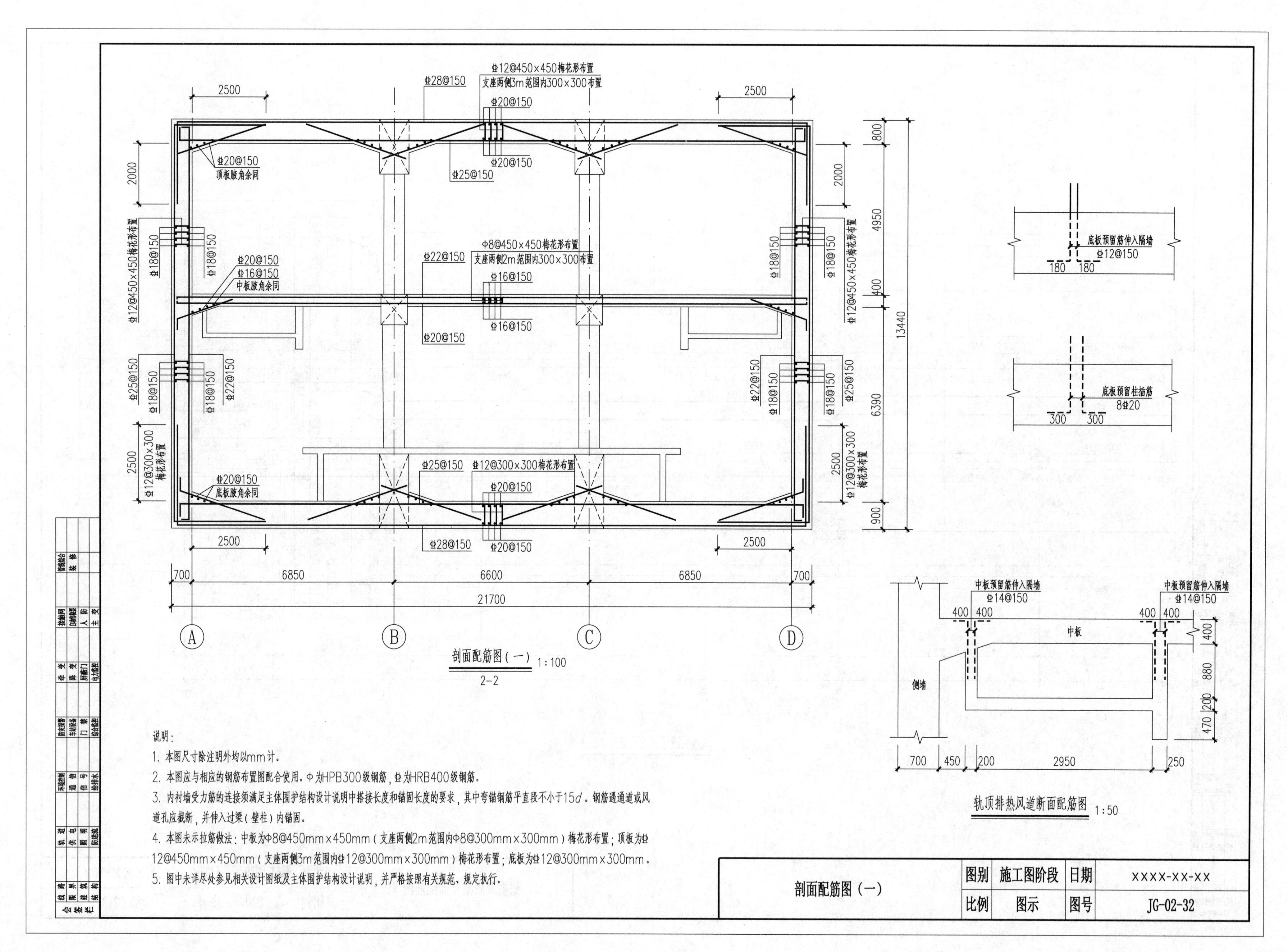

剖面配筋图（一） 1:100
2-2
轨顶排热风道断面配筋图 1:50
Φ12@450×450梅花形布置
支座两侧3m范围内300×300布置
Φ28@150
Φ20@150
Φ25@150
顶板腋角余同
Φ8@450×450梅花形布置
支座两侧2m范围内300×300布置
Φ22@150
Φ16@150
中板腋角余同
Φ12@300×300梅花形布置
底板腋角余同
Φ18@150
Φ12@450×450梅花形布置
Φ12@300×300梅花形布置
底板预留筋伸入隔墙
Φ12@150
底板预留柱插筋
8Φ20
中板预留筋伸入隔墙
Φ14@150
中板
侧墙
2500
2000
800
4950
400
13440
6390
900
700
6850
6600
21700
A
B
C
D
180
300
450
200
2950
250
880
470
说明：
1. 本图尺寸除注明外均以mm计。
2. 本图应与相应的钢筋布置图配合使用。Φ为HPB300级钢筋，Φ为HRB400级钢筋。
3. 内衬墙受力筋的连接须满足主体围护结构设计说明中搭接长度和锚固长度的要求，其中弯锚钢筋平直段不小于15d。钢筋遇通道或风道孔应截断，并伸入过梁（壁柱）内锚固。
4. 本图未示拉筋做法：中板为Φ8@450mm×450mm（支座两侧2m范围内Φ8@300mm×300mm）梅花形布置；顶板为Φ12@450mm×450mm（支座两侧3m范围内Φ12@300mm×300mm）梅花形布置；底板为Φ12@300mm×300mm。
5. 图中未详尽处参见相关设计图纸及主体围护结构设计说明，并严格按照有关规范、规定执行。
剖面配筋图（一）
图别
施工图阶段
日期
XXXX-XX-XX
比例
图示
图号
JG-02-32

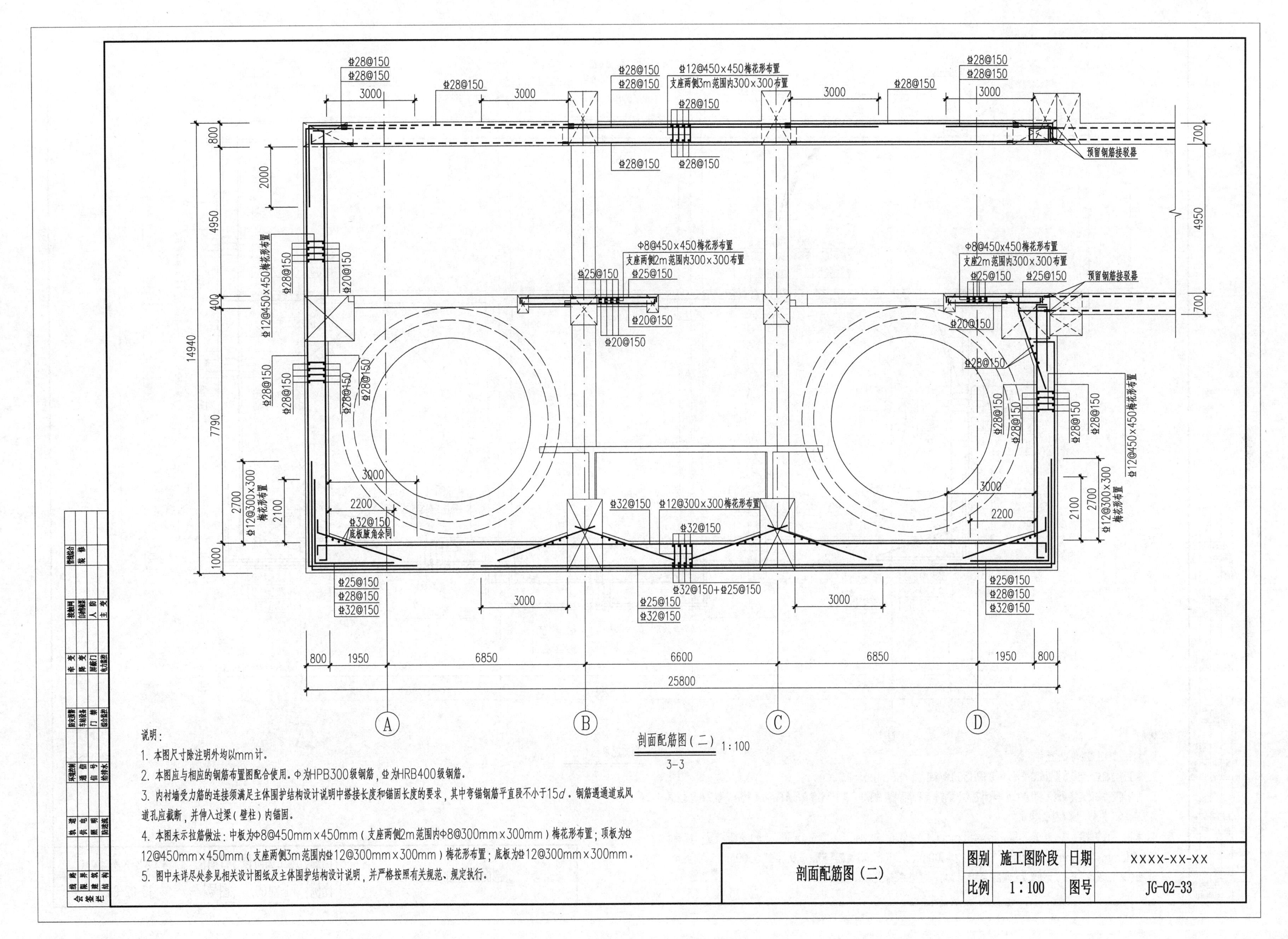

剖面配筋图（二） 1:100
3-3
说明：
1. 本图尺寸除注明外均以mm计。
2. 本图应与相应的钢筋布置图配合使用。Φ为HPB300级钢筋，Φ为HRB400级钢筋。
3. 内衬墙受力筋的连接须满足主体围护结构设计说明中搭接长度和锚固长度的要求，其中弯锚钢筋平直段不小于15d。钢筋遇通道或风道孔应截断，并伸入过梁（壁柱）内锚固。
4. 本图未示拉筋做法：中板为Φ8@450mm×450mm（支座两侧2m范围内Φ8@300mm×300mm）梅花形布置；顶板为Φ12@450mm×450mm（支座两侧3m范围内Φ12@300mm×300mm）梅花形布置；底板为Φ12@300mm×300mm。
5. 图中未详尽处参见相关设计图纸及主体围护结构设计说明，并严格按照有关规范、规定执行。
剖面配筋图（二）
图别 施工图阶段 日期 XXXX-XX-XX
比例 1:100 图号 JG-02-33

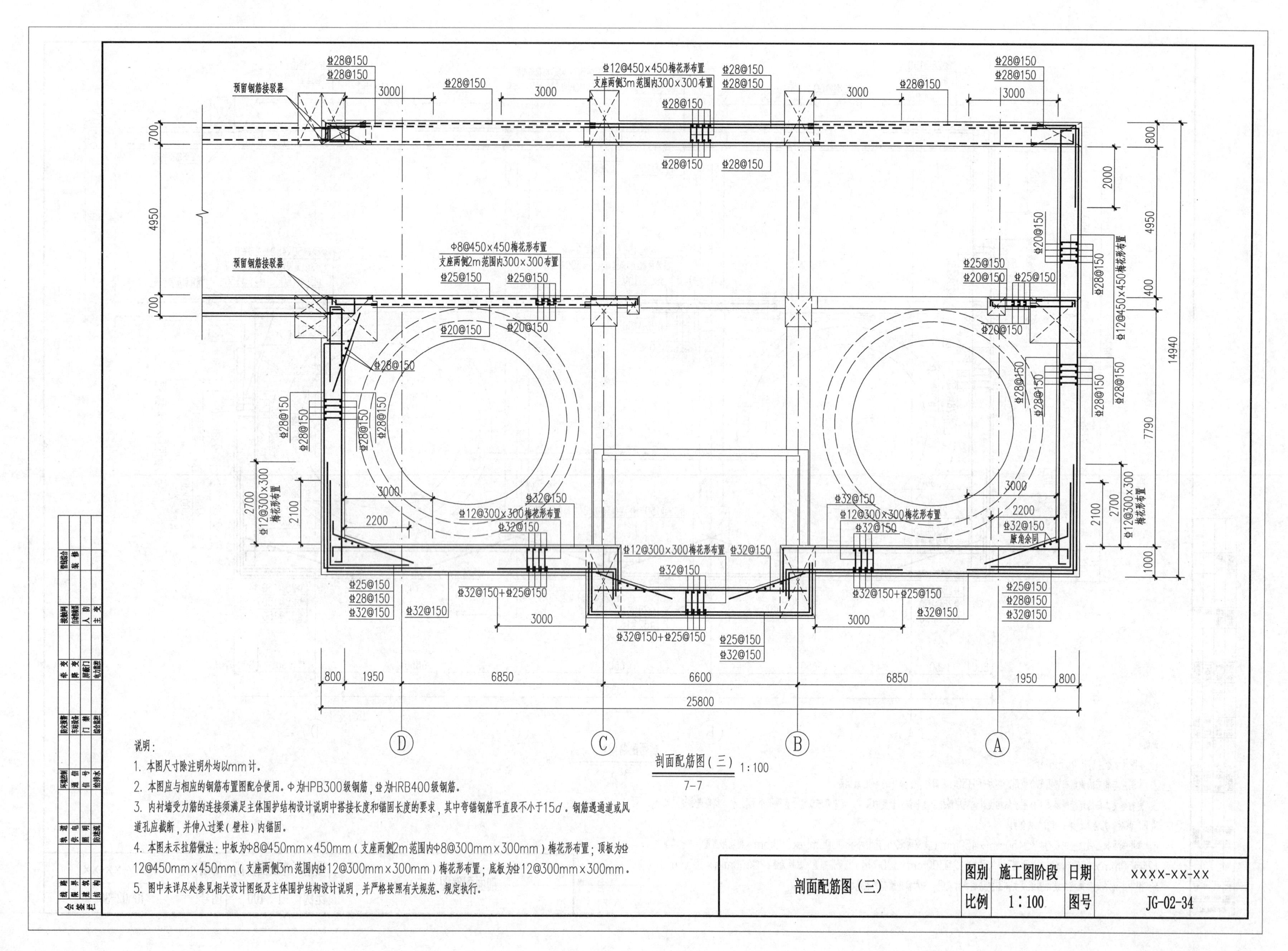

预留钢筋接驳器
⌀12@450×450梅花形布置
支座两侧3m范围内300×300布置
Φ8@450×450梅花形布置
支座两侧2m范围内300×300布置
⌀12@300×300梅花形布置
⌀12@300×300梅花形布置
⌀12@450×450梅花形布置
腋角余同
⌀28@150
⌀25@150
⌀20@150
⌀32@150
⌀32@150+⌀25@150
800 1950 6850 6600 6850 1950 800
25800
4950 7790 14940
D C B A
剖面配筋图（三） 1:100
7-7
说明：
1. 本图尺寸除注明外均以mm计。
2. 本图应与相应的钢筋布置图配合使用。Φ为HPB300级钢筋，⌀为HRB400级钢筋。
3. 内衬墙受力筋的连接须满足主体围护结构设计说明中搭接长度和锚固长度的要求，其中弯锚钢筋平直段不小于15d。钢筋遇通道或风道孔应截断，并伸入过梁（壁柱）内锚固。
4. 本图未示拉筋做法：中板为Φ8@450mm×450mm（支座两侧2m范围内Φ8@300mm×300mm）梅花形布置；顶板为⌀12@450mm×450mm（支座两侧3m范围内⌀12@300mm×300mm）梅花形布置；底板为⌀12@300mm×300mm。
5. 图中未详尽处参见相关设计图纸及主体围护结构设计说明，并严格按照有关规范、规定执行。
剖面配筋图（三）
图别 施工图阶段
日期 XXXX-XX-XX
比例 1：100
图号 JG-02-34

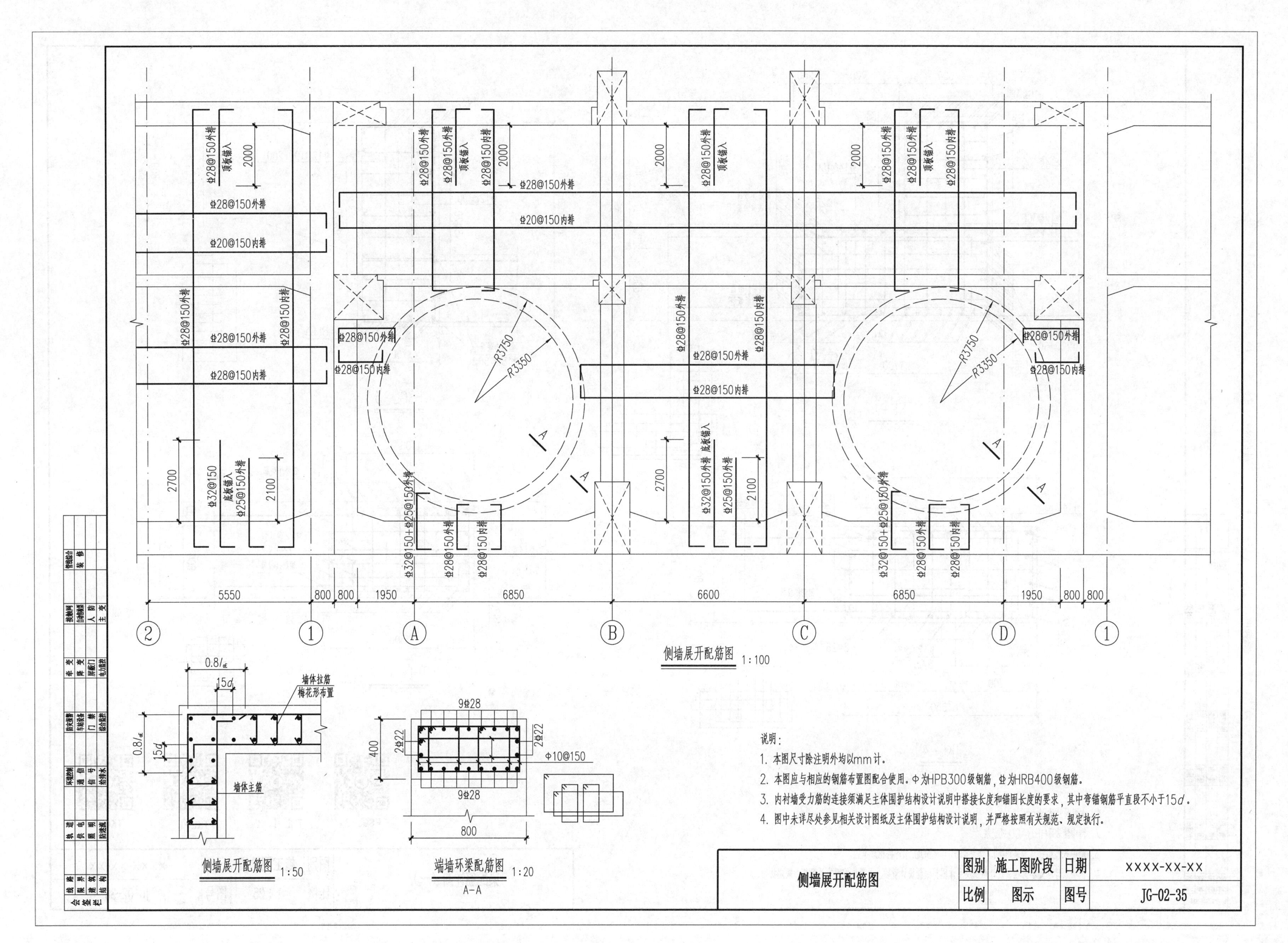

侧墙展开配筋图 1:100
侧墙展开配筋图 1:50
端墙环梁配筋图 1:20
A-A
⌀28@150外排
⌀20@150内排
⌀28@150内排
⌀32@150
⌀25@150外排
⌀32@150+⌀25@150外排
顶板锚入
底板锚入
R3750
R3350
2000
2700
2100
5550
800
1950
6850
6600
0.8l_{aE}
15d
墙体拉筋
梅花形布置
墙体主筋
9⌀28
2⌀22
⌀10@150
400
说明：
1. 本图尺寸除注明外均以mm计。
2. 本图应与相应的钢筋布置图配合使用。Φ为HPB300级钢筋，⌀为HRB400级钢筋。
3. 内衬墙受力筋的连接须满足主体围护结构设计说明中搭接长度和锚固长度的要求，其中弯锚钢筋平直段不小于15d。
4. 图中未详尽处参见相关设计图纸及主体围护结构设计说明，并严格按照有关规范、规定执行。
侧墙展开配筋图
图别
施工图阶段
日期
XXXX-XX-XX
比例
图示
图号
JG-02-35

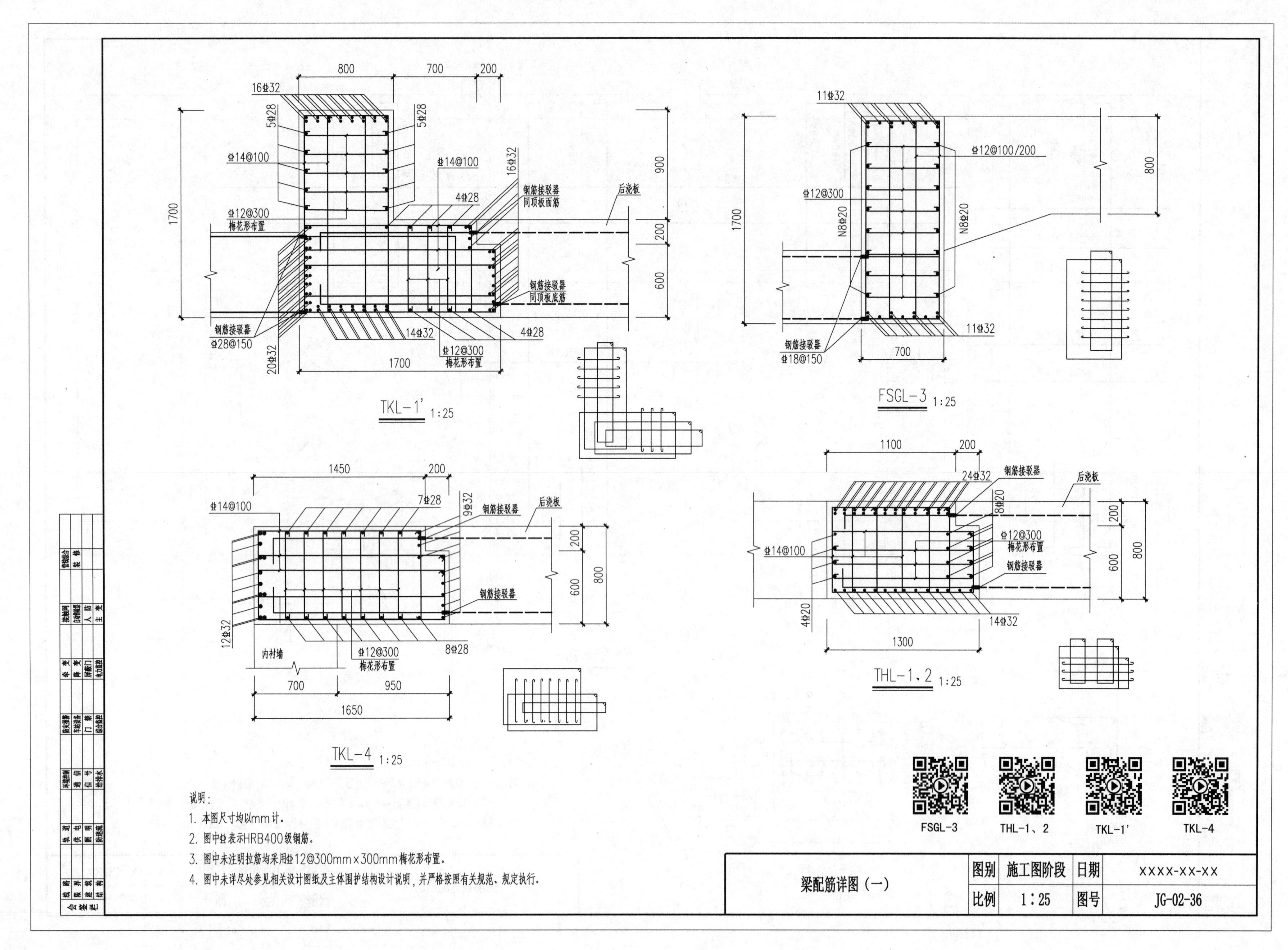
TKL-1' 1:25
800
700
200
16⌀32
5⌀28
⌀14@100
⌀14@100
16⌀32
4⌀28
钢筋接驳器
同顶板面筋
后浇板
⌀12@300
梅花形布置
1700
900
200
600
钢筋接驳器
同顶板底筋
钢筋接驳器
⌀28@150
20⌀32
14⌀32
4⌀28
⌀12@300
梅花形布置
1700
FSGL-3 1:25
11⌀32
⌀12@100/200
⌀12@300
N8⌀20
800
钢筋接驳器
⌀18@150
11⌀32
700
TKL-4 1:25
1450
⌀14@100
7⌀28
9⌀32
钢筋接驳器
后浇板
钢筋接驳器
12⌀32
内衬墙
⌀12@300
梅花形布置
8⌀28
700
950
1650
THL-1、2 1:25
1100
24⌀32
钢筋接驳器
后浇板
8⌀20
⌀14@100
⌀12@300
梅花形布置
钢筋接驳器
4⌀20
14⌀32
1300
FSGL-3
THL-1、2
TKL-1'
TKL-4
说明：
1. 本图尺寸均以mm计。
2. 图中⌀表示HRB400级钢筋。
3. 图中未注明拉筋均采用⌀12@300mm×300mm梅花形布置。
4. 图中未详尽处参见相关设计图纸及主体围护结构设计说明，并严格按照有关规范、规定执行。
梁配筋详图（一）
图别
施工图阶段
日期
XXXX-XX-XX
比例
1:25
图号
JG-02-36

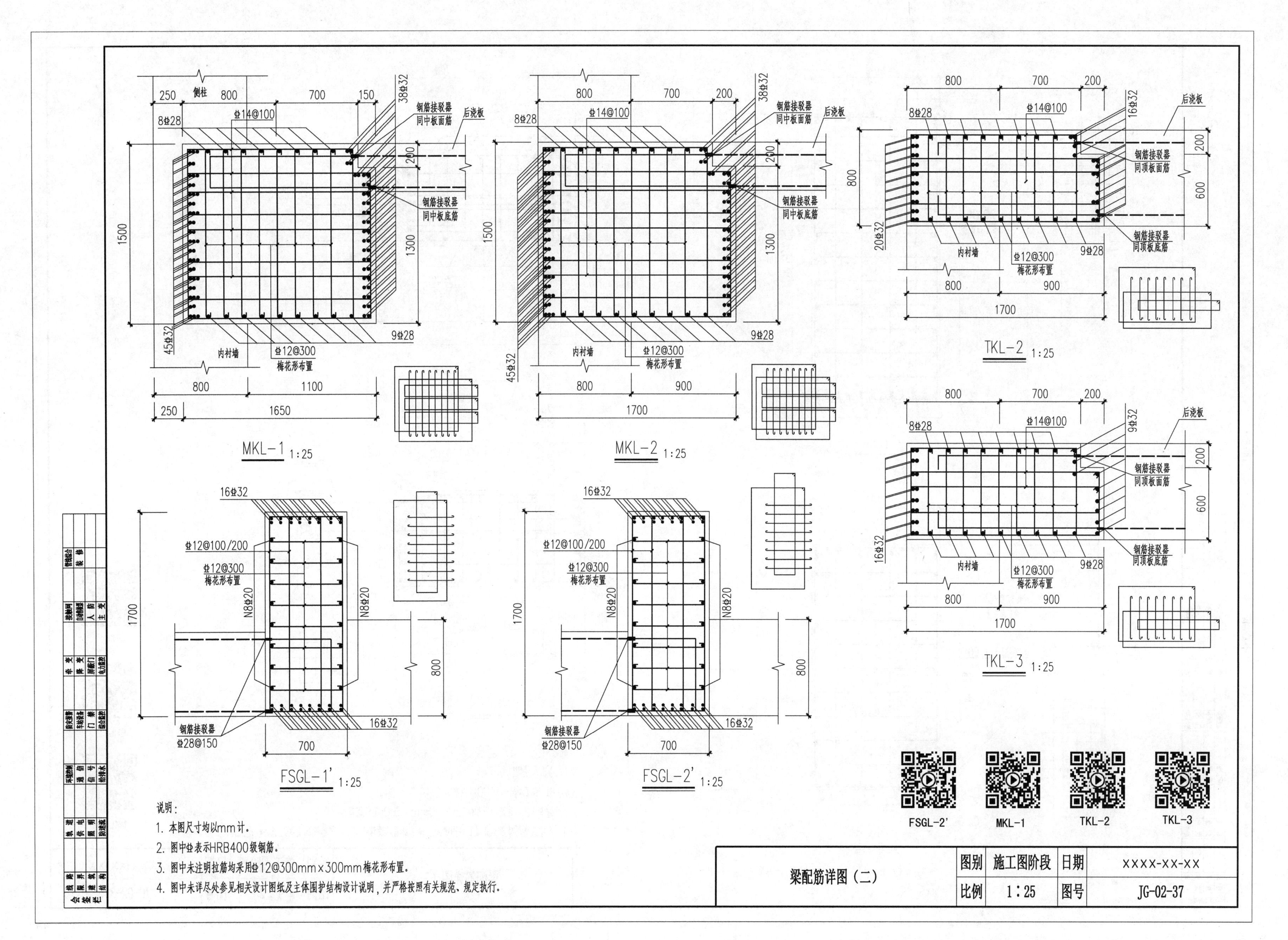

MKL-1 1:25
MKL-2 1:25
TKL-2 1:25
TKL-3 1:25
FSGL-1' 1:25
FSGL-2' 1:25
侧柱
8⏀28
⏀14@100
38⏀32
钢筋接驳器
同中板面筋
钢筋接驳器
同中板底筋
后浇板
45⏀32
内衬墙
⏀12@300
梅花形布置
9⏀28
16⏀32
20⏀32
9⏀32
钢筋接驳器
同顶板面筋
钢筋接驳器
同顶板底筋
⏀12@100/200
N8⏀20
钢筋接驳器
⏀28@150
FSGL-2'
MKL-1
TKL-2
TKL-3
说明：
1. 本图尺寸均以mm计。
2. 图中⏀表示HRB400级钢筋。
3. 图中未注明拉筋均采用⏀12@300mm×300mm梅花形布置。
4. 图中未详尽处参见相关设计图纸及主体围护结构设计说明，并严格按照有关规范、规定执行。
梁配筋详图（二）
图别
施工图阶段
日期
XXXX-XX-XX
比例
1∶25
图号
JG-02-37

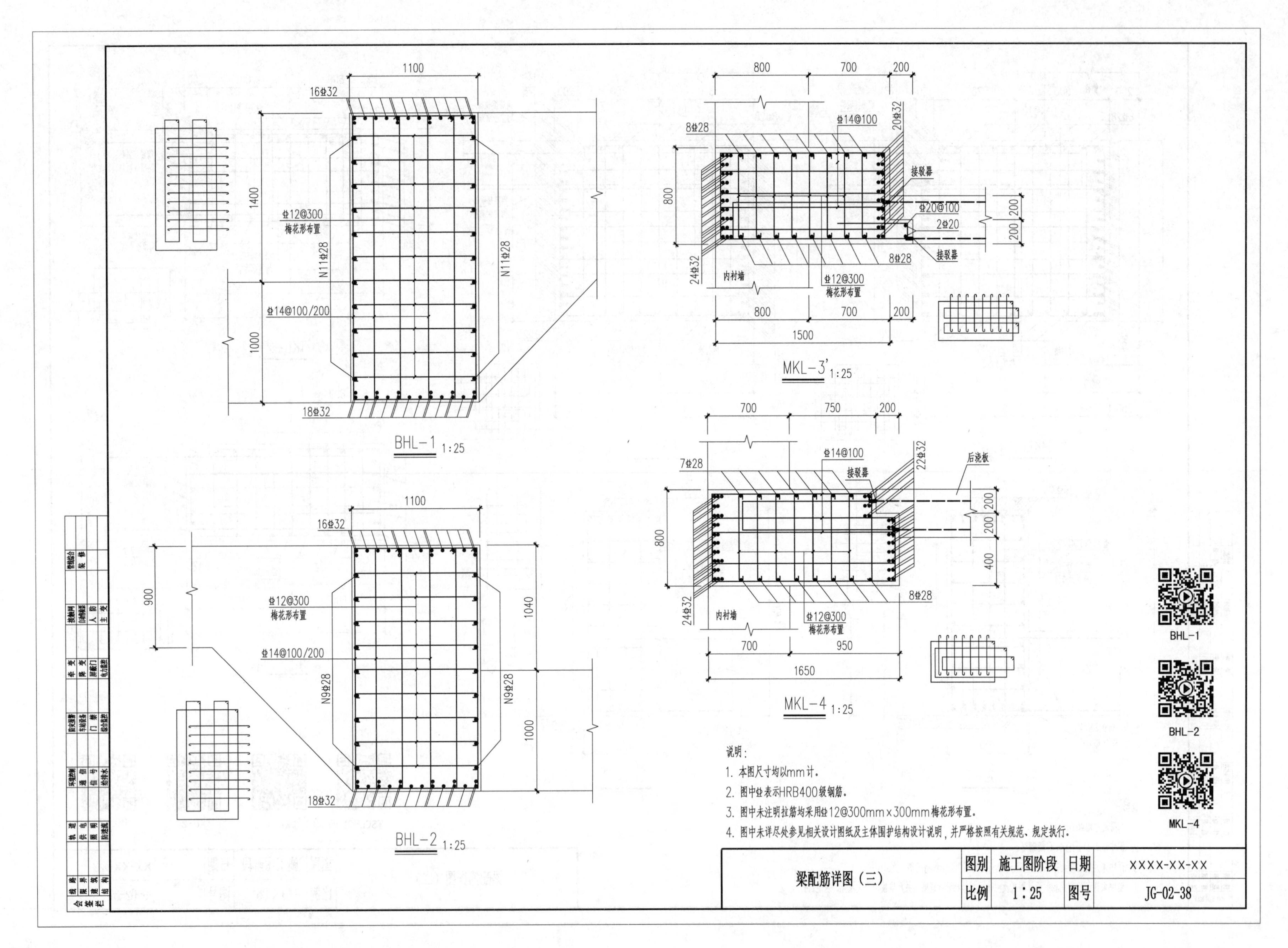
1100
16⌀32
1400
⌀12@300
梅花形布置
N11⌀28
⌀14@100/200
1000
18⌀32
BHL-1 1:25
800 700 200
⌀14@100
20⌀32
8⌀28
接驳器
⌀20@100
2⌀20
8⌀28
24⌀32
内衬墙
⌀12@300
梅花形布置
1500
MKL-3' 1:25
1100
16⌀32
900
⌀12@300
梅花形布置
1040
⌀14@100/200
N9⌀28
18⌀32
BHL-2 1:25
700 750 200
⌀14@100
7⌀28
接驳器
22⌀32
后浇板
8⌀28
24⌀32
内衬墙
⌀12@300
梅花形布置
700 950
1650
MKL-4 1:25
BHL-1
BHL-2
MKL-4
说明：
1. 本图尺寸均以mm计。
2. 图中⌀表示HRB400级钢筋。
3. 图中未注明拉筋均采用⌀12@300mm×300mm梅花形布置。
4. 图中未详尽处参见相关设计图纸及主体围护结构设计说明，并严格按照有关规范、规定执行。
梁配筋详图（三）
图别 施工图阶段 日期 XXXX-XX-XX
比例 1:25 图号 JG-02-38

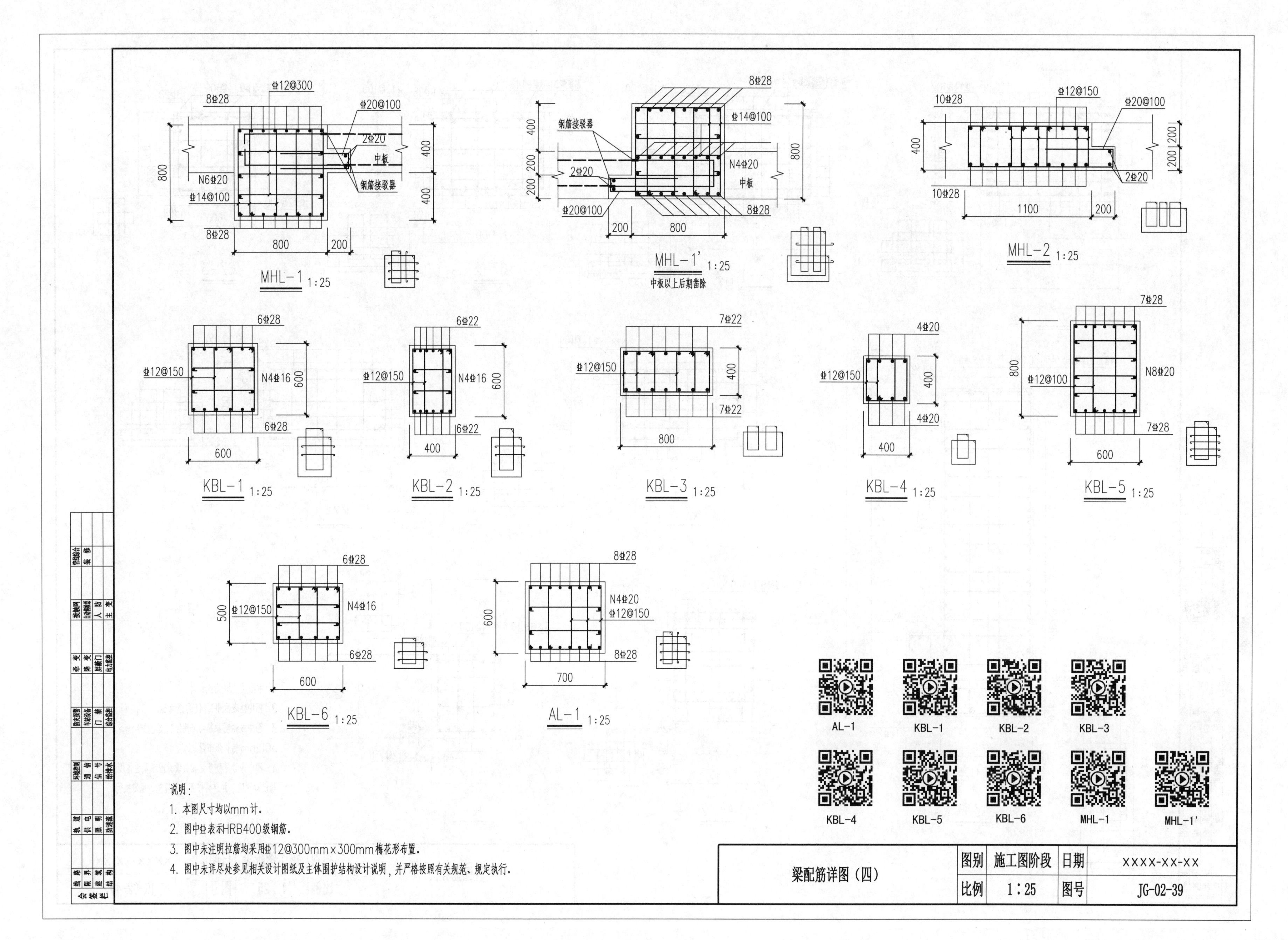

MHL-1 1:25
MHL-1' 1:25
中板以上后期凿除
MHL-2 1:25
KBL-1 1:25
KBL-2 1:25
KBL-3 1:25
KBL-4 1:25
KBL-5 1:25
KBL-6 1:25
AL-1 1:25
钢筋接驳器
中板
说明：
1. 本图尺寸均以mm计。
2. 图中⏀表示HRB400级钢筋。
3. 图中未注明拉筋均采用⏀12@300mm×300mm梅花形布置。
4. 图中未详尽处参见相关设计图纸及主体围护结构设计说明，并严格按照有关规范、规定执行。
梁配筋详图（四）
图别 施工图阶段
日期 XXXX-XX-XX
比例 1：25
图号 JG-02-39
AL-1
KBL-1
KBL-2
KBL-3
KBL-4
KBL-5
KBL-6
MHL-1
MHL-1'

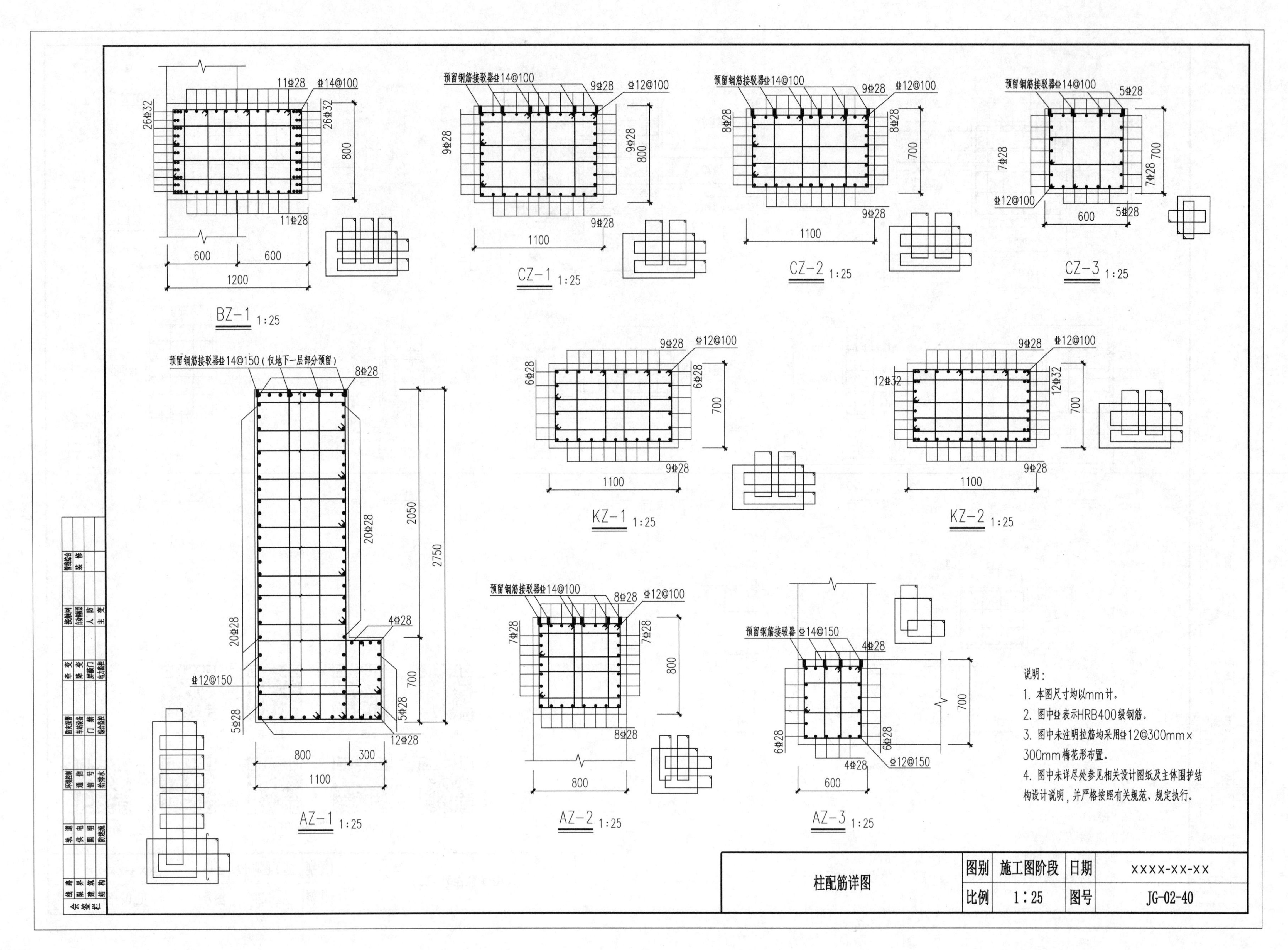
BZ-1 1:25
11Φ28
Φ14@100
26Φ32
800
600
1200
CZ-1 1:25
预留钢筋接驳器Φ14@100
9Φ28
Φ12@100
1100
CZ-2 1:25
8Φ28
700
CZ-3 1:25
5Φ28
7Φ28
Φ12@100
KZ-1 1:25
6Φ28
KZ-2 1:25
12Φ32
AZ-1 1:25
预留钢筋接驳器Φ14@150（仅地下一层部分预留）
8Φ28
20Φ28
4Φ28
Φ12@150
5Φ28
12Φ28
2050
2750
300
AZ-2 1:25
预留钢筋接驳器Φ14@100
AZ-3 1:25
预留钢筋接驳器 Φ14@150
说明：
1. 本图尺寸均以mm计。
2. 图中Φ表示HRB400级钢筋。
3. 图中未注明拉筋均采用Φ12@300mm×300mm梅花形布置。
4. 图中未详尽处参见相关设计图纸及主体围护结构设计说明，并严格按照有关规范、规定执行。
柱配筋详图
图别
施工图阶段
日期
XXXX-XX-XX
比例
1：25
图号
JG-02-40

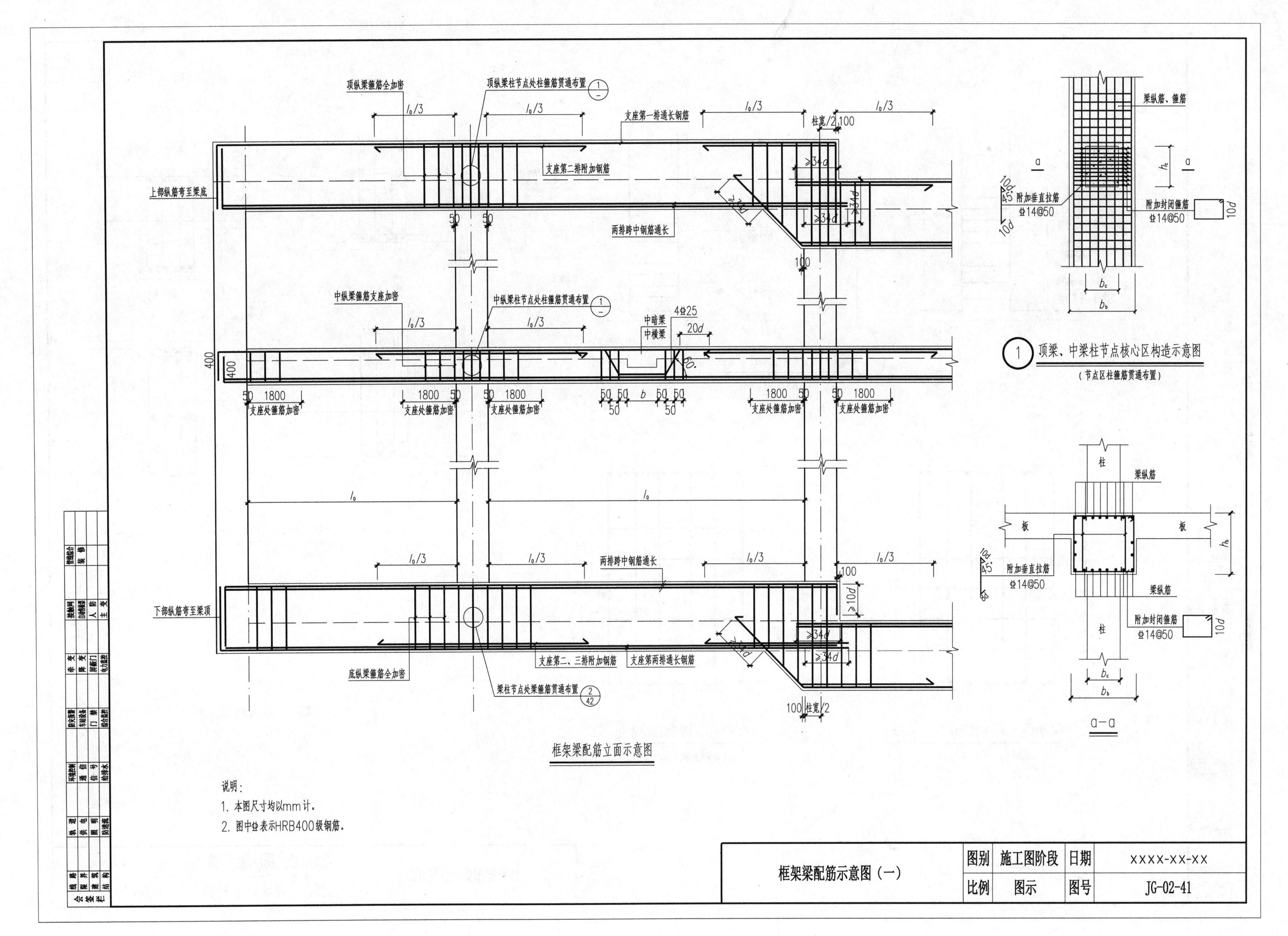

顶纵梁箍筋全加密
顶纵梁柱节点处柱箍筋贯通布置
支座第一排通长钢筋
柱宽/2
100
$l_0/3$
≥34d
支座第二排附加钢筋
上部纵筋弯至梁底
两排跨中钢筋通长
50
中纵梁箍筋支座加密
中纵梁柱节点处柱箍筋贯通布置
中暗梁
中横梁
4⌀25
20d
400
1800
支座处箍筋加密
b
l_0
下部纵筋弯至梁顶
底纵梁箍筋全加密
支座第二、三排附加钢筋
支座第两排通长钢筋
梁柱节点处梁箍筋贯通布置
≥10d
10d
框架梁配筋立面示意图
梁纵筋、箍筋
附加垂直拉筋
⌀14@50
附加封闭箍筋
45°
h_b
b_c
b_b
1 顶梁、中梁柱节点核心区构造示意图
（节点区柱箍筋贯通布置）
柱
梁纵筋
板
a—a
说明：
1. 本图尺寸均以mm计。
2. 图中⌀表示HRB400级钢筋。
框架梁配筋示意图（一）
图别
施工图阶段
日期
xxxx-xx-xx
比例
图示
图号
JG-02-41

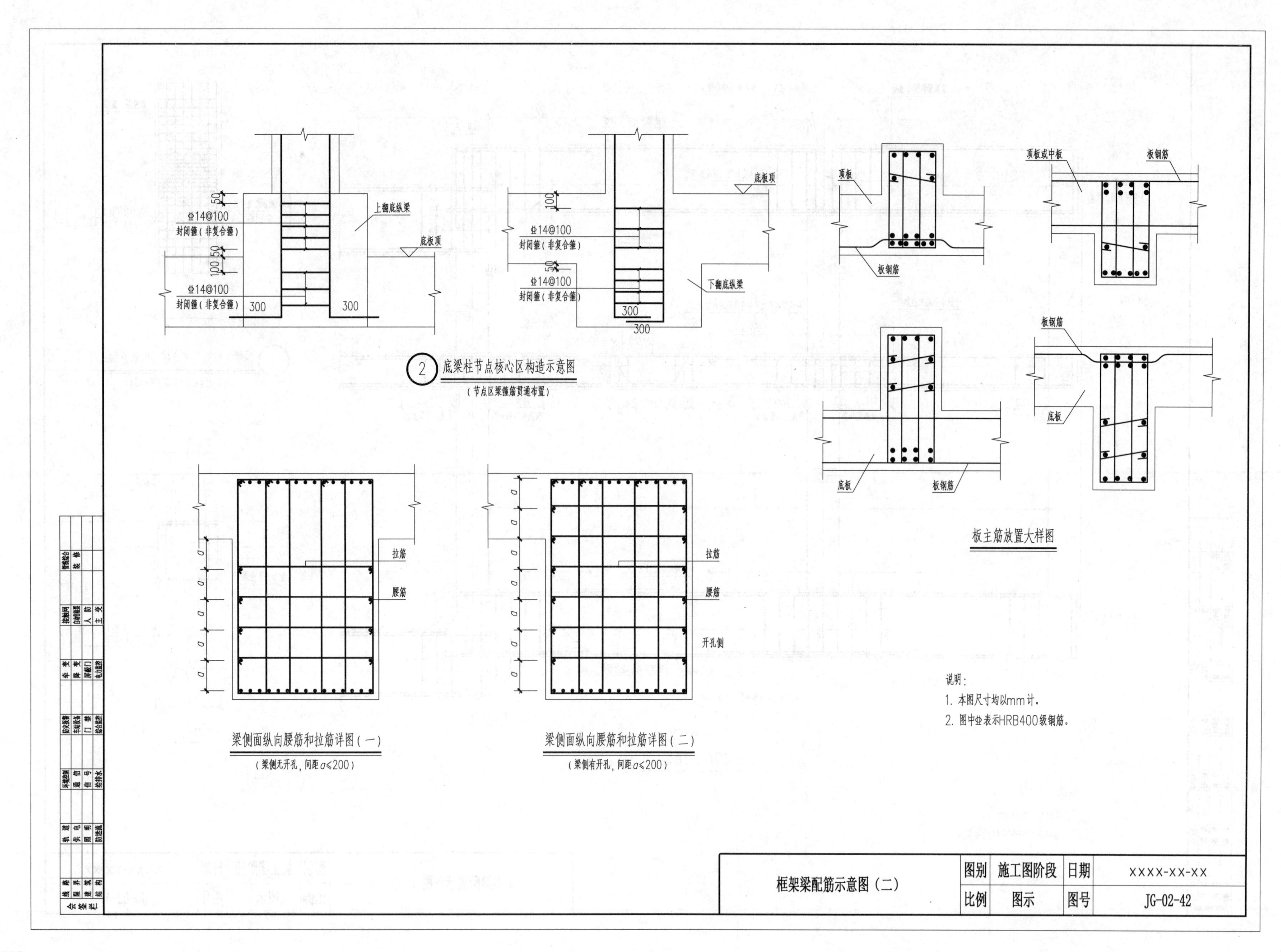

50
⌀14@100
封闭箍（非复合箍）
上翻底纵梁
底板顶
100
50
⌀14@100
封闭箍（非复合箍）
300
300
100
⌀14@100
封闭箍（非复合箍）
底板顶
50
⌀14@100
封闭箍（非复合箍）
下翻底纵梁
300
300
2 底梁柱节点核心区构造示意图
（节点区梁箍筋贯通布置）
顶板
板钢筋
顶板或中板
板钢筋
板钢筋
底板
底板
板钢筋
板主筋放置大样图
拉筋
腰筋
拉筋
腰筋
开孔侧
a
梁侧面纵向腰筋和拉筋详图（一）
（梁侧无开孔，间距a≤200）
梁侧面纵向腰筋和拉筋详图（二）
（梁侧有开孔，间距a≤200）
说明：
1. 本图尺寸均以mm计。
2. 图中⌀表示HRB400级钢筋。
框架梁配筋示意图（二）
图别
施工图阶段
日期
XXXX-XX-XX
比例
图示
图号
JG-02-42

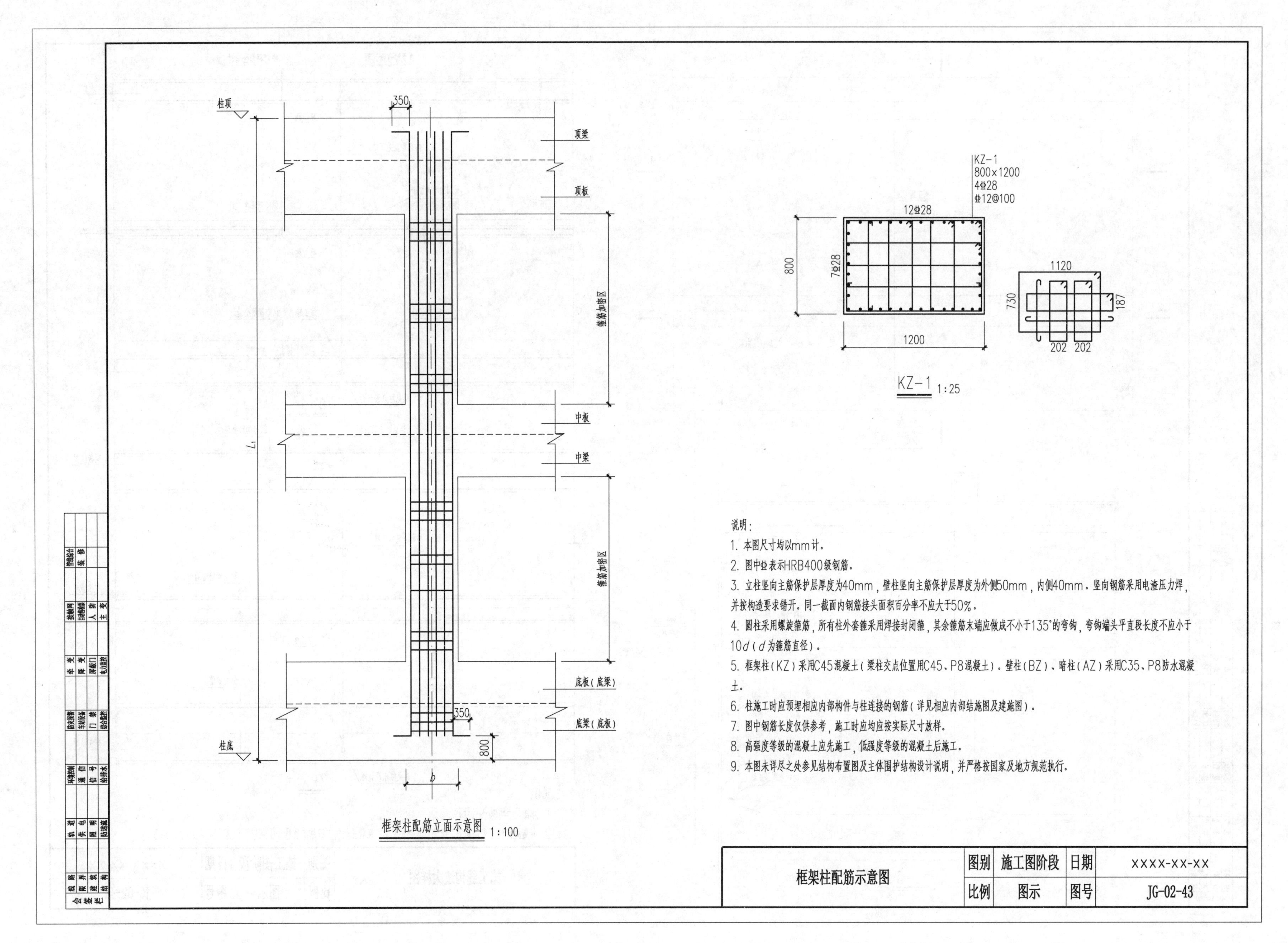
柱顶
350
顶梁
顶板
箍筋加密区
中板
中梁
L_1
箍筋加密区
底板（底梁）
350
底梁（底板）
柱底
800
b
框架柱配筋立面示意图 1:100
KZ-1
800×1200
4Φ28
Φ12@100
12Φ28
800
7Φ28
1200
1120
730
187
202 202
KZ-1 1:25
说明：
1. 本图尺寸均以mm计。
2. 图中Φ表示HRB400级钢筋。
3. 立柱竖向主筋保护层厚度为40mm，壁柱竖向主筋保护层厚度为外侧50mm，内侧40mm。竖向钢筋采用电渣压力焊，并按构造要求错开。同一截面内钢筋接头面积百分率不应大于50%。
4. 圆柱采用螺旋箍筋，所有柱外套箍采用焊接封闭箍，其余箍筋末端应做成不小于135°的弯钩，弯钩端头平直段长度不应小于10d（d为箍筋直径）。
5. 框架柱（KZ）采用C45混凝土（梁柱交点位置用C45、P8混凝土）。壁柱（BZ）、暗柱（AZ）采用C35、P8防水混凝土。
6. 柱施工时应预埋相应内部构件与柱连接的钢筋（详见相应内部结施图及建施图）。
7. 图中钢筋长度仅供参考，施工时应均应按实际尺寸放样。
8. 高强度等级的混凝土应先施工，低强度等级的混凝土后施工。
9. 本图未详尽之处参见结构布置图及主体围护结构设计说明，并严格按国家及地方规范执行。
框架柱配筋示意图
图别 施工图阶段
日期 XXXX-XX-XX
比例 图示
图号 JG-02-43

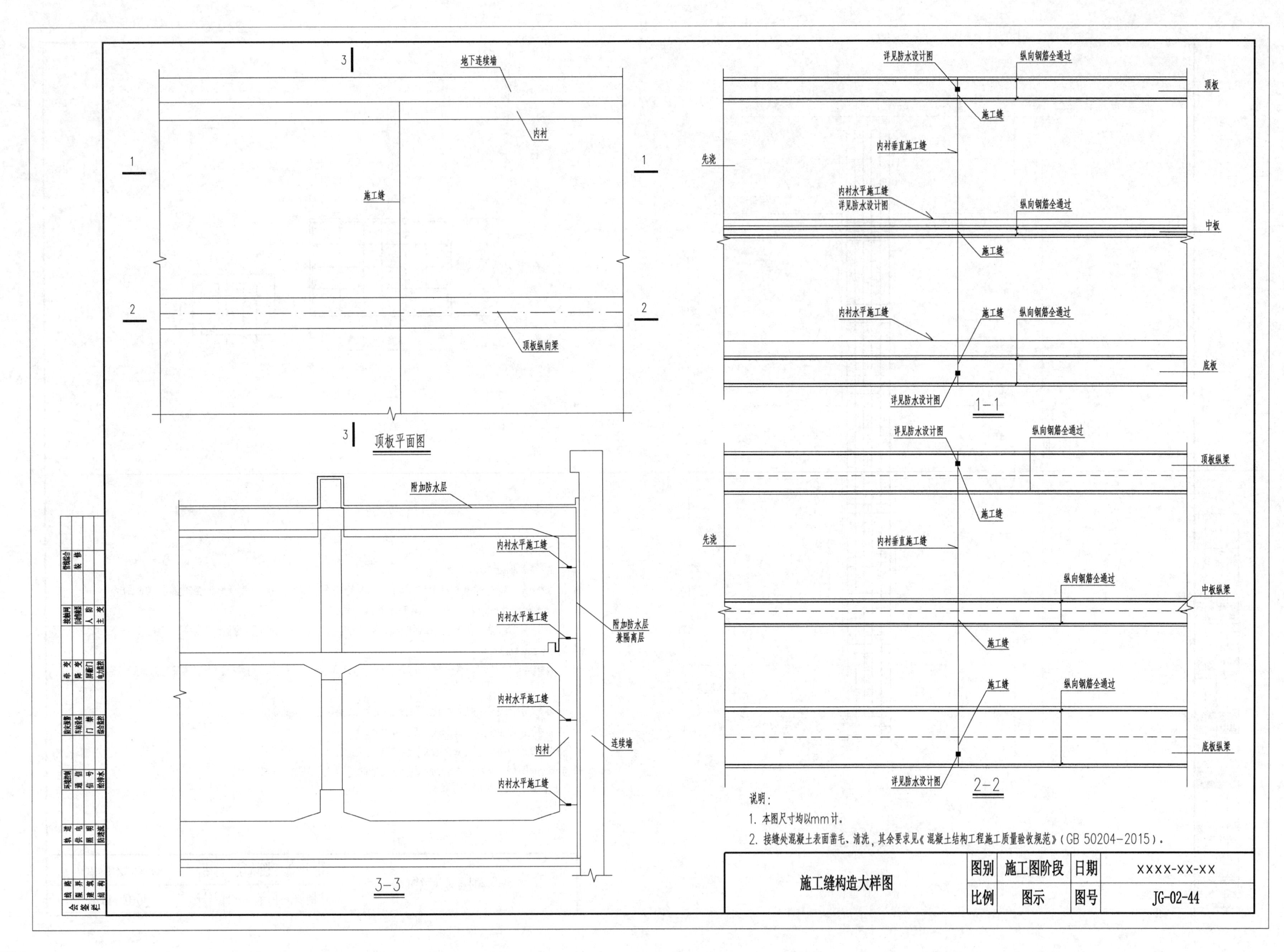

地下连续墙
内衬
施工缝
顶板纵向梁
顶板平面图
附加防水层
内村水平施工缝
附加防水层
兼隔离层
内衬
连续墙
3-3
详见防水设计图
纵向钢筋全通过
顶板
施工缝
内衬垂直施工缝
先浇
内衬水平施工缝
详见防水设计图
中板
底板
1-1
顶板纵梁
中板纵梁
底板纵梁
2-2
说明：
1. 本图尺寸均以mm计。
2. 接缝处混凝土表面凿毛、清洗，其余要求见《混凝土结构工程施工质量验收规范》（GB 50204-2015）。
施工缝构造大样图
图别
施工图阶段
日期
XXXX-XX-XX
比例
图示
图号
JG-02-44

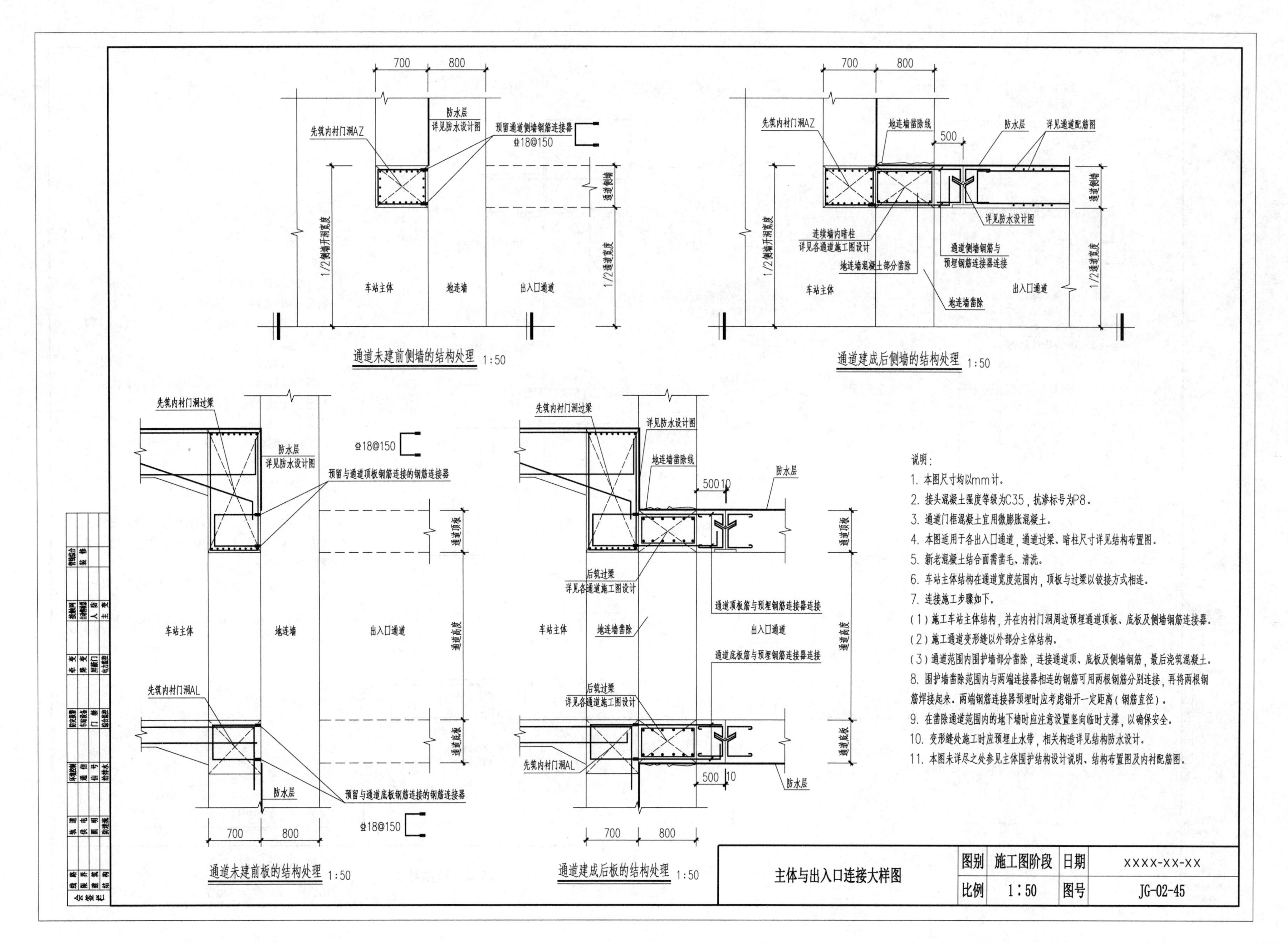

700
800
先筑内衬门洞AZ
防水层
详见防水设计图
预留通道侧墙钢筋连接器
Φ18@150
1/2侧墙开洞宽度
1/2通道宽度
通道侧墙
车站主体
地连墙
出入口通道
通道未建前侧墙的结构处理 1:50
地连墙凿除线
500
详见通道配筋图
详见防水设计图
连续墙内暗柱
详见各通道施工图设计
地连墙混凝土部分凿除
通道侧墙钢筋与
预埋钢筋连接器连接
地连墙凿除
通道建成后侧墙的结构处理 1:50
先筑内衬门洞过梁
预留与通道顶板钢筋连接的钢筋连接器
通道顶板
通道高度
通道底板
先筑内衬门洞AL
预留与通道底板钢筋连接的钢筋连接器
通道未建前板的结构处理 1:50
50010
后筑过梁
详见各通道施工图设计
地连墙凿除
通道顶板筋与预埋钢筋连接器连接
通道底板筋与预埋钢筋连接器连接
500 10
通道建成后板的结构处理 1:50
说明：
1. 本图尺寸均以mm计。
2. 接头混凝土强度等级为C35，抗渗标号为P8。
3. 通道门框混凝土宜用微膨胀混凝土。
4. 本图适用于各出入口通道，通道过梁、暗柱尺寸详见结构布置图。
5. 新老混凝土结合面需凿毛、清洗。
6. 车站主体结构在通道宽度范围内，顶板与过梁以铰接方式相连。
7. 连接施工步骤如下。
（1）施工车站主体结构，并在内衬门洞周边预埋通道顶板、底板及侧墙钢筋连接器。
（2）施工通道变形缝以外部分主体结构。
（3）通道范围内围护墙部分凿除，连接通道顶、底板及侧墙钢筋，最后浇筑混凝土。
8. 围护墙凿除范围内与两端连接器相连的钢筋可用两根钢筋分别连接，再将两根钢筋焊接起来。两端钢筋连接器预埋时应考虑错开一定距离（钢筋直径）。
9. 在凿除通道范围内的地下墙时应注意设置竖向临时支撑，以确保安全。
10. 变形缝处施工时应预埋止水带，相关构造详见结构防水设计。
11. 本图未详尽之处参见主体围护结构设计说明、结构布置图及内衬配筋图。
主体与出入口连接大样图
图别 施工图阶段
日期 XXXX-XX-XX
比例 1:50
图号 JG-02-45

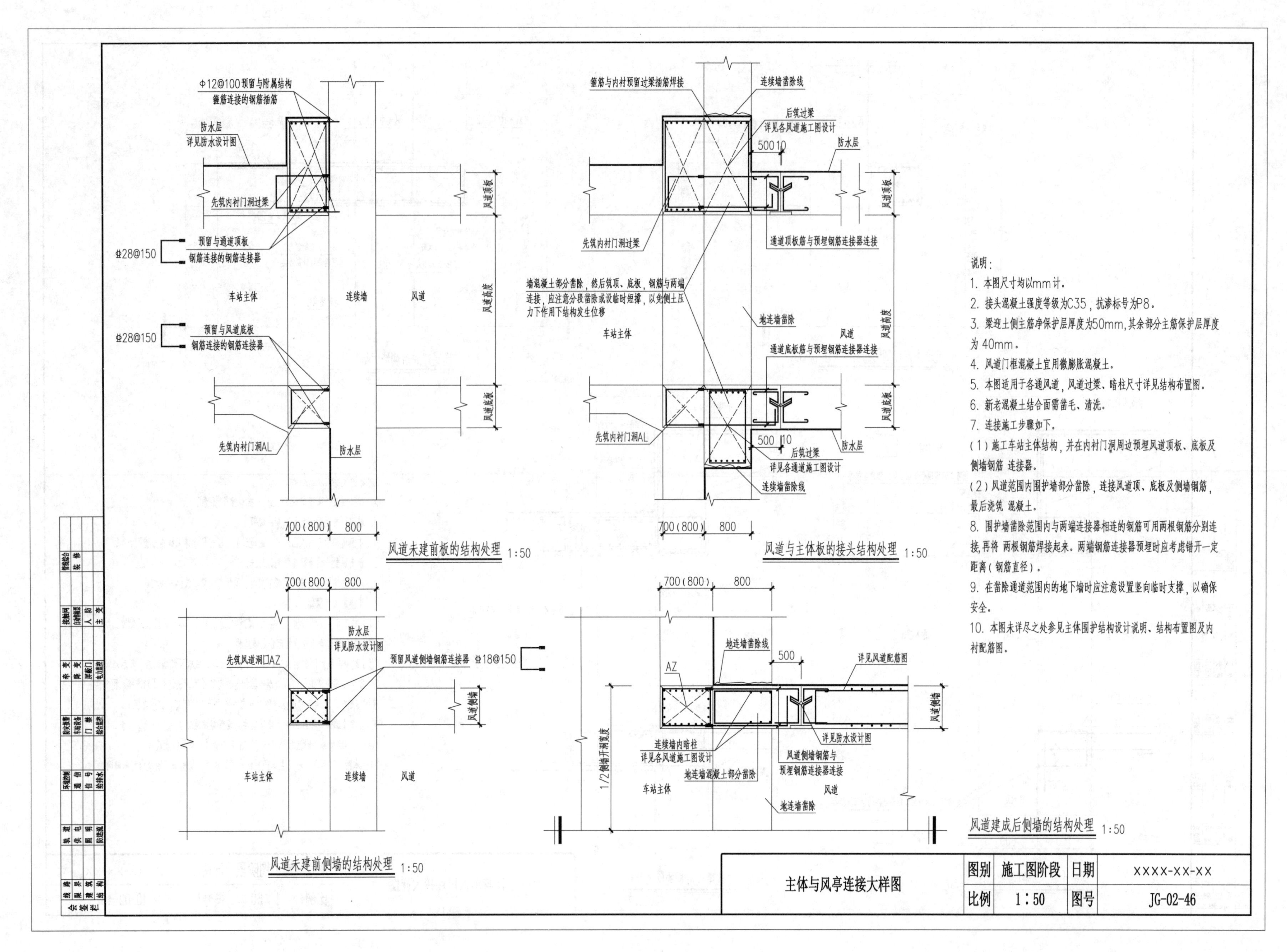
Φ12@100预留与附属结构
箍筋连接的钢筋插筋
防水层
详见防水设计图
先筑内衬门洞过梁
预留与通道顶板
钢筋连接的钢筋连接器
Φ28@150
车站主体
连续墙
风道
风道顶板
风道高度
Φ28@150
预留与风道底板
钢筋连接的钢筋连接器
风道底板
先筑内衬门洞AL
防水层
700(800)
800
风道未建前板的结构处理 1:50
箍筋与内衬预留过梁插筋焊接
连续墙凿除线
后筑过梁
详见各风道施工图设计
500 10
防水层
风道顶板
先筑内衬门洞过梁
通道顶板筋与预埋钢筋连接器连接
墙混凝土部分凿除，然后筑顶、底板，钢筋与两端连接，应注意分段凿除或设临时短撑，以免侧土压力下作用下结构发生位移
地连墙凿除
车站主体
风道
风道高度
通道底板筋与预埋钢筋连接器连接
风道底板
先筑内衬门洞AL
500 10
后筑过梁
详见各通道施工图设计
防水层
连续墙凿除线
700(800)
800
风道与主体板的接头结构处理 1:50
说明：
1. 本图尺寸均以mm计。
2. 接头混凝土强度等级为C35，抗渗标号为P8。
3. 梁迎土侧主筋净保护层厚度为50mm，其余部分主筋保护层厚度为40mm。
4. 风道门框混凝土宜用微膨胀混凝土。
5. 本图适用于各通风道，风道过梁、暗柱尺寸详见结构布置图。
6. 新老混凝土结合面需凿毛、清洗。
7. 连接施工步骤如下。
(1) 施工车站主体结构，并在内衬门洞周边预埋风道顶板、底板及侧墙钢筋 连接器。
(2) 风道范围内围护墙部分凿除，连接风道顶、底板及侧墙钢筋，最后浇筑 混凝土。
8. 围护墙凿除范围内与两端连接器相连的钢筋可用两根钢筋分别连接，再将 两根钢筋焊接起来。两端钢筋连接器预埋时应考虑错开一定距离（钢筋直径）。
9. 在凿除通道范围内的地下墙时应注意设置竖向临时支撑，以确保安全。
10. 本图未详尽之处参见主体围护结构设计说明、结构布置图及内衬配筋图。
700(800)
800
防水层
详见防水设计图
先筑风道洞口AZ
预留风道侧墙钢筋连接器
Φ18@150
风道侧墙
车站主体
连续墙
风道
风道未建前侧墙的结构处理 1:50
700(800)
800
地连墙凿除线
500
AZ
详见风道配筋图
风道侧墙
1/2侧墙开洞宽度
连续墙内暗柱
详见各风道施工图设计
详见防水设计图
风道侧墙钢筋与
预埋钢筋连接器连接
地连墙混凝土部分凿除
车站主体
风道
地连墙凿除
风道建成后侧墙的结构处理 1:50
主体与风亭连接大样图
图别 施工图阶段
日期 XXXX-XX-XX
比例 1:50
图号 JG-02-46

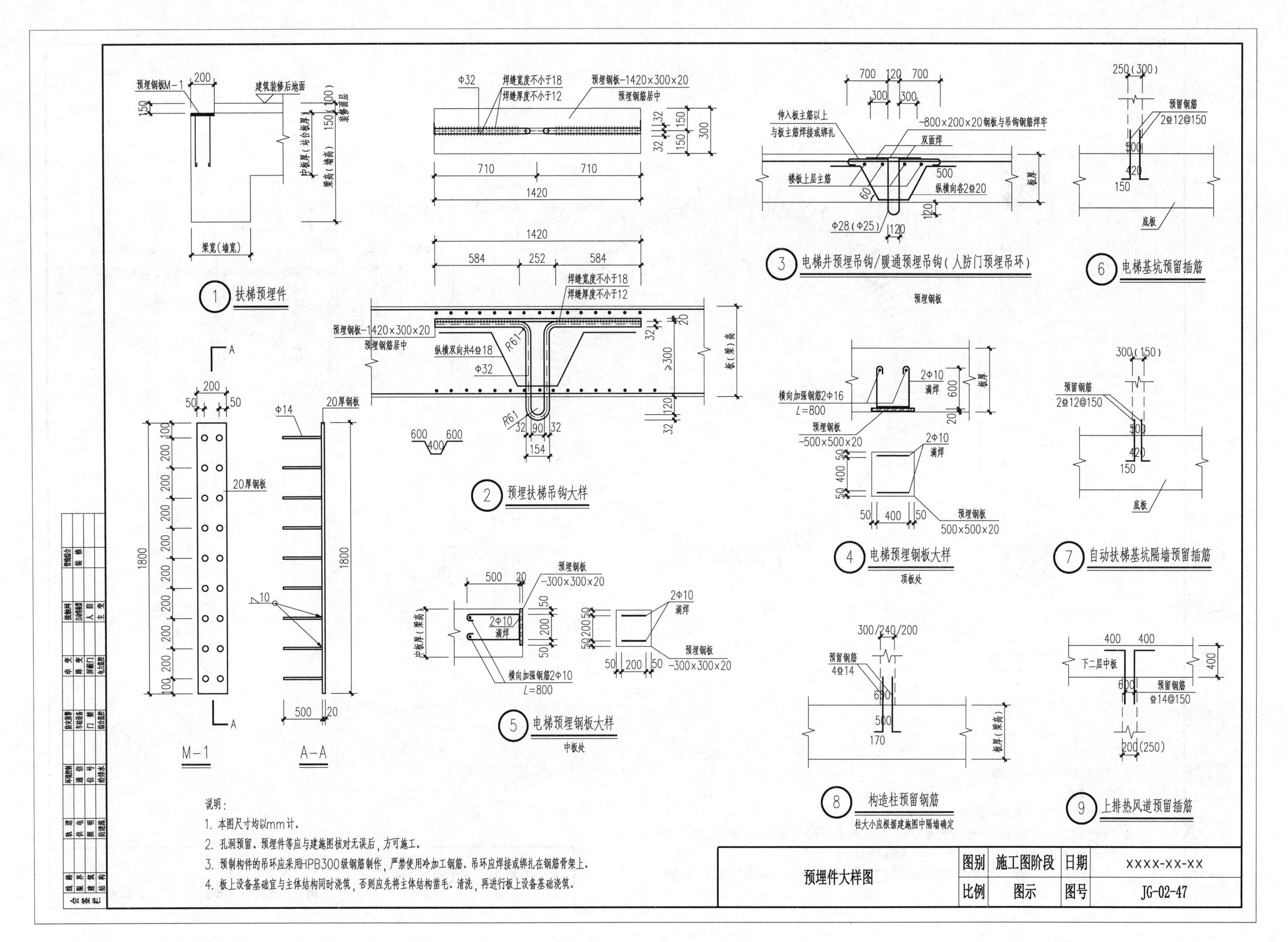
扶梯预埋件
预埋钢板M-1
建筑装修后地面
中板厚（站台板厚）
梁高（墙高）
装修面层
梁宽（墙宽）
M-1
A-A
20厚钢板
预埋扶梯吊钩大样
预埋钢板-1420×300×20
预埋钢筋居中
焊缝宽度不小于18
焊缝厚度不小于12
纵横双向共4Φ18
板（梁）高
电梯井预埋吊钩/暖通预埋吊钩（人防门预埋吊环）
伸入板主筋以上
与板主筋焊接或绑扎
-800×200×20钢板与吊钩钢筋焊牢
双面焊
楼板上层主筋
纵横向各2Φ20
Φ28（Φ25）
预埋钢板
电梯预埋钢板大样
顶板处
横向加强钢筋2Φ16
L=800
预埋钢板
-500×500×20
2Φ10
满焊
板厚
电梯预埋钢板大样
中板处
预埋钢板
-300×300×20
横向加强钢筋2Φ10
L=800
中板厚（梁高）
电梯基坑预留插筋
预留钢筋
2Φ12@150
底板
自动扶梯基坑隔墙预留插筋
构造柱预留钢筋
柱大小应根据建施图中隔墙确定
预留钢筋
4Φ14
上排热风道预留插筋
下二层中板
预留钢筋
Φ14@150
说明：
1. 本图尺寸均以mm计。
2. 孔洞预留、预埋件等应与建施图核对无误后，方可施工。
3. 预制构件的吊环应采用HPB300级钢筋制作，严禁使用冷加工钢筋。吊环应焊接或绑扎在钢筋骨架上。
4. 板上设备基础宜与主体结构同时浇筑，否则应先将主体结构凿毛、清洗，再进行板上设备基础浇筑。
预埋件大样图
图别
施工图阶段
日期
XXXX-XX-XX
比例
图示
图号
JG-02-47

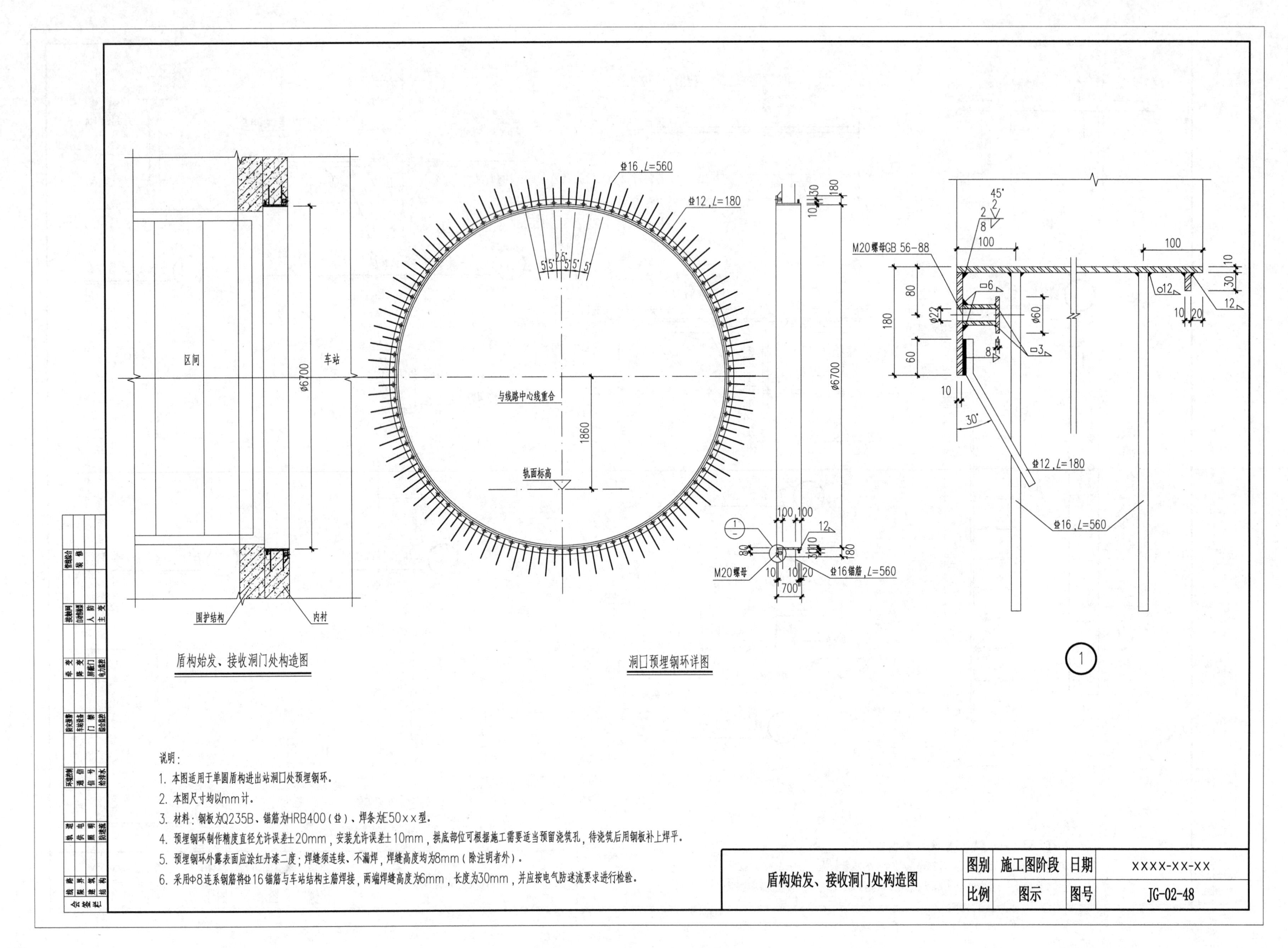

区间
车站
ø6700
围护结构
内衬
盾构始发、接收洞门处构造图
Φ16，L=560
Φ12，L=180
5 5 2.5 5 5 5
与线路中心线重合
1860
轨面标高
洞门预埋钢环详图
M20螺母
Φ16锚筋，L=560
100 100
700
M20螺母GB 56-88
45°
100
ø22
ø60
ø12
30°
Φ12，L=180
Φ16，L=560
说明：
1. 本图适用于单圆盾构进出站洞口处预埋钢环。
2. 本图尺寸均以mm计。
3. 材料：钢板为Q235B、锚筋为HRB400（Φ）、焊条为E50××型。
4. 预埋钢环制作精度直径允许误差±20mm，安装允许误差±10mm，拱底部位可根据施工需要适当预留浇筑孔，待浇筑后用钢板补上焊平。
5. 预埋钢环外露表面应涂红丹漆二度；焊缝须连续、不漏焊，焊缝高度均为8mm（除注明者外）。
6. 采用Φ8连系钢筋将Φ16锚筋与车站结构主筋焊接，两端焊缝高度为6mm，长度为30mm，并应按电气防迷流要求进行检验。
盾构始发、接收洞门处构造图
图别
施工图阶段
日期
XXXX-XX-XX
比例
图示
图号
JG-02-48

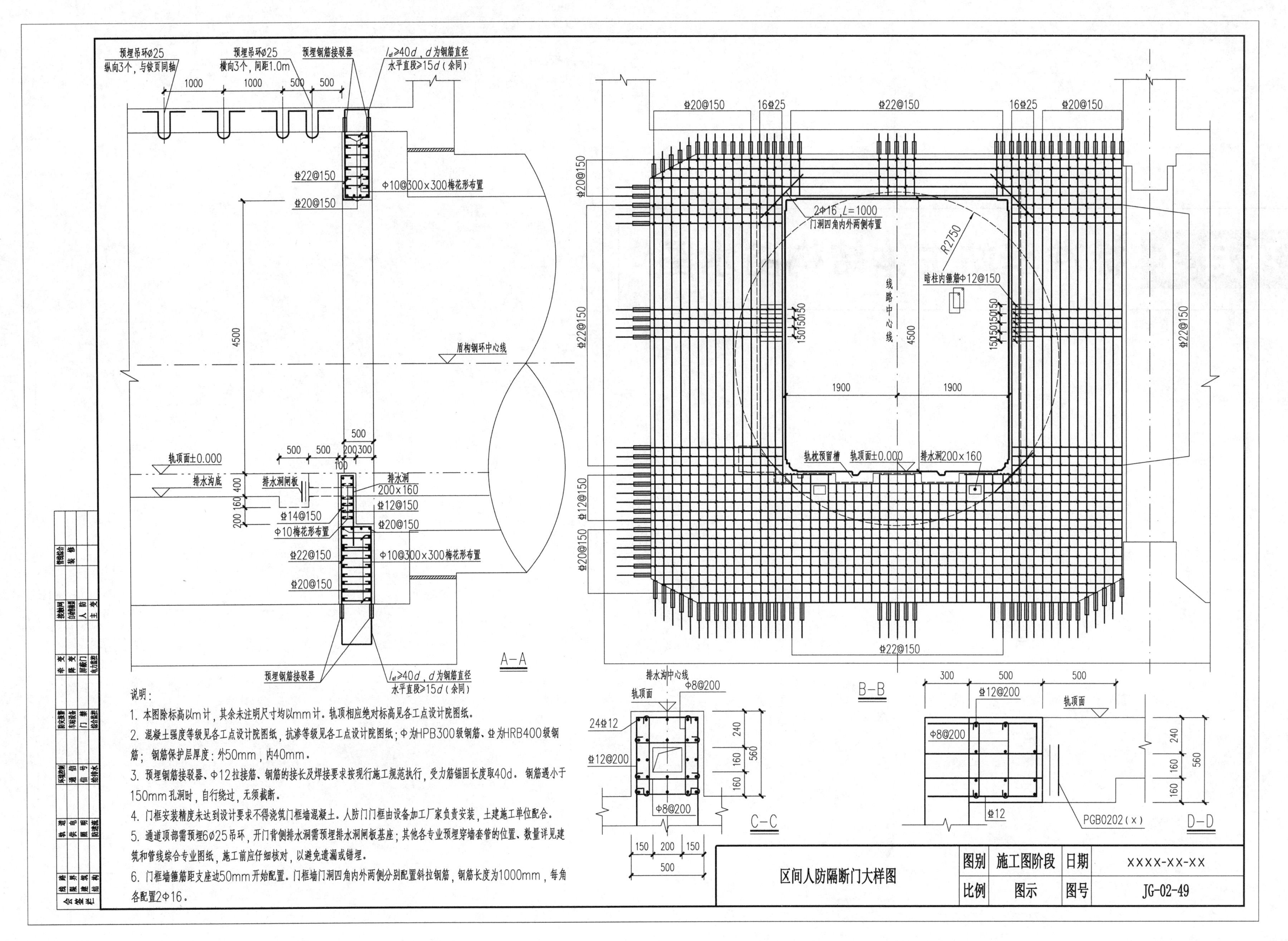
预埋吊环Ø25
纵向3个，与铰页同轴
预埋吊环Ø25
横向3个，间距1.0m
预埋钢筋接驳器
l_{af}≥40d，d为钢筋直径
水平直段≥15d（余同）
Φ22@150
Φ20@150
Φ10@300×300梅花形布置
盾构钢环中心线
轨顶面±0.000
排水沟底
排水洞闸板
排水洞
200×160
Φ14@150
Φ12@150
Φ10梅花形布置
Φ20@150
Φ22@150
Φ10@300×300梅花形布置
Φ20@150
预埋钢筋接驳器
l_{af}≥40d，d为钢筋直径
水平直段≥15d（余同）
A–A
Φ20@150
16Φ25
Φ22@150
16Φ25
Φ20@150
2Φ16，L=1000
门洞四角内外两侧布置
R2750
暗柱内箍筋Φ12@150
线路中心线
4500
1900
1900
轨枕预留槽
轨顶面±0.000
排水洞200×160
Φ12@150
Φ22@150
B–B
排水沟中心线
轨顶面
Φ8@200
24Φ12
Φ12@200
Φ8@200
C–C
Φ12@200
轨顶面
Φ8@200
Φ12
PGB0202（x）
D–D
说明：
1. 本图除标高以m计，其余未注明尺寸均以mm计。轨顶相应绝对标高见各工点设计院图纸。
2. 混凝土强度等级见各工点设计院图纸，抗渗等级见各工点设计院图纸；Φ为HPB300级钢筋、Φ为HRB400级钢筋；钢筋保护层厚度：外50mm，内40mm。
3. 预埋钢筋接驳器、Φ12拉接筋、钢筋的接长及焊接要求按现行施工规范执行，受力筋锚固长度取40d。钢筋遇小于150mm孔洞时，自行绕过，无须截断。
4. 门框安装精度未达到设计要求不得浇筑门框墙混凝土。人防门门框由设备加工厂家负责安装，土建施工单位配合。
5. 通道顶部需预埋6Ø25吊环，开门背侧排水洞需预埋排水洞闸板基座；其他各专业预埋穿墙套管的位置、数量详见建筑和管线综合专业图纸，施工前应仔细核对，以避免遗漏或错埋。
6. 门框墙箍筋距支座边50mm开始配置。门框墙门洞四角内外两侧分别配置斜拉钢筋，钢筋长度为1000mm，每角各配置2Φ16。
区间人防隔断门大样图
图别
施工图阶段
日期
XXXX-XX-XX
比例
图示
图号
JG-02-49

项目3 标准车站主体结构防水图

防水图纸目录

序号	图号	图名	备注
01	JG-05-01	防水设计说明（一）	
02	JG-05-02	防水设计说明（二）	
03	JG-05-03	防水设计说明（三）	
04	JG-05-04	防水设计说明（四）	
05	JG-05-05	防水设计说明（五）	
06	JG-05-06	结构标准横剖面防水图	
07	JG-05-07	结构标准横剖面防水节点图	
08	JG-05-08	施工缝防水图	
09	JG-05-09	施工缝防水大样图	
10	JG-05-10	施工缝防水步序图	
11	JG-05-11	变形缝防水节点图	
12	JG-05-12	洞口预留保护及搭接做法	
13	JG-05-13	近期洞口封堵及盾构井接头防水做法	
14	JG-05-14	后浇带防水做法	
15	JG-05-15	穿墙套管防水做法及止水带详图	
16	JG-05-16	降水井、格构柱、立柱桩封头做法详图	
17	JG-05-17	风亭、出入口防水图（一）	
18	JG-05-18	风亭、出入口防水图（二）	
19	JG-05-19	地下连续墙墙缝防水图	

主体结构图纸目录	图别	施工图阶段	日期	XXXX-XX-XX
	比例		图号	JG-05-00

防水设计说明（一）

一、设计依据

（1）《地下工程防水技术规范》（GB 50108-2008）.

（2）《混凝土结构设计规范（2015年版）》（GB 50010-2010）.

（3）《地铁设计规范》（GB 50157-2013）

（4）《地下防水工程质量验收规范》（GB 50208-2011）.

（5）《地下铁道工程施工质量验收标准》（GB/T 50299-2018）.

（6）《混凝土结构耐久性设计标准》（GB/T 50476-2019）.

（7）《混凝土结构工程施工质量验收规范》（GB 50204-2015）.

（8）《混凝土外加剂应用技术规范》（GB 50119-2013）.

（9）《补偿收缩混凝土应用技术规程》（JGJ/T 178-2009）.

（10）《混凝土膨胀剂》（GB/T 23439-2017）.

（11）《地下工程渗漏治理技术规程》（JGJ/T 212-2010）.

（12）《预铺防水卷材》（GB/T 23457-2017）.

（13）《聚氨酯防水涂料》（GB/T 19250-2013）.

（14）《遇水膨胀止水胶》（JG/T 312-2011）.

（15）《水泥基渗透结晶型防水材料》（GB 18445-2012）.

（16）《自粘聚合物改性沥青防水卷材》（GB 23441-2009）.

（17）《铁路混凝土结构耐久性设计规范》（TB 10005-2010）.

二、防水标准及原则

（1）地下车站和机电设备集中区段、出入口、风亭的防水等级均应为一级，不允许渗水，结构表面无湿渍.

（2）车站工程防水设计：车站主体结构及其附属结构均采用以钢筋混凝土自防水为主、柔性防水层相结合的防排方式.

（3）地下工程变形缝、施工缝、穿墙管盒、预埋件、预留通道接头、车站接头、通道及车站与区间接头、桩头、拐角等细部构造必须加强防水措施.

（4）地铁车站的设计使用年限为100年，环境类别按Ⅰ-B考虑，环境作用等级按Ⅰ级（一般环境）考虑.

三、防水标准及原则

3.1 一般规定

（1）防水混凝土等级应按照结构安全、耐久性、抗渗性、防裂的要求确定，强度等级不应低于C35；设计抗渗等级：一级设防要求时不得小于P8，当工程埋置深度H为20～30m时，设防要求不得小于P10.

（2）混凝土裂缝宽度：迎水面不大于0.2mm，背水面不大于0.3mm，并且不得贯通.

（3）混凝土抗碳化能力，按照理论计算100年碳化深度不超过2cm.

（4）混凝土60d干燥收缩率不大于0.015%.

（5）氯离子含量不应超过胶凝材料总量的0.06%.

3.2 其他规定

（1）防水混凝土的施工配合比应通过试验确定，试配混凝土的抗渗等级应比设计要求提高一级（0.2MPa）.

（2）防水混凝土在满足抗渗等级要求的同时，还应满足抗裂、抗冻和抗侵蚀性等耐久性要求.

（3）防水混凝土的环境温度，不得高于80℃. 处于侵蚀性介质中的防水混凝土的耐侵蚀系数不应小于0.8.

四、材料

4.1 水泥

（1）采用普通硅酸盐水泥时，水泥强度等级不低于42.5级，执行标准《通用硅酸盐水泥》（GB 175-2007/XG1-2009），应标明使用的水泥已掺入的矿物掺和料含量，以便计入混凝土所用矿物掺和量.

（2）水泥用量：满足防水混凝土的强度和抗渗性条件下，尽量减少水泥用量是防止混凝土开裂的一条重要措施，每立方米混凝土的水泥用量控制在260～280kg.

（3）水泥细度：水泥细度不宜过细，水泥比表面积控制在3000cm^2/g.

（4）胶凝时间：要求早期强度不宜过高，从而延缓水化热时间，不得使用早强水泥.

（5）选用铝酸三钙（C_3A）的水泥，其中C_3A含量不得大于8%.

（6）严格控制水泥中化学成分（烧失量、SO_3含量、氯离子含量）的硅酸三钙（C_3S）和C_3A；严格控制水泥中的含碱量，防水混凝土中各类材料的总碱量（Na_2O当量）不得大于3kg/m^3.

4.2 砂、石、水

（1）砂、石、水执行《普通混凝土用砂、石质量及检验方法标准》（JGJ 52-2006）、《混凝土用水标准》（JGJ 63-2006）的有关规定.

（2）砂：宜采用中、粗砂，不得采用海砂，含泥量≤3%，泥块含量≤1%，普通混凝土氯离子含量不应超过胶凝材料总量的0.1%，SO_4^{2-}含量（折算成SO_3，按质量计）≤1%，不得使用碱性活骨料.

（3）防水混凝土应采用石子的最大粒径不大于30mm，宜选用坚固耐久、粒形良好的洁净石子；骨料宜为粒径5～25mm连续级配的粗骨料，泵送时其最大粒径不应大于输送管径的1/4；吸水率不应大于1.5%.

（4）防水混凝土使用的水，应符合以下规定.

①拌制混凝土宜采用饮用水；当采用其他水源时，水质应符合《混凝土用水标准》（JGJ 63-2006）的规定.

②高温季节施工时，水温不宜大于20℃.

4.3 外加剂

4.3.1 粉煤灰

（1）应积极选用优质粉煤灰、外加剂，提高混凝土的工作性、和易性、密实性、抗裂性、耐腐性. 胶凝材料用量根据混凝土使用要求，通过试验配制确定，有抗裂要求的混凝土总胶凝材料用量控制在360～400kg/m^3.

防水设计说明（一）	图别	施工图阶段	日期	xxxx-xx-xx
	比例		图号	JG-05-01

会签栏													
线路		轨道		环境控制		防灾报警		牵变		接触网		管线综合	
限界		供电		通信		车站设备		降变		自动售检票		装修	
建筑		照明		信号		门禁		屏蔽门		人防			
结构		防迷流		给排水		综合监控		电力监控		主变			

防水设计说明(二)

(2)在保证混凝土充分水化和和易性良好的前提下，水胶比不得大于0.45。

(3)粉煤灰的品质应符合现行国家标准《用于水泥和混凝土中的粉煤灰》(GB/T 1596-2017)的有关规定，粉煤灰的级别不应低于Ⅱ级，严禁采用C类粉煤灰和Ⅱ级以下的粉煤灰。严格控制粉煤灰中的细度、烧失量、SO_2的含量，Ⅰ级粉煤灰烧失量不大于5%，Ⅱ级粉煤灰烧失量不大于8%。粉煤灰细度≤25%，需水量比≤105%，SO_3含量≤3%，水溶性氯离子含量≤0.02%。

4.3.2 减水剂

(1)高效减水剂应采用一等品，执行标准《混凝土外加剂》(GB 8076-2008)。

(2)高效减水剂应采用对钢筋无锈蚀的材料。

(3)外加剂(泵送、高效减水剂)的28d收缩率比应小于125%。

4.3.3 膨胀剂

(1)膨胀剂执行标准《混凝土外加剂应用技术规范》(GB 50119-2003)。

(2)掺膨胀剂的大体积混凝土，内外温差宜小于25℃。

4.4 防水混凝土施工要求

(1)防水混凝土结构内部设置的各种钢筋或绑扎铁丝，不得接触模板。用于固定模板的螺栓必须穿过混凝土结构时，可采用工具式螺栓或螺栓堵头，螺栓上应焊方形止水环。拆模后应将留下的凹槽用密封材料堵密实，并用聚合物水泥砂浆抹平。

(2)混凝土从搅拌站卸料到工地的运输时间超过180min后，不得使用。

(3)混凝土入泵坍落度控制在(140±20)mm，入泵前坍落度每小时损失值不应大于20mm，坍落度总损失值不应大于40mm。

(4)混凝土入模温度不得大于30℃，混凝土中心温度与表面温度差值不得大于25℃，混凝土表面温度与大气温度的差值不得大于20℃。

(5)防水混凝土拌合物在运输后如出现离析，必须进行二次搅拌。当坍落度不能满足施工要求时，应加入原水灰比的水泥浆或二次掺加减水剂进行搅拌，严禁直接加水。

(6)确保混凝土搅拌均匀，浇筑过程中宜连续浇筑，振捣要密实，但不能过振、漏振，混凝土拆模应满足有关施工规范的要求。

(7)顶板及与顶板一次浇筑的侧墙防水混凝土应具有补偿收缩功能。

(8)注意浇筑混凝土的高度，防止产生离析和粗骨料沉降。混凝土自高处倾落的自由高度，不应超过2m；浇筑混凝土两泵之间的距离不应大于2m；每次分层浇筑混凝土厚度宜为30~40cm。

(9)防水混凝土的拆模与养护应符合下列规定。

①混凝土的拆模与养护计划应考虑到气候条件、工程部位和断面、养护龄期等，必须达到有关规范对混凝土拆模时强度的要求。

②对于底板和顶板，应在终凝前多次收水抹光，在顶板应蓄水养护或其他措施保湿养护，其他混凝土必须采用保温保湿养护，养护时间不少于14d，冬季保温保湿养护时，两侧风口应有防"穿堂风"的措施，避免干湿交替，并应及时覆土封闭。

③冬期施工，混凝土入模温度不应低于5℃；不得采用电热法或蒸气直接加热法，应采取保湿保温措施。

④通道结构等，宜采用洒水方式养护，亦可涂刷养护剂养护；

⑤通道、风道的侧墙，拆模时间不宜少于3d；拆模前应沿施工缝进行浇水养护；拆模后，应采用涂刷养护剂的方法养护。涂刷养护剂时，必须边拆模边涂刷，不得延误涂刷时间和漏刷。

⑥防水混凝土养护用水用饮用水。

4.5 防水混凝土检测要求

防水混凝土抗渗性能试验应符合现行国家标准《普通混凝土长期性能和耐久性能试验方法标准》(GB/T 50082-2009)的有关规定。防水混凝土验收参见《地下防水工程质量验收规范》(GB 50208-2011)相关说明。

(1)防水混凝土抗渗性能应采用标准条件下养护混凝土抗渗试件的试验结果评定，试件应在混凝土浇筑地点随机取样后制作。

(2)连续浇筑混凝土每500m^3应留置一组6个抗渗试件，且每项工程不得少于两组；采用预拌混凝土的抗渗试件，留置组数应视结构的规模和要求而定。

(3)防水混凝土分项工程检验批的抽样检验数量应按混凝土外露面积每100m^2抽查1处，每处10m^2，且不得少于3处。

(4)电通量的测量要求须满足《铁路混凝土结构耐久性设计规范》(TB 10005-2010)中表5.4.2的要求。

五、附加防水层

5.1 单组分聚氨酯涂料

(1)材料性能要求。

2.5mm单组分聚氨酯涂料材料性能要求见《聚氨酯防水涂料》(GB/T 19250-2013)。

(2)施工技术要求。

①基层处理要求。

a. 顶板结构混凝土浇筑完毕后，用木抹子反复收水压实，使基层表面平整(其平整度用2m靠尺进行检查，直尺与基层之间的间隙不超过5mm，且只允许平缓变化)、坚实、无明水、不掉砂、无油污等存在。

b. 基层表面的气孔、凸凹不平、蜂窝、缝隙、起砂等应进行处理，基面必须干净、无浮浆、无水珠、不渗水，当基层上出现>0.2mm的裂缝时，应骑缝两侧各100mm宽涂刷1mm厚的聚氨酯涂膜防水加强层，然后设置聚酯布增强层，最后涂刷防水层。

c. 所有阴角、阳角部位均应采用50mm×50mm的1:2.5水泥砂浆进行倒角。

防水设计说明(二)	图别	施工图阶段	日期	xxxx-xx-xx
	比例		图号	JG-05-02

防水设计说明（三）

②防水层施工顺序及方法。

a. 基层处理完毕并经验收合格后才能涂抹防水涂料。

b. 涂刷涂料时，先在阴、阳角和施工缝等特殊部位涂刷1mm厚防水涂膜加强层，然后开始大面积地涂抹防水施工，防水层采用多道涂刷（一般3～5道），达到规定的成膜厚度。上下两道涂层涂刷方向应互相垂直，接槎宽度不应小于100mm，当涂膜表面完全固化（不黏手）后，才可进行下道涂膜施工。

c. 在阴、阳角和施工缝等部位需要增设40～60g/m^{2}的聚酯布增强层。涂刷完涂膜加强层后，应立即在加强层涂膜表面粘贴聚酯布增强层，严禁涂膜防水层表面干燥后再铺设聚酯布增强层，最后涂刷大面积防水层。

d. 聚氨酯涂膜防水层施工完毕并经验收合格后，应及时施作防水层的保护层。在浇筑细石混凝土前，须在防水层上覆盖一层350#的纸胎油毡隔离层，立面防水层采用聚苯乙烯（聚乙烯）泡沫塑料板进行保护。

③注意事项。

a. 不得在雨雾雪天气及五级风以上的天气以及施工环境温度低于5℃及高于35℃或烈日暴晒时施工。涂膜固化前如有降雨，应及时做好保护工作。

b. 涂膜防水层不得有露底、开裂、孔洞等缺陷及脱皮、鼓泡、露胎体和皱皮现象，涂膜防水层与基层之间应黏结牢固，不得有空鼓、砂眼、脱层等现象。

c. 涂膜收口部位应连续、牢固，不得出现翘边、空鼓部位。

d. 墙面涂料防水层成膜后应及时施作保护层。固定点数应不少于4点/m^2。

e. 刚性保护层完工前任何人不得进入施工现场，以免破坏防水层，防水层的预留搭接部位应由专人看护。

f. 顶板混凝土达到设计强度后，应及时铺设防水层，均匀覆土夯填，避免结构不均匀受力。在防水保护层以上500mm范围内的回填土应采用透水性差的黏土或亚黏土，不得采用砂土、杂填土等透水性好的土。回填土中不得含有石块、碎石、灰渣及有机杂物等。

5.2 1.5mm厚EVA塑料防水板

明挖结构顶板有绿化要求且覆土小于2m时，应在涂料防水层上表面设置耐根系穿刺层。耐根系穿刺层采用1.5mm厚的EVA塑料防水板，采用空铺法施工。

（1）塑料防水板材耐根系穿刺层的设置范围应超出种植顶板边缘以外的3m，设置塑料防水板耐根系穿刺层的范围内不再另外设置隔离层，但要求塑料防水板与顶板施作的隔离层搭接最少1m。

（2）种植顶板防水等级为一级，结构需进行找坡，坡度宜为1.5%。

（3）塑料防水板的宽度不宜小于2m，防水板之间接缝采用双焊缝热熔焊接，搭接宽度10cm。焊接完毕后采用检漏器进行充气检测，充气压力为0.25MPa，保持该压力不少于15min，允许压力下降10%。如压力持续下降，应查出漏气部位并对漏气部位进行全面的手工补焊。

5.3 1.2mm厚高分子（P类）预铺防水卷材

（1）材料性能要求。

1.2mm厚高分子（P类）预铺防水卷材材料性能要求见《预铺防水卷材》（GB/T 23457-2017）。

（2）施工技术要求。

采用"外防内贴"法铺设预铺式防水卷材时，平面部位采用空铺法铺设，立面采用机械固定法铺设。

①基面处理要求。

a. 铺设防水层的基层表面应清理干净，平整度应满足$D/L \leqslant 1/50$，其中D为相邻两凸面间的最大深度，L为相邻两凸面间的最小距离，并要求凹凸起伏部位应圆滑平缓。所有不满足上述要求的凸出部位应凿除，并用1：2.5的水泥砂浆进行找平；凹坑部位采用1：2.5水泥砂浆填平。基面应洁净、平整、坚实，不得有疏松、起砂、起皮现象。

b. 任何不平整部位均采用1：2.5水泥砂浆圆顺地覆盖处理，当基面条件较差时，可先铺设400g/m^{2}的土工布缓冲层。

c. 基层表面可微潮，但不得有明水流，否则应进行堵水处理或临时引排。

d. 所有阴角均采用1：2.5水泥砂浆做成5cm×5cm的钝角或$R \geqslant$5cm圆角，阳角做2cm×2cm的钝角或$R \geqslant$2cm的圆角。

②防水层施工工艺。

a. 首先在达到设计要求的阴、阳角部位铺设防水卷材加强层。加强层卷材采用单层预铺式卷材，宽度为50cm，厚度同作为防水层的单层卷材厚度。转角两侧各25cm，加强层卷材采用点粘、条粘、边缘部位机械固定等方法固定在基面上。大面防水层应满粘固定在加强层表面。

b. 当有管件等穿过防水层时，应先铺设此部位的加强层卷材。加强层卷材为双面粘材料，采用满粘法固定在基面上，大面防水层也应满粘固定在加强层表面。

c. 防水层采用预铺式卷材时，与现浇混凝土结构外表面密贴面的隔离膜应在浇筑混凝土前撕掉。

d. 防水层采用机械固定法固定于围护结构或垫层上，固定点距卷材边缘2cm处，钉距不大于50cm。钉长不得小于27mm，且配合垫片将防水层牢固地固定在基层表面，垫片直径不小于2cm。避免浇筑混凝土时脱落。

e. 相邻两幅卷材的有效搭接宽度为10cm（不包括钉孔）。要求上幅压下幅进行搭接。搭接时，搭接缝范围内隔离膜必须撕掉（双面粘卷材的两侧隔离膜均要求撕掉）。短边搭接缝应错开1m以上。

f. 对于1.2mm高分子（P类）预铺防水卷材，当长边存在空白边时，其搭接也可采用双焊缝焊接方式，然后采用配套双面粘胶黏带覆盖白边进行处理，保证粘接面朝向后浇结构部分均可满粘，具体做法详见图册中的有关节点。需注意防止过热破坏防水层。搭接边应平整、密贴，不得出现翘边、露胶、虚接、Ω形接缝等现象。

g. 防水层铺设完毕后，在所有施工缝、变形缝部位骑缝铺设加强层，施工缝加强层宽度50cm，变形缝加强层宽度1m。其中施工缝加强层与防水层满粘，变形缝两侧各10cm范围内防水层表面的隔离膜不应撕掉（即此范围防水层与加强层不粘贴），其他部位满粘。

h. 底板防水层铺设完毕，除掉卷材的隔离膜，并立即浇筑50mm厚混凝土保护层，侧墙防水层应采取临时保护措施，避免防水层受到破坏。

i. 防水层破损部位应采用同材质材料进行修补，补丁满粘在破损部位，补丁四周距破损边缘的最小距离不小于10cm。补丁胶粘层应面向现浇混凝土。

防水设计说明（三）	图别	施工图阶段	日期	xxxx-xx-xx
	比例		图号	JG-05-03

防水设计说明（四）

（3）注意事项。

①雨雪天气以及五级风以上的天气不得施工。

②外界气温过低，影响搭接缝粘接质量时，应将接缝范围的胶粘层加热后粘贴。要求搭接缝粘接密封不透水。

③任何搭接缝部位均不得出现翘边、空鼓、皱褶。

④底板防水层隔离膜边撕掉边浇筑细石混凝土保护层，严禁撕掉隔离膜后长时间暴露。所有预留甩槎范围的隔离膜在进行搭接前严禁提前撕掉。

⑤预留洞口位置防水层隔离膜需结合实际工程情况进行调整，以防出现防水层与后浇混凝土粘接牢固无法返转或无法取出隔离膜、保护板的现象。

5.4 防水构件

5.4.1 钢边橡胶止水带施工技术要求

（1）钢边橡胶止水带用于变形缝位置，为中孔型。止水带宽度均为35cm，橡胶厚度为10mm，钢板为镀锌钢板，厚度为1mm。

（2）中埋式钢边橡胶止水带的定位要求同施工缝镀锌钢板止水带。现场对接时应采用现场热硫化对接，对接接头应不多于两处，且应设置在应力最小的部位，不得设置在结构转角处。

（3）钢边橡胶止水带材料性能要求见《高分子防水材料　第2部分：止水带》（GB 18173.2—2014）。

5.4.2 外贴式止水带施工技术要求

（1）明挖结构外贴式止水带材质为橡胶类，与防水层密贴设置（可采用1.2mm厚双面粘丁基橡胶卷材与防水层粘接）。

（2）止水带的纵向中心线应与接缝对齐，误差不得大于10mm。

（3）止水带安装完毕后，不得出现翘边、过大的空鼓等部位，以免灌注混凝土时止水带出现过大的扭曲、移位。

（4）转角部位的止水带齿条容易出现倒伏，应采用转角预制件或采取其他防止齿条倒伏的措施。

（5）止水带表面严禁施作混凝土保护层，应确保止水带齿条与结构现浇混凝土咬合密实；浇筑混凝土时，平面设置的止水带表面不得有泥污、堆积杂物等，否则必须清理干净，以免影响止水带与现浇混凝土咬合的密实性。

（6）外贴式止水带材料性能要求见《丁基橡胶防水密封胶粘带》（JC/T 942—2004）。

5.4.3 镀锌钢板止水带施工技术要求

（1）镀锌钢板止水带的宽度为30cm，厚度为3mm，采用Q235B钢板热镀锌处理，镀锌层厚度不小于30μm。

（2）止水带采用铁丝或焊接固定在结构钢筋上，固定间距40cm。要求固定牢固可靠，避免浇筑和振捣混凝土时固定点脱落导致止水带倒伏、扭曲影响止水效果。止水带应定位准确，固定牢固。特别是模板封口板应固定牢固，避免胀模影响止水带的定位精度。

（3）止水带采用现场搭接与交叉连接均应满焊，焊接部位应牢固、严密、不透水，对接接头两侧的止水带轴线偏差不得大于5mm。

（4）止水带均设置在结构中线位置，结构两侧厚度差均不得大于5cm。止水带的纵向轴线与施工缝表面的距离差不得大于3cm。

（5）水平设置的止水带在结构平面部位宜采用盆式安装，盆式开孔向上，保证浇捣混凝土时混凝土内产生的气泡顺利排出。

（6）振捣施工缝部位的混凝土时，应注意振捣棒不得接触止水带。

（7）止水带部位的混凝土必须振捣充分，保证止水带与混凝土咬合密实，这是止水带发挥止水作用的关键，应确保做好。振捣时严禁振捣棒触及止水带。

（8）无法设置止水带的特殊部位，应采用双道遇水膨胀止水胶+注浆管的方式进行防水处理。

5.4.4 遇水膨胀止水胶施工技术要求

遇水膨胀止水胶均指聚氨酯遇水膨胀止水胶，为非定型产品，采用专用注胶枪挤出后粘贴在施工缝表面，固化成型后的断面尺寸为（8~10）mm×（18~20）mm。

（1）施作止水胶前需保证混凝土基面已涂刷水泥基渗透结晶防水涂料。如水泥基渗透结晶防水涂料发生粉化，需及时清理干净，保证基面与止水胶的粘接。

（2）施工缝表面必须坚实、相对平整，不得有蜂窝、起砂等部位，否则应予以清除。

（3）施做止水胶前，需在施工缝表面预留凹槽。纵向施工缝凹槽的预留可采用断面尺寸为（4~5）mm×（18~20）mm的木条在混凝土初凝后进行压槽，环向施工缝可采用端模表面固定木条、橡胶条等方式进行。

（4）止水胶任意一侧混凝土的厚度应大于钢筋混凝土保护层厚度+受力钢筋直径，或不小于70~100mm。

（5）遇水膨胀止水胶材料性能要求见《遇水膨胀止水胶》（JC/T 312—2011）。

六、特殊部位的处理方法

细部构造包括施工缝、诱导缝、变形缝、不同防水材料过渡、穿墙管等部位。

环向施工缝的间距不应超过三跨。所有环向、纵向施工缝表面均应按照《地下工程防水技术规范》及《地铁设计规范》中关于施工缝表面的处理要求施工。

6.1 施工缝防水技术要求

（1）施工缝部位防水加强做法分为以下几种。

①一级设防明挖结构迎水面施工缝采用镀锌钢板止水带+注浆管进行防水处理。

②特殊部位（如洞口、隧道变断面、暗梁暗柱、后期封堵等部位）无法设置钢边橡胶止水带的部位，采用双道止水胶+注浆管进行防水处理。

③非迎水面楼板施工缝采用膨润土橡胶止水条进行防水处理。

（2）环向施工缝的留设以结构施工步序为准。一般情况下，明挖结构底板分段长度不宜超过24m，侧墙和顶板分段长度不宜超过16m，并宜采用跳槽分段的方法施工。墙体纵向施工缝不应留在剪力最大处或底板与侧墙的交接处，应留在高出底板表面不小于300mm的墙体上。墙体有预留孔洞时，施工缝距孔洞边缘不应小于300mm。

会签栏							
	线路	轨道	环境控制	防灾报警	牵变	接触网	管线综合
	限界	供电	通信	车站设备	降变	自动售检票	装修
	建筑	照明	信号	门禁	屏蔽门	人防	
	结构	防迷流	给排水	综合监控	电力监控	主变	

防水设计说明（四）	图别	施工图阶段	日期	XXXX-XX-XX
	比例		图号	JG-05-04

防水设计说明(五)

(3)施工缝表面应坚实、平整,不得有浮浆、油污、疏松、空洞、碎石团等,否则应予以清除。

(4)环向施工缝应避开地下水和裂隙水较多的地段。

(5)纵向施工缝浇灌混凝土前,应将其表面浮浆和杂物清除,然后涂刷水泥基渗透结晶防水涂料,待施工缝防水构造措施就位后,浇筑混凝土前再铺30~50mm厚的1:1水泥砂浆,并及时浇筑混凝土。

(6)环向施工缝浇筑混凝土前,应将其表面凿毛并清理干净,涂刷水泥基渗透结晶防水涂料,待施工缝防水构造措施就位后及时浇灌混凝土,同时要保证混凝土振捣质量,及时清除混凝土浮浆。

(7)结构环向、纵向施工缝,均涂刷优质水泥基渗透结晶型防水材料作为界面剂,用量不少于1.5kg/m^2。

(8)车站的楼板施工缝均采用断面尺寸为20mm×10mm的膨润土橡胶遇水膨胀止水条以加强防水,要求施工缝中线位置预留凹槽,止水条设置在凹槽内,并应与凹槽底面密贴,安装应牢固,必要时可采用水泥钉固定。如施工缝表面未预留凹槽,则必须采用遇水膨胀止水胶,挤出后粘贴在施工缝中线位置。

(9)迎水面施工缝外表面需设置防水加强,具体做法详见图册中有关节点。

6.2 变形缝防水技术要求

(1)侧墙和底板采用中埋式钢边橡胶止水带+外贴式止水带+预埋注浆管的方法进行防水处理。

(2)明挖结构由于顶板无法设置外贴式止水带,可采用结构外侧变形缝内嵌缝密封的方法与侧墙外贴式止水带进行过渡连接形成封闭防水,侧墙和顶板结构内表面变形缝部位预留200mm×30mm的凹槽,设置1.0mm厚的不锈钢板接水盒。

(3)变形缝两侧的结构厚度不同时,无法设置背贴式止水带。此时需要将变形缝两侧的结构做等厚度处理,在距变形缝不小于30cm以外的部位再进行变断面处理,这样不但利于柔性防水层的铺设质量,而且可设置背贴式止水带,确保变形缝部位的防水效果。

(4)接水盒在底板伸入装修层,需在装修层内设置排水沟或排水管,引入最近的排水通道。排水沟表面需施作10mm厚聚合物水泥砂浆防水层。排水沟及排水管具体做法详见有关专业图纸。

(5)变形缝迎水侧设置防水加强层,具体做法详图册中有关节点。

6.3 其他

(1)环控机房的底板顶面及站台层机电设备用房的顶板顶面均需涂一层2mm厚单组分聚氨酯涂料,再进行细石混凝土面层的施工。

(2)抗拔桩、临时立柱桩头防水构造详见大样图。

(3)其他未提及的特殊部位做法详见本图册中的相关节点构造及说明。

七、特别说明

(1)主体与附属相接处主体接口钢筋接驳器务必埋设到位。后期破除主体围护墙时,务必保证附属结构和主体结构的钢筋有效连接。

(2)主体结构防水层施工时,在主体侧墙洞口处的防水处理务必按照防水节点做法施工,内外两层10mm厚复合板保护层务必施工到位,以免后期凿除主体围护墙体时破坏主体预留的防水层。

(3)预铺防水卷材物理性能指标满足设计及检验要求后方可使用。

会签栏														
	线路		轨道		环境控制		防灾报警		牵变		接触网		管线综合	
	限界		供电		通信		车站设备		降变		自动售检票		装修	
	建筑		照明		信号		门禁		屏蔽门		人防			
	结构		防迷流		给排水		综合监控		电力监控		主变			

防水设计说明(五)	图别	施工图阶段	日期	XXXX-XX-XX
	比例		图号	JG-05-05

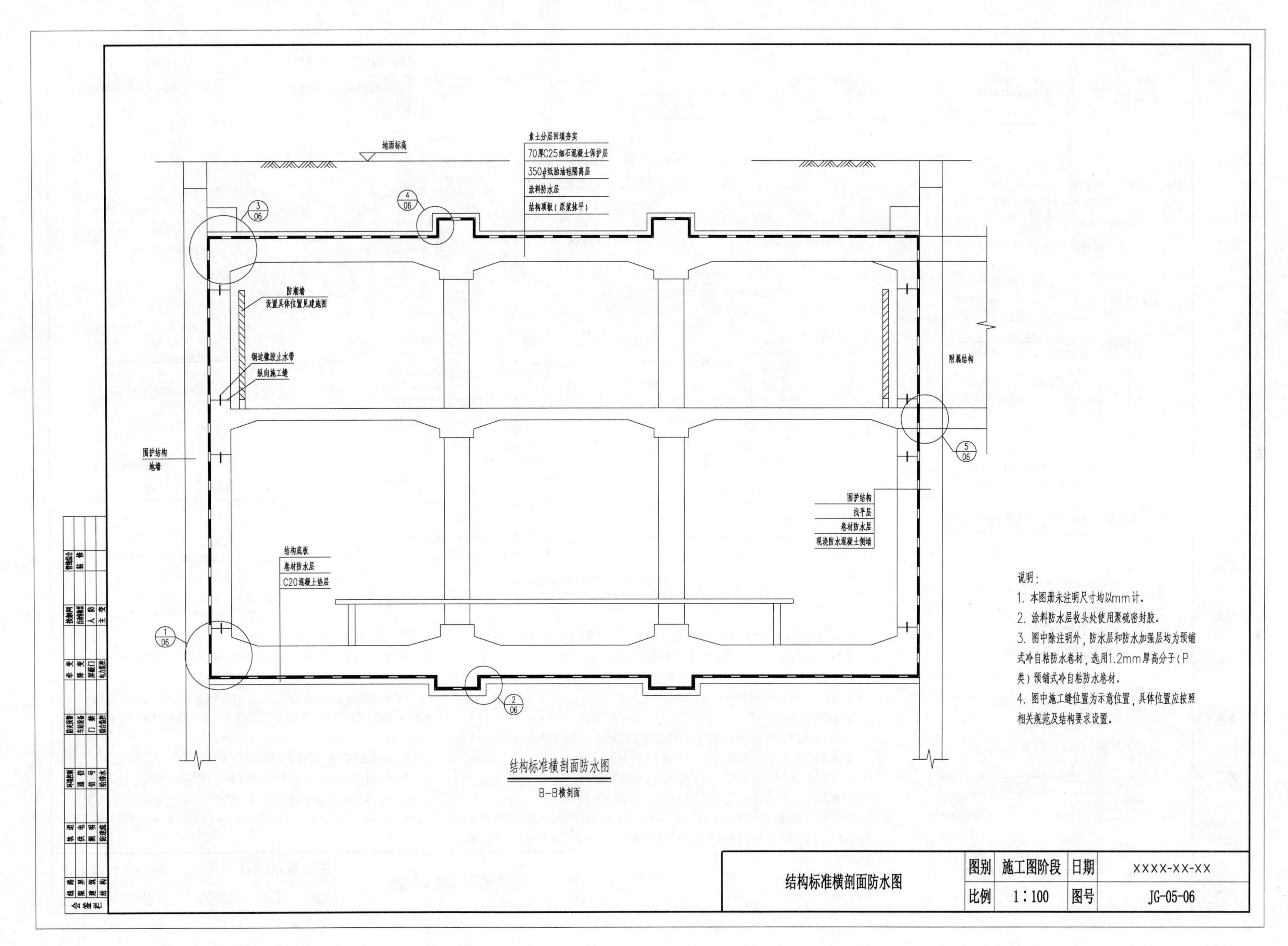

地面标高
素土分层回填夯实
70厚C25细石混凝土保护层
350#纸胎油毡隔离层
涂料防水层
结构顶板（原浆抹平）
防潮墙
设置具体位置见建施图
钢边橡胶止水带
纵向施工缝
附属结构
围护结构
地墙
围护结构
找平层
卷材防水层
现浇防水混凝土侧墙
结构底板
卷材防水层
C20混凝土垫层
说明：
1. 本图册未注明尺寸均以mm计。
2. 涂料防水层收头处使用聚硫密封胶。
3. 图中除注明外，防水层和防水加强层均为预铺式冷自粘防水卷材，选用1.2mm厚高分子（P类）预铺式冷自粘防水卷材。
4. 图中施工缝位置为示意位置，具体位置应按照相关规范及结构要求设置。
结构标准横剖面防水图
B-B横剖面
结构标准横剖面防水图
图别
施工图阶段
日期
XXXX-XX-XX
比例
1：100
图号
JG-05-06

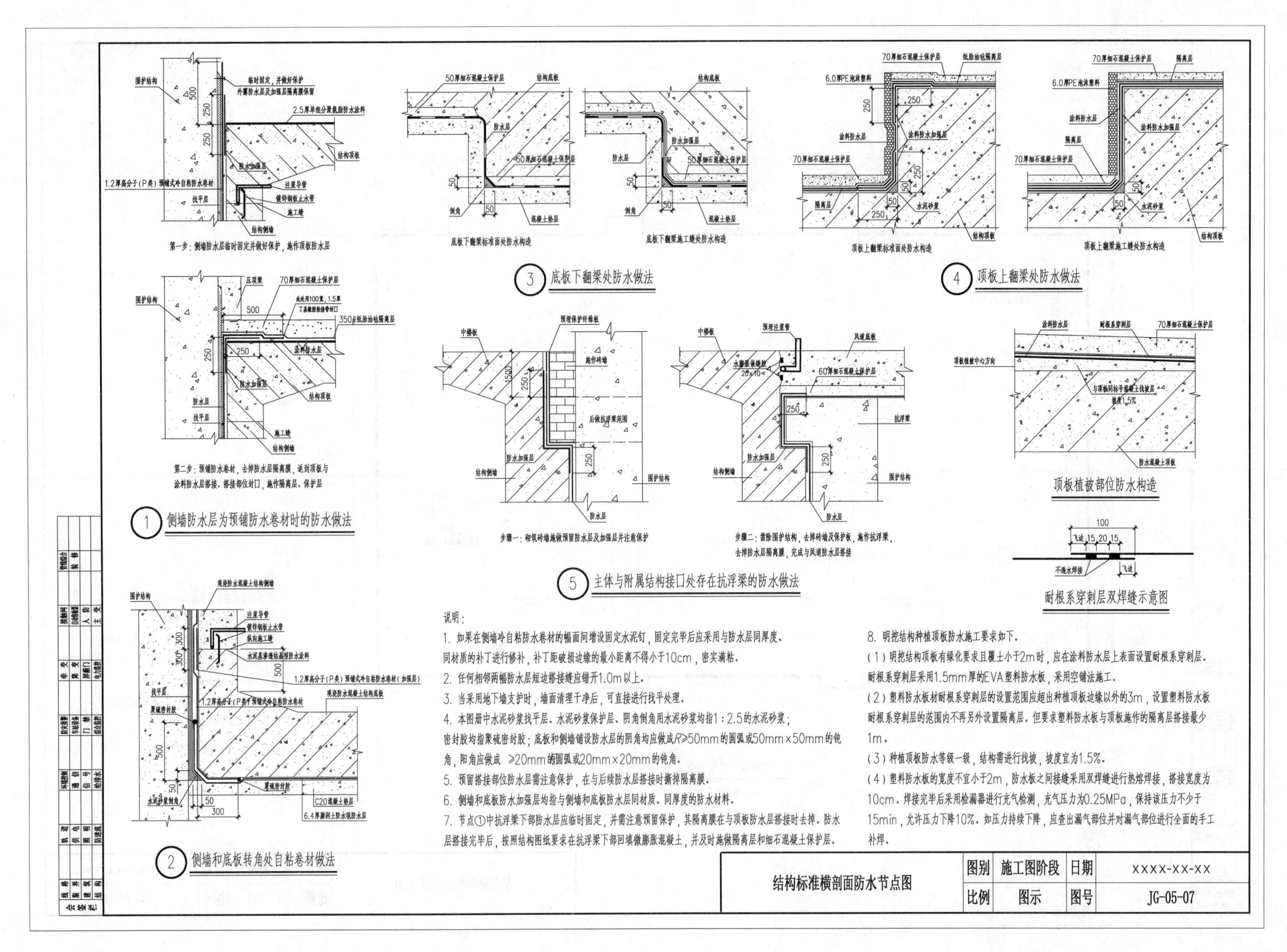
1 侧墙防水层为预铺防水卷材时的防水做法
第一步：侧墙防水层临时固定并做好保护，施作顶板防水层
第二步：预铺防水卷材，去掉防水层隔离膜，返到顶板与涂料防水层搭接，搭接部位封口，施作隔离层、保护层
2 侧墙和底板转角处自粘卷材做法
3 底板下翻梁处防水做法
底板下翻梁标准面处防水构造
底板下翻梁施工缝处防水构造
4 顶板上翻梁处防水做法
顶板上翻梁标准面处防水构造
顶板上翻梁施工缝处防水构造
5 主体与附属结构接口处存在抗浮梁的防水做法
步骤一：砌筑砖墙施做预留防水层及加强层并注意保护
步骤二：凿除围护结构，去掉砖墙及保护板，施作抗浮梁，去掉防水层隔离膜，完成与风道防水层搭接
顶板植被部位防水构造
耐根系穿刺层双焊缝示意图
说明：
1. 如果在侧墙冷自粘防水卷材的幅面间增设固定水泥钉，固定完毕后应采用与防水层同厚度、同材质的补丁进行修补，补丁距破损边缘的最小距离不得小于10cm，密实满粘。
2. 任何相邻两幅防水层短边搭接缝应错开1.0m以上。
3. 当采用地下墙支护时，墙面清理干净后，可直接进行找平处理。
4. 本图册中水泥砂浆找平层、水泥砂浆保护层、阴角倒角用水泥砂浆均指1：2.5的水泥砂浆；密封胶均指聚硫密封胶；底板和侧墙铺设防水层的阴角均应做成R≥50mm的圆弧或50mm×50mm的钝角，阳角应做成 ≥20mm的圆弧或20mm×20mm的钝角。
5. 预留搭接部位防水层需注意保护，在与后续防水层搭接时撕掉隔离膜。
6. 侧墙和底板防水加强层均指与侧墙和底板防水层同材质、同厚度的防水材料。
7. 节点①中抗浮梁下部防水层应临时固定，并需注意预留保护，其隔离膜在与顶板防水层搭接时去掉。防水层搭接完毕后，按照结构图纸要求在抗浮梁下部回填微膨胀混凝土，并及时施做隔离层和细石混凝土保护层。
8. 明挖结构种植顶板防水施工要求如下。
（1）明挖结构顶板有绿化要求且覆土小于2m时，应在涂料防水层上表面设置耐根系穿刺层。耐根系穿刺层采用1.5mm厚的EVA塑料防水板，采用空铺法施工。
（2）塑料防水板材耐根系穿刺层的设置范围应超出种植顶板边缘以外的3m，设置塑料防水板耐根系穿刺层的范围内不再另外设置隔离层。但要求塑料防水板与顶板施作的隔离层搭接最少1m。
（3）种植顶板防水等级一级，结构需进行找坡，坡度宜为1.5%。
（4）塑料防水板的宽度不宜小于2m，防水板之间接缝采用双焊缝进行热熔焊接，搭接宽度为10cm。焊接完毕后采用检漏器进行充气检测，充气压力为0.25MPa，保持该压力不少于15min，允许压力下降10%。如压力持续下降，应查出漏气部位并对漏气部位进行全面的手工补焊。
结构标准横剖面防水节点图
图别 施工图阶段 日期 XXXX-XX-XX
比例 图示 图号 JG-05-07

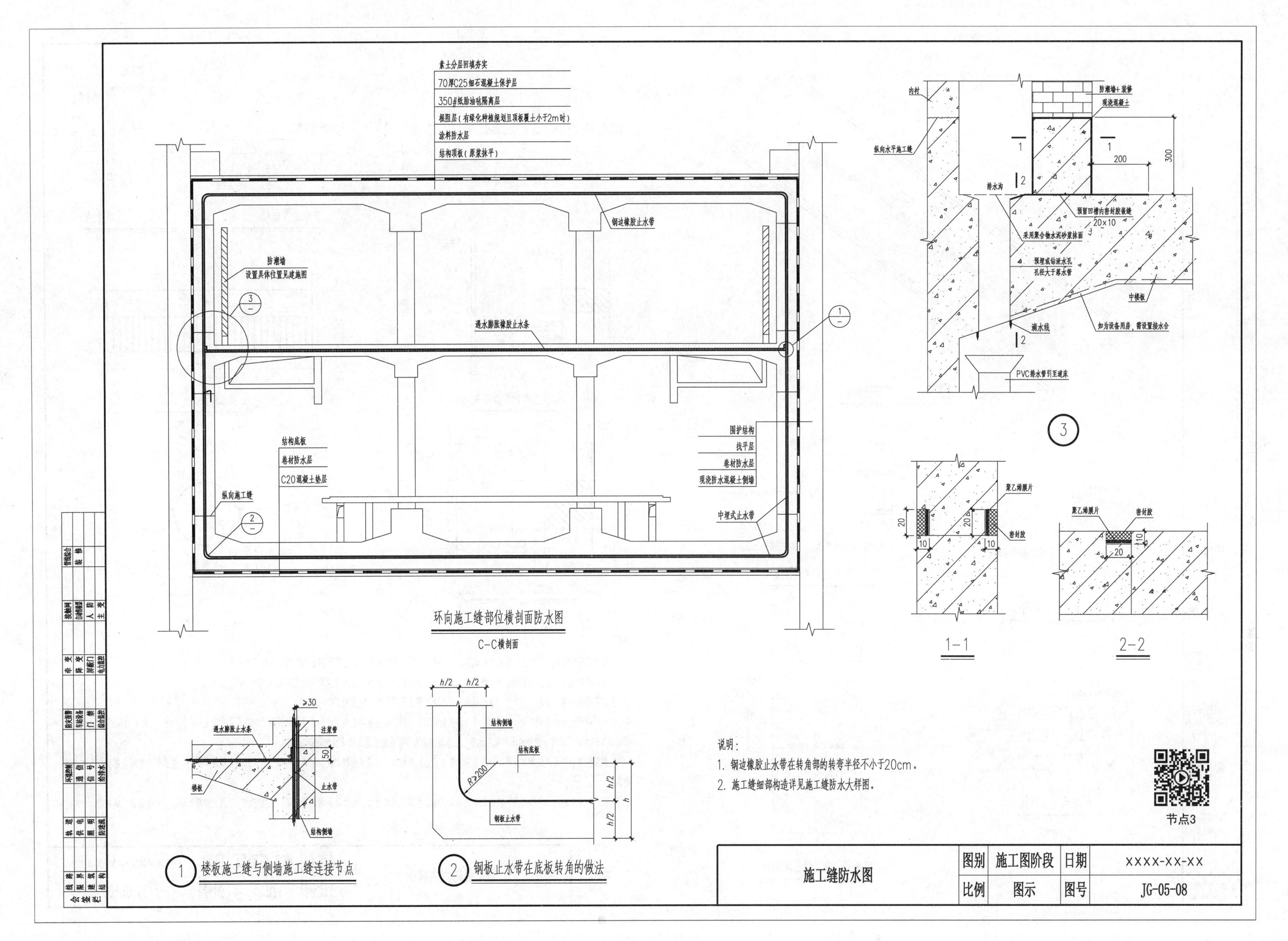

说明：

1. 钢边橡胶止水带在转角部的转弯半径不小于20cm。
2. 施工缝细部构造详见施工缝防水大样图。

施工缝防水图	图别	施工图阶段	日期	XXXX-XX-XX
	比例	图示	图号	JG-05-08

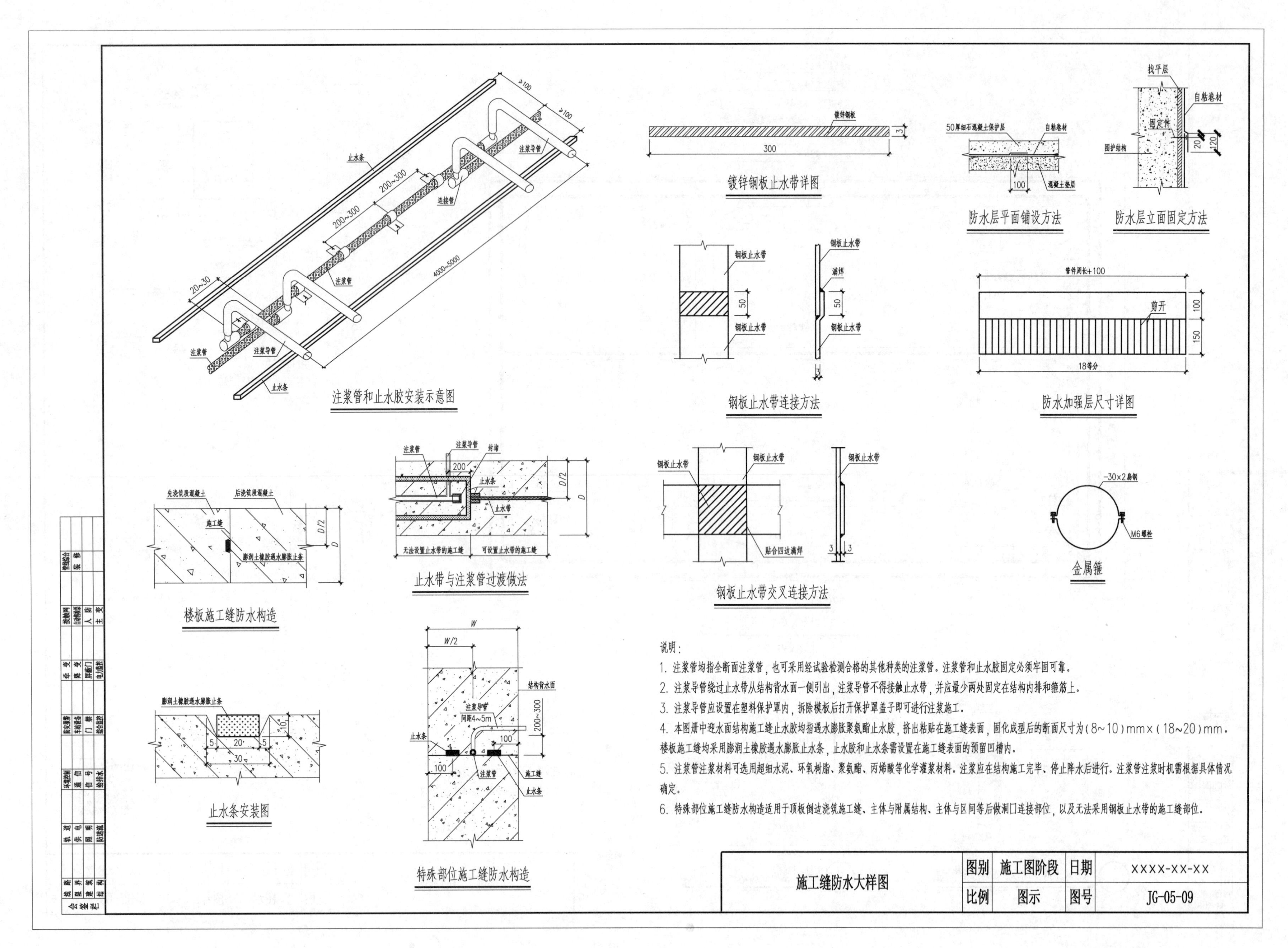
注浆管和止水胶安装示意图
止水条
注浆导管
连接管
注浆管
200~300
4000~5000
20~30
≥100
镀锌钢板止水带详图
镀锌钢板
300
3
防水层平面铺设方法
50厚细石混凝土保护层
自粘卷材
混凝土垫层
100
防水层立面固定方法
找平层
自粘卷材
固定件
围护结构
20
120
钢板止水带连接方法
钢板止水带
满焊
50
防水加强层尺寸详图
管件周长+100
剪开
18等分
100
150
楼板施工缝防水构造
先浇筑段混凝土
后浇筑段混凝土
施工缝
膨润土橡胶遇水膨胀止水条
D/2
D
止水带与注浆管过渡做法
注浆管
注浆导管
封堵
止水条
止水带
200
无法设置止水带的施工缝
可设置止水带的施工缝
钢板止水带交叉连接方法
钢板止水带
贴合四边满焊
3
金属箍
-30×2扁钢
M6螺栓
止水条安装图
膨润土橡胶遇水膨胀止水条
5
20
10
30
特殊部位施工缝防水构造
W
W/2
结构背水面
注浆导管
间距4~5m
200~300
100
止水条
注浆管
施工缝
说明：
1. 注浆管均指全断面注浆管，也可采用经试验检测合格的其他种类的注浆管。注浆管和止水胶固定必须牢固可靠。
2. 注浆导管绕过止水带从结构背水面一侧引出，注浆导管不得接触止水带，并应最少两处固定在结构内排和箍筋上。
3. 注浆导管应设置在塑料保护罩内，拆除模板后打开保护罩盖子即可进行注浆施工。
4. 本图册中迎水面结构施工缝止水胶均指遇水膨胀聚氨酯止水胶，挤出粘贴在施工缝表面，固化成型后的断面尺寸为（8~10）mm×（18~20）mm。楼板施工缝均采用膨润土橡胶遇水膨胀止水条，止水胶和止水条需设置在施工缝表面的预留凹槽内。
5. 注浆管注浆材料可选用超细水泥、环氧树脂、聚氨酯、丙烯酸等化学灌浆材料。注浆应在结构施工完毕、停止降水后进行。注浆管注浆时机需根据具体情况确定。
6. 特殊部位施工缝防水构造适用于顶板倒边浇筑施工缝、主体与附属结构、主体与区间等后做洞口连接部位，以及无法采用钢板止水带的施工缝部位。
施工缝防水大样图
图别
施工图阶段
日期
XXXX-XX-XX
比例
图示
图号
JG-05-09

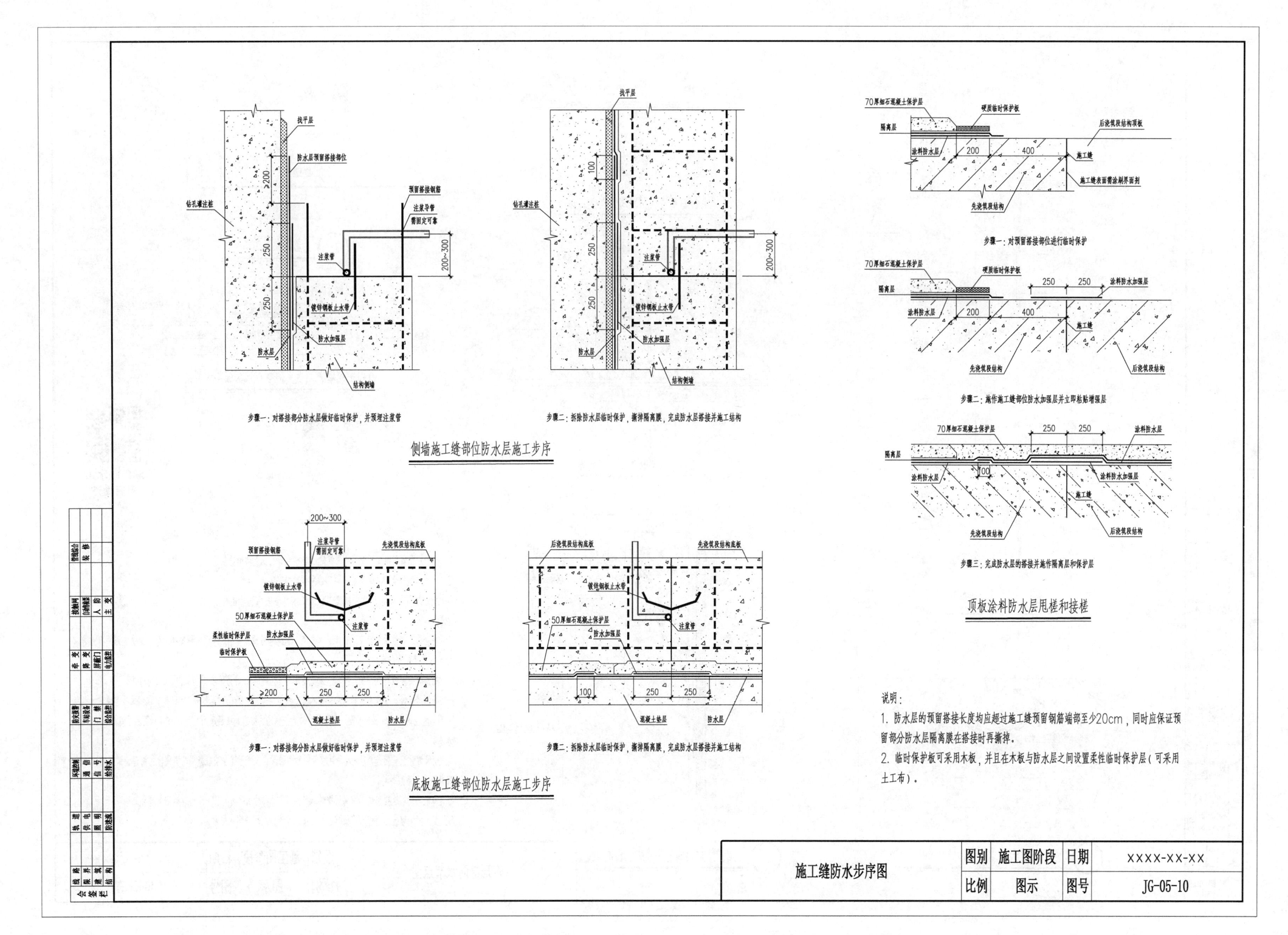
找平层
防水层预留搭接部位
预留搭接钢筋
注浆导管
需固定可靠
钻孔灌注桩
注浆管
镀锌钢板止水带
防水加强层
防水层
结构侧墙
200
250
250
200~300
100
步骤一：对搭接部分防水层做好临时保护，并预埋注浆管
步骤二：拆除防水层临时保护，撕掉隔离膜，完成防水层搭接并施工结构
侧墙施工缝部位防水层施工步序
70厚细石混凝土保护层
硬质临时保护板
隔离层
涂料防水层
后浇筑段结构顶板
施工缝
施工缝表面需涂刷界面剂
先浇筑段结构
后浇筑段结构
涂料防水加强层
400
步骤一：对预留搭接部位进行临时保护
步骤二：施作施工缝部位防水加强层并立即粘贴增强层
步骤三：完成防水层的搭接并施作隔离层和保护层
顶板涂料防水层甩槎和接槎
先浇筑段结构底板
后浇筑段结构底板
50厚细石混凝土保护层
柔性临时保护层
临时保护板
混凝土垫层
≥200
步骤一：对搭接部分防水层做好临时保护，并预埋注浆管
步骤二：拆除防水层临时保护，撕掉隔离膜，完成防水层搭接并施工结构
底板施工缝部位防水层施工步序
说明：
1. 防水层的预留搭接长度均应超过施工缝预留钢筋端部至少20cm，同时应保证预留部分防水层隔离膜在搭接时再撕掉。
2. 临时保护板可采用木板，并且在木板与防水层之间设置柔性临时保护层（可采用土工布）。
施工缝防水步序图
图别
施工图阶段
日期
XXXX-XX-XX
比例
图示
图号
JG-05-10

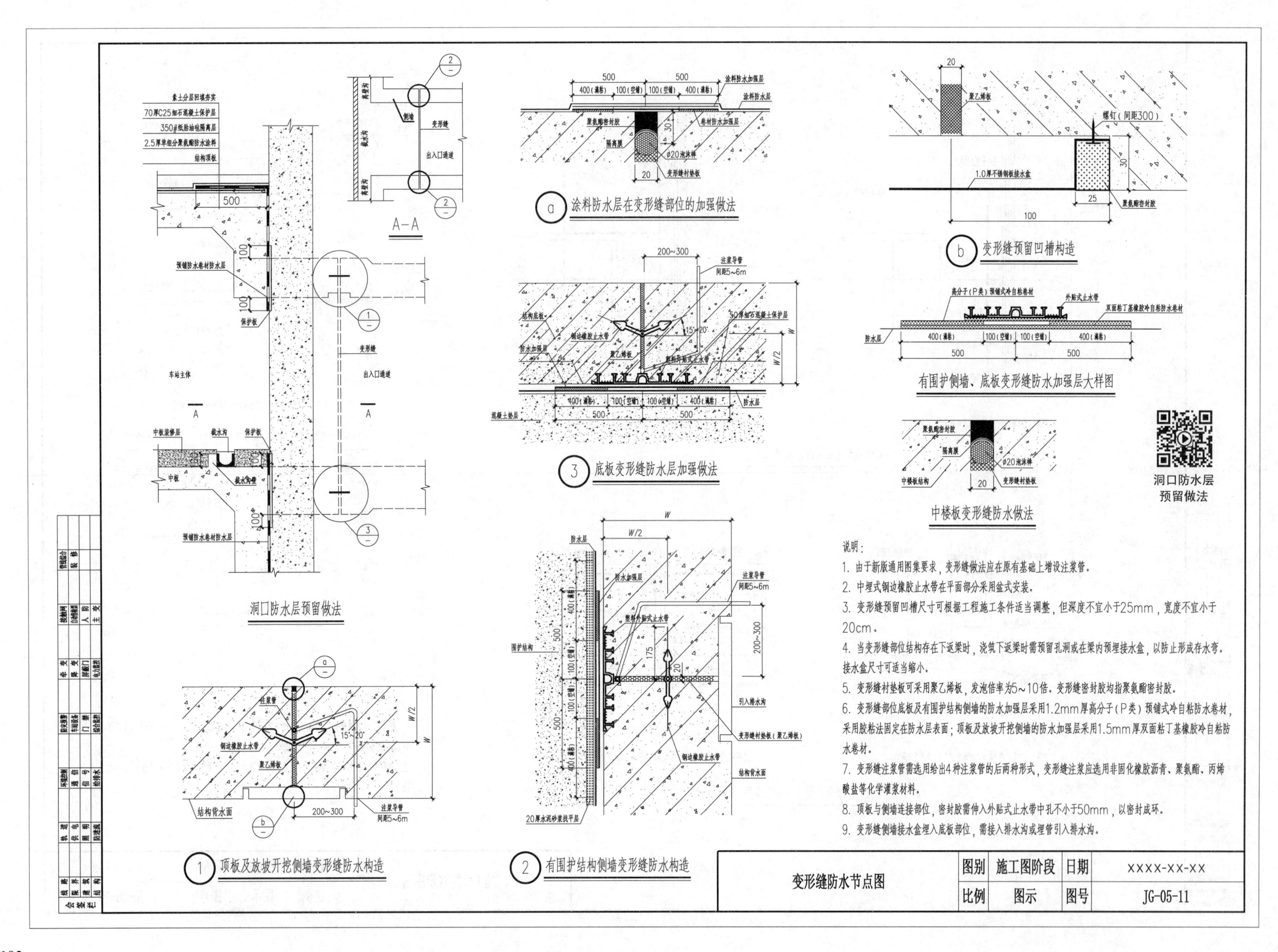

素土分层回填夯实
70厚C25细石混凝土保护层
350#纸胎油毡隔离层
2.5厚单组分聚氨酯防水涂料
结构顶板
500
预铺防水卷材防水层
保护板
车站主体
出入口通道
变形缝
中板装修层
截水沟
保护板
中板
预铺防水卷材防水层
A—A
洞口防水层预留做法
涂料防水加强层
涂料防水层
聚氨酯密封胶
卷材防水加强层
隔离膜
φ20泡沫棒
变形缝衬垫板
ⓐ 涂料防水层在变形缝部位的加强做法
注浆导管
间距5~6m
结构底板
钢边橡胶止水带
防水加强层
聚乙烯板
50厚细石混凝土保护层
密封外贴式止水带
混凝土垫层
防水层
③ 底板变形缝防水层加强做法
聚乙烯板
螺钉（间距300）
1.0厚不锈钢板接水盒
聚氨酯密封胶
ⓑ 变形缝预留凹槽构造
高分子（P类）预铺式冷自粘卷材
外贴式止水带
双面粘丁基橡胶冷自粘防水卷材
防水层
有围护侧墙、底板变形缝防水加强层大样图
聚氨酯密封胶
隔离膜
φ20泡沫棒
中楼板结构
变形缝衬垫板
中楼板变形缝防水做法
洞口防水层
预留做法
注浆管
钢边橡胶止水带
聚乙烯板
结构背水面
注浆导管
间距5~6m
① 顶板及放坡开挖侧墙变形缝防水构造
防水层
防水加强层
注浆导管
间距5~6m
密封外贴式止水带
围护结构
引入排水沟
变形缝衬垫板（聚乙烯板）
钢边橡胶止水带
结构背水面
20厚水泥砂浆找平层
② 有围护结构侧墙变形缝防水构造
说明：
1. 由于新版通用图集要求，变形缝做法应在原有基础上增设注浆管。
2. 中埋式钢边橡胶止水带在平面部分采用盆式安装。
3. 变形缝预留凹槽尺寸可根据工程施工条件适当调整，但深度不宜小于25mm，宽度不宜小于20cm。
4. 当变形缝部位结构存在下返梁时，浇筑下返梁时需预留孔洞或在梁内预埋接水盒，以防止形成存水弯。接水盒尺寸可适当缩小。
5. 变形缝衬垫板可采用聚乙烯板，发泡倍率为5～10倍。变形缝密封胶均指聚氨酯密封胶。
6. 变形缝部位底板及有围护结构侧墙的防水加强层采用1.2mm厚高分子（P类）预铺式冷自粘防水卷材，采用胶粘法固定在防水层表面；顶板及放坡开挖侧墙的防水加强层采用1.5mm厚双面粘丁基橡胶冷自粘防水卷材。
7. 变形缝注浆管需选用给出4种注浆管的后两种形式，变形缝注浆应选用非固化橡胶沥青、聚氨酯、丙烯酸盐等化学灌浆材料。
8. 顶板与侧墙连接部位，密封胶需伸入外贴式止水带中孔不小于50mm，以密封成环。
9. 变形缝侧墙接水盒埋入底板部位，需接入排水沟或埋管引入排水沟。
变形缝防水节点图
图别 施工图阶段 日期 XXXX-XX-XX
比例 图示 图号 JG-05-11

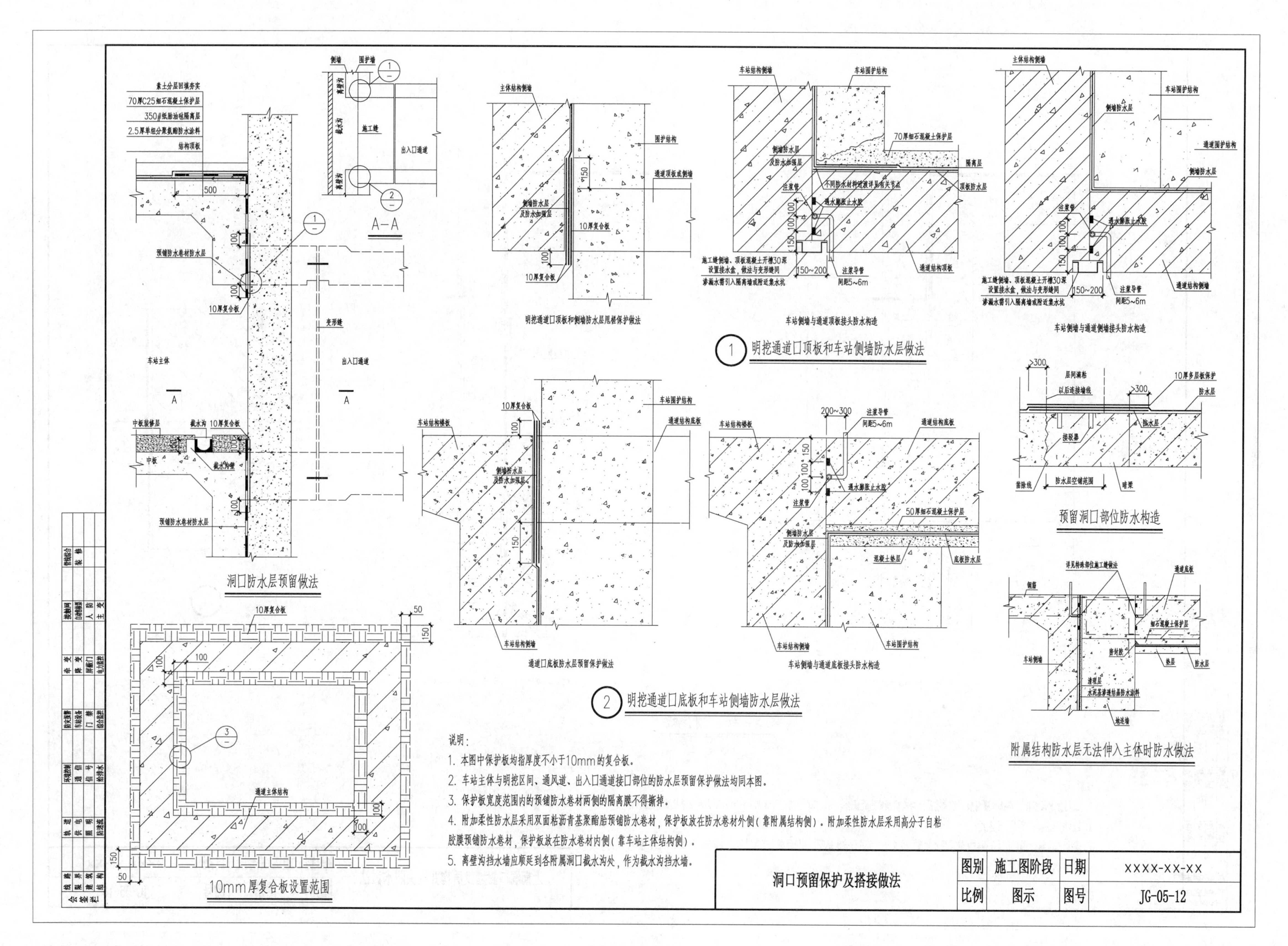
素土分层回填夯实
70厚C25细石混凝土保护层
350#纸胎油毡隔离层
2.5厚单组分聚氨酯防水涂料
结构顶板
500
预铺防水卷材防水层
10厚复合板
变形缝
车站主体
出入口通道
A
A
中板装修层
截水沟
10厚复合板
中板
预铺防水卷材防水层
洞口防水层预留做法
侧墙
围护墙
施工缝
出入口通道
A—A
主体结构侧墙
围护结构
通道顶板或侧墙
侧墙防水层及防水加强层
10厚复合板
明挖通道口顶板和侧墙防水层甩槎保护做法
车站结构侧墙
车站围护结构
70厚细石混凝土保护层
隔离层
侧墙防水层及防水加强层
不同防水材料过渡详见有关节点
顶板防水层
注浆管
遇水膨胀止水胶
注浆导管
间距5~6m
150~200
通道结构顶板
施工缝侧墙、顶板混凝土开槽30深设置接水盒，做法与变形缝同
渗漏水需引入隔离墙或附近集水坑
车站侧墙与通道顶板接头防水构造
主体结构侧墙
车站围护结构
侧墙防水层
通道围护结构
通道结构侧墙
车站侧墙与通道侧墙接头防水构造
1 明挖通道口顶板和车站侧墙防水层做法
车站围护结构
通道结构底板
车站结构楼板
侧墙防水层及防水加强层
车站结构侧墙
通道口底板防水层预留保护做法
200~300
注浆导管
间距5~6m
遇水膨胀止水胶
50厚细石混凝土保护层
混凝土垫层
底板防水层
车站结构侧墙
车站围护结构
车站侧墙与通道底板接头防水构造
2 明挖通道口底板和车站侧墙防水层做法
层间满粘
10厚多层板保护
以后连接墙线
防水层
接驳器
凿除线
防水层空铺范围
暗梁
预留洞口部位防水构造
详见特殊部位施工缝做法
通道底板
细石混凝土保护层
密封胶
垫层
防水层
车站侧墙
清理层
水泥基渗透结晶防水涂料
地连墙
附属结构防水层无法伸入主体时防水做法
10厚复合板
通道主体结构
10mm厚复合板设置范围
说明：
1. 本图中保护板均指厚度不小于10mm的复合板。
2. 车站主体与明挖区间、通风道、出入口通道接口部位的防水层预留保护做法均同本图。
3. 保护板宽度范围内的预铺防水卷材两侧的隔离膜不得撕掉。
4. 附加柔性防水层采用双面粘沥青基聚酯胎预铺防水卷材，保护板放在防水卷材外侧（靠附属结构侧）。附加柔性防水层采用高分子自粘胶膜预铺防水卷材，保护板放在防水卷材内侧（靠车站主体结构侧）。
5. 离壁沟挡水墙应顺延到各附属洞口截水沟处，作为截水沟挡水墙。
洞口预留保护及搭接做法
图别 施工图阶段 日期 XXXX-XX-XX
比例 图示 图号 JG-05-12

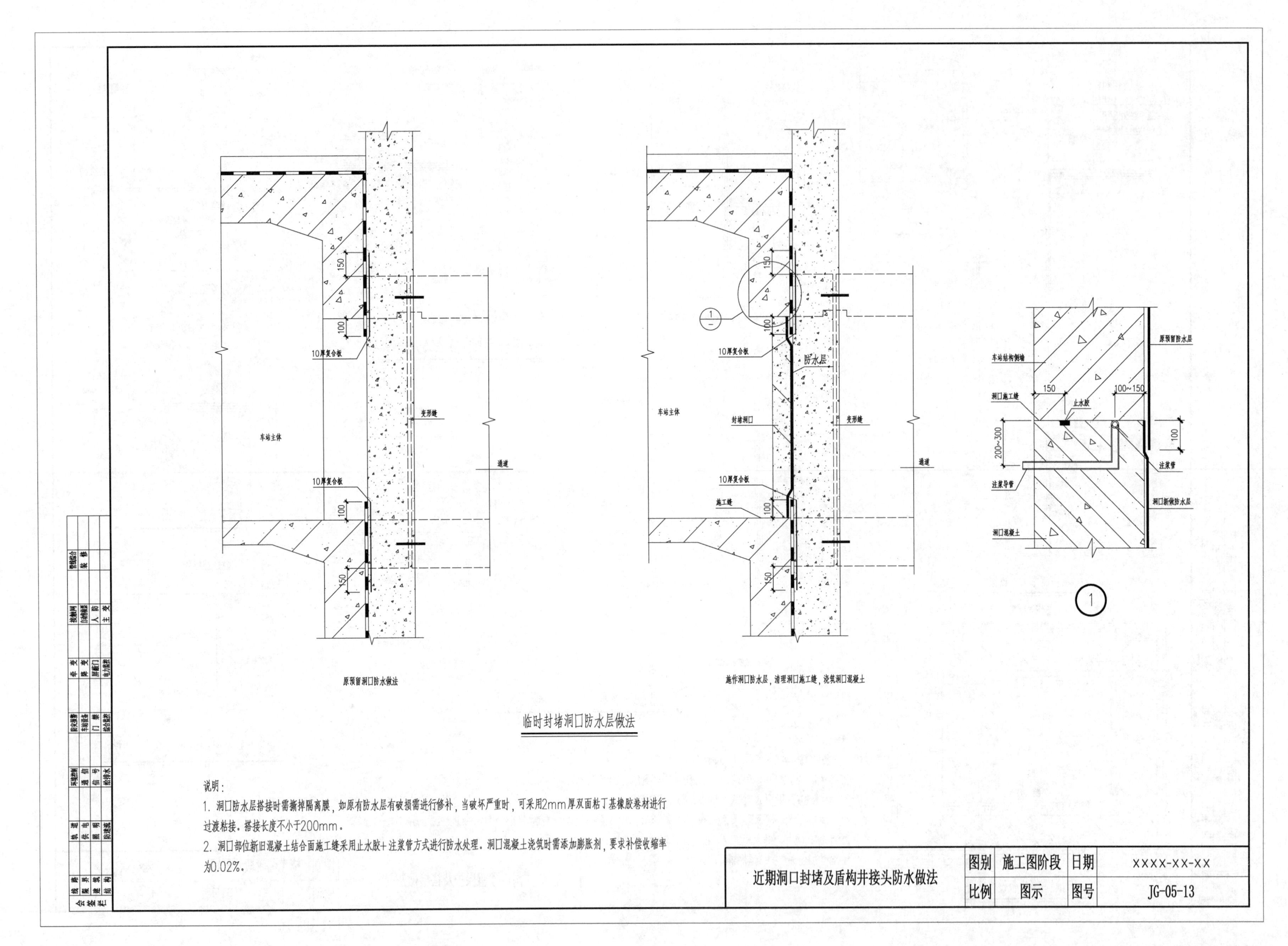

150
100
10厚复合板
车站主体
变形缝
通道
原预留洞口防水做法
1
防水层
封堵洞口
施工缝
施作洞口防水层，清理洞口施工缝，浇筑洞口混凝土
原预留防水层
车站结构侧墙
洞口施工缝
止水胶
100~150
200~300
注浆管
注浆导管
洞口新做防水层
洞口混凝土
临时封堵洞口防水层做法
说明：
1. 洞口防水层搭接时需撕掉隔离膜，如原有防水层有破损需进行修补，当破坏严重时，可采用2mm厚双面粘丁基橡胶卷材进行过渡粘接。搭接长度不小于200mm。
2. 洞口部位新旧混凝土结合面施工缝采用止水胶+注浆管方式进行防水处理。洞口混凝土浇筑时需添加膨胀剂，要求补偿收缩率为0.02%。
近期洞口封堵及盾构井接头防水做法
图别
施工图阶段
日期
XXXX-XX-XX
比例
图示
图号
JG-05-13

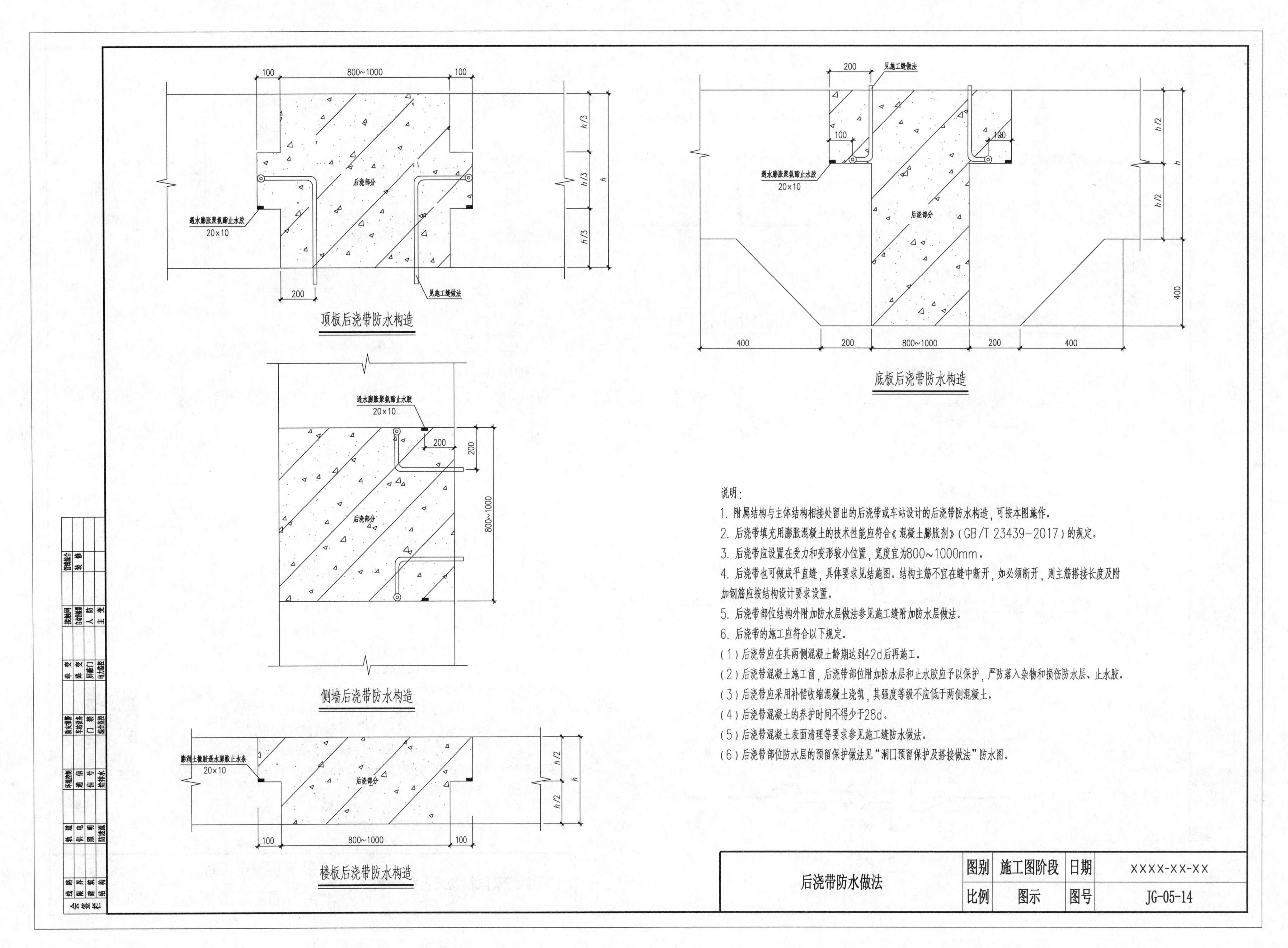
100
800~1000
100
h/3
h/3
h/3
h
遇水膨胀聚氨酯止水胶
20×10
后浇部分
200
见施工缝做法
顶板后浇带防水构造
遇水膨胀聚氨酯止水胶
20×10
200
200
800~1000
后浇部分
侧墙后浇带防水构造
膨润土橡胶遇水膨胀止水条
20×10
后浇部分
h/2
h/2
h
100
800~1000
100
楼板后浇带防水构造
200
见施工缝做法
100
100
遇水膨胀聚氨酯止水胶
20×10
后浇部分
h/2
h/2
h
400
400
200
800~1000
200
400
底板后浇带防水构造
说明：
1. 附属结构与主体结构相接处留出的后浇带或车站设计的后浇带防水构造，可按本图施作。
2. 后浇带填充用膨胀混凝土的技术性能应符合《混凝土膨胀剂》（GB/T 23439-2017）的规定。
3. 后浇带应设置在受力和变形较小位置，宽度宜为800~1000mm。
4. 后浇带也可做成平直缝，具体要求见结施图。结构主筋不宜在缝中断开，如必须断开，则主筋搭接长度及附加钢筋应按结构设计要求设置。
5. 后浇带部位结构外附加防水层做法参见施工缝附加防水层做法。
6. 后浇带的施工应符合以下规定。
（1）后浇带应在其两侧混凝土龄期达到42d后再施工。
（2）后浇带混凝土施工前，后浇带部位附加防水层和止水胶应予以保护，严防落入杂物和损伤防水层、止水胶。
（3）后浇带应采用补偿收缩混凝土浇筑，其强度等级不应低于两侧混凝土。
（4）后浇带混凝土的养护时间不得少于28d。
（5）后浇带混凝土表面清理等要求参见施工缝防水做法。
（6）后浇带部位防水层的预留保护做法见“洞口预留保护及搭接做法”防水图。
后浇带防水做法
图别
施工图阶段
日期
XXXX-XX-XX
比例
图示
图号
JG-05-14

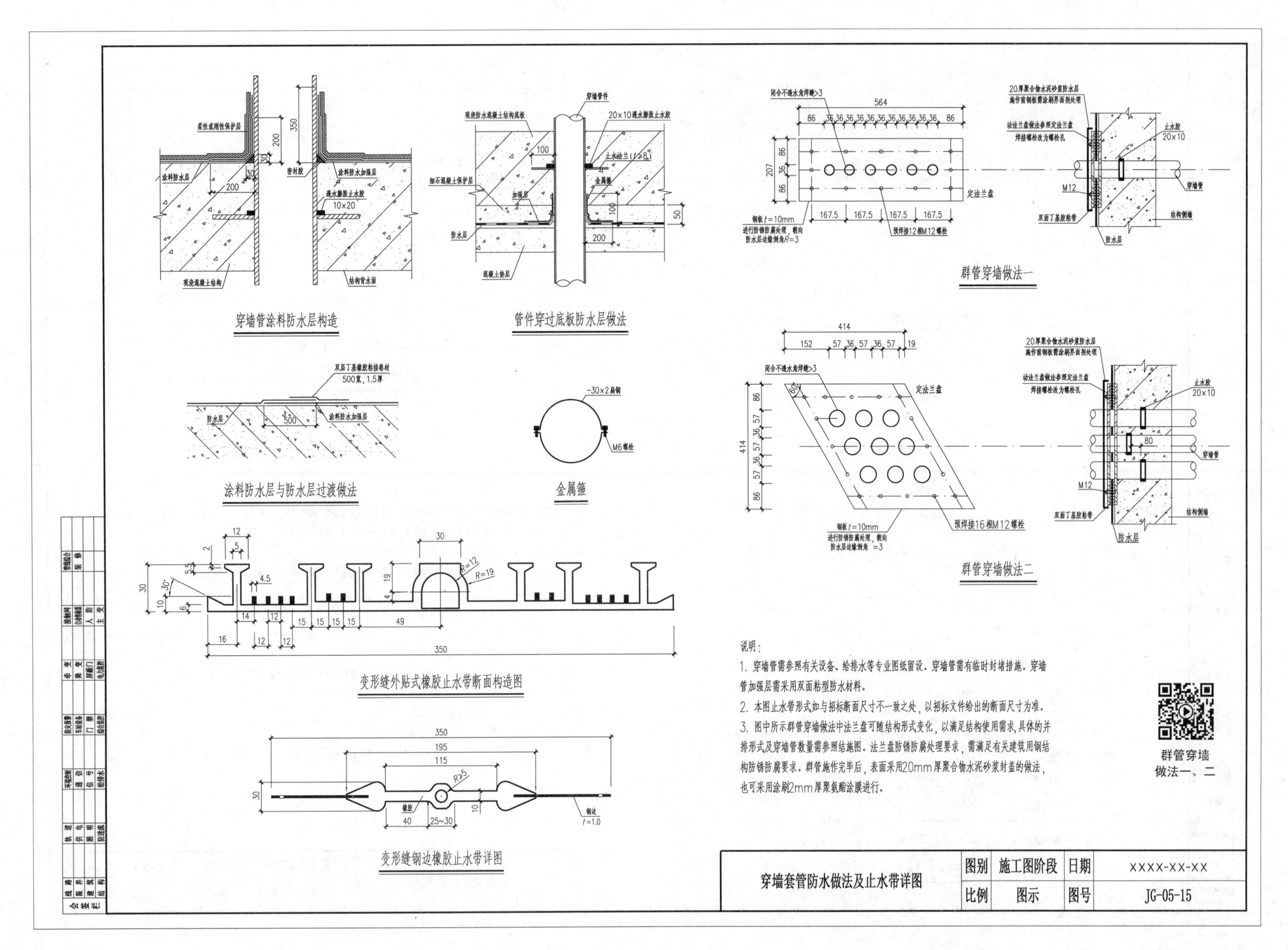
穿墙管涂料防水层构造
柔性或刚性保护层
涂料防水层
密封胶
涂料防水加强层
遇水膨胀止水胶
10×20
现浇混凝土结构
结构背水面
管件穿过底板防水层做法
穿墙管件
现浇防水混凝土结构底板
20×10遇水膨胀止水胶
细石混凝土保护层
加强层
金属箍
防水层
混凝土垫层
群管穿墙做法一
闭合不透水角焊缝≥3
定法兰盘
钢板 t=10mm
预焊接12根M12螺栓
20厚聚合物水泥砂浆防水层
止水胶
20×10
M12
穿墙管
双面丁基胶粘带
结构侧墙
防水层
群管穿墙做法二
预焊接16根M12螺栓
涂料防水层与防水层过渡做法
双层丁基橡胶粘接卷材
500宽，1.5厚
涂料防水加强层
金属箍
−30×2扁钢
M6螺栓
变形缝外贴式橡胶止水带断面构造图
变形缝钢边橡胶止水带详图
橡胶
钢边
t=1.0
说明：
1. 穿墙管需参照有关设备、给排水等专业图纸留设。穿墙管需有临时封堵措施。穿墙管加强层需采用双面粘型防水材料。
2. 本图止水带形式如与招标断面尺寸不一致之处，以招标文件给出的断面尺寸为准。
3. 图中所示群管穿墙做法中法兰盘可随结构形式变化，以满足结构使用需求，具体的并排形式及穿墙管数量需参照结施图。法兰盘防锈防腐处理要求，需满足有关建筑用钢结构防锈防腐要求。群管施作完毕后，表面采用20mm厚聚合物水泥砂浆封盖的做法，也可采用涂刷2mm厚聚氨酯涂膜进行。
群管穿墙
做法一、二
穿墙套管防水做法及止水带详图
图别
施工图阶段
日期
XXXX-XX-XX
比例
图示
图号
JG-05-15

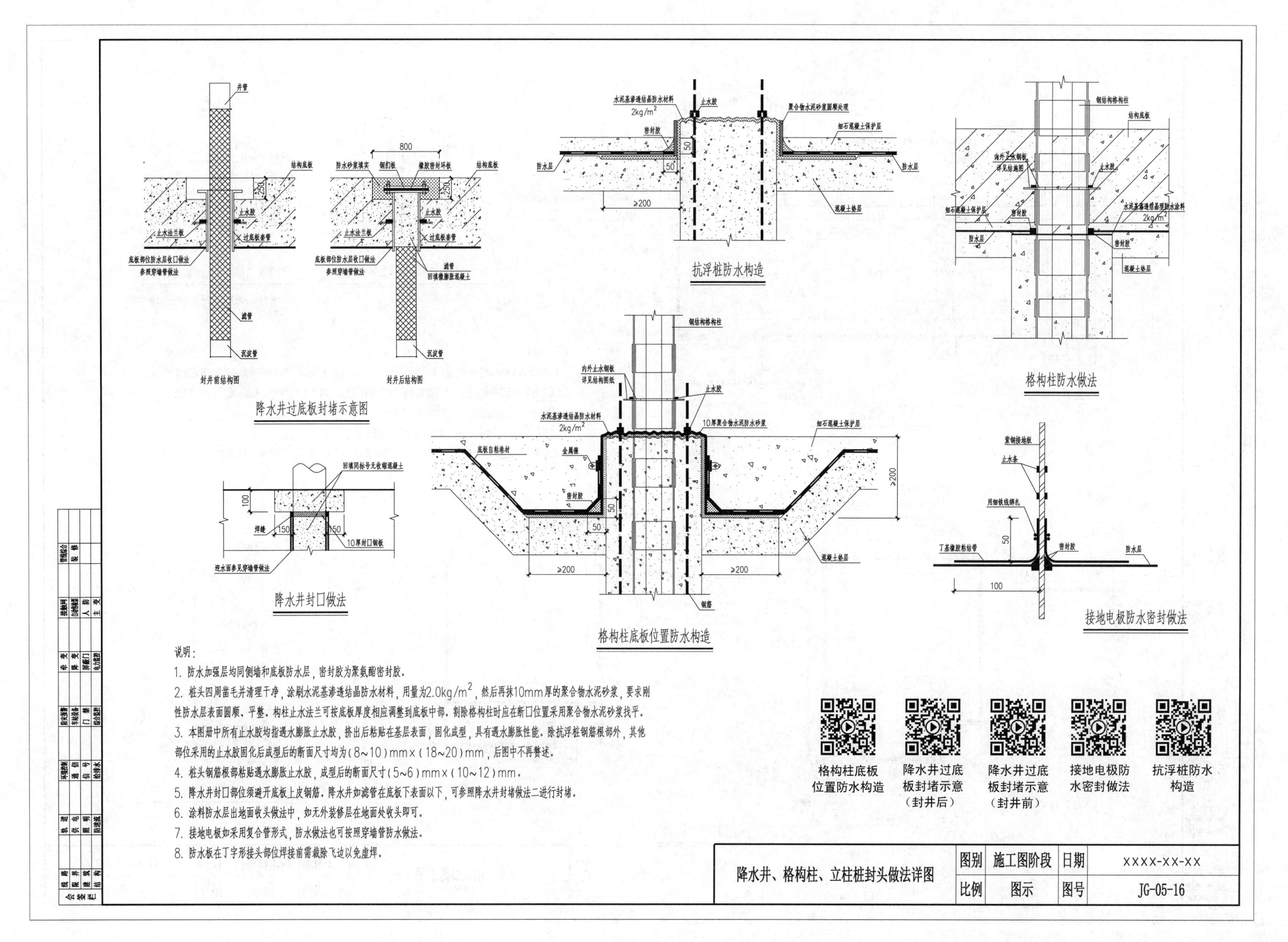

降水井过底板封堵示意图
封井前结构图
封井后结构图
抗浮桩防水构造
格构柱防水做法
降水井封口做法
格构柱底板位置防水构造
接地电极防水密封做法
说明：
1. 防水加强层均同侧墙和底板防水层，密封胶为聚氨酯密封胶。
2. 桩头四周凿毛并清理干净，涂刷水泥基渗透结晶防水材料，用量为2.0kg/m2，然后再抹10mm厚的聚合物水泥砂浆，要求刚性防水层表面圆顺、平整。构柱止水法兰可按底板厚度相应调整到底板中部。割除格构柱时应在断口位置采用聚合物水泥砂浆找平。
3. 本图册中所有止水胶均指遇水膨胀止水胶，挤出后粘贴在基层表面，固化成型，具有遇水膨胀性能。除抗浮桩钢筋根部外，其他部位采用的止水胶固化后成型后的断面尺寸均为(8~10)mm×(18~20)mm，后图中不再赘述。
4. 桩头钢筋根部粘贴遇水膨胀止水胶，成型后的断面尺寸(5~6)mm×(10~12)mm。
5. 降水井封口部位须避开底板上皮钢筋。降水井如滤管在底板下表面以下，可参照降水井封堵做法二进行封堵。
6. 涂料防水层出地面收头做法中，如无外装修层在地面处收头即可。
7. 接地电极如采用复合管形式，防水做法也可按照穿墙管防水做法。
8. 防水板在丁字形接头部位焊接前需裁除飞边以免虚焊。
格构柱底板位置防水构造
降水井过底板封堵示意（封井后）
降水井过底板封堵示意（封井前）
接地电极防水密封做法
抗浮桩防水构造
降水井、格构柱、立柱桩封头做法详图
图别
施工图阶段
日期
XXXX-XX-XX
比例
图示
图号
JG-05-16

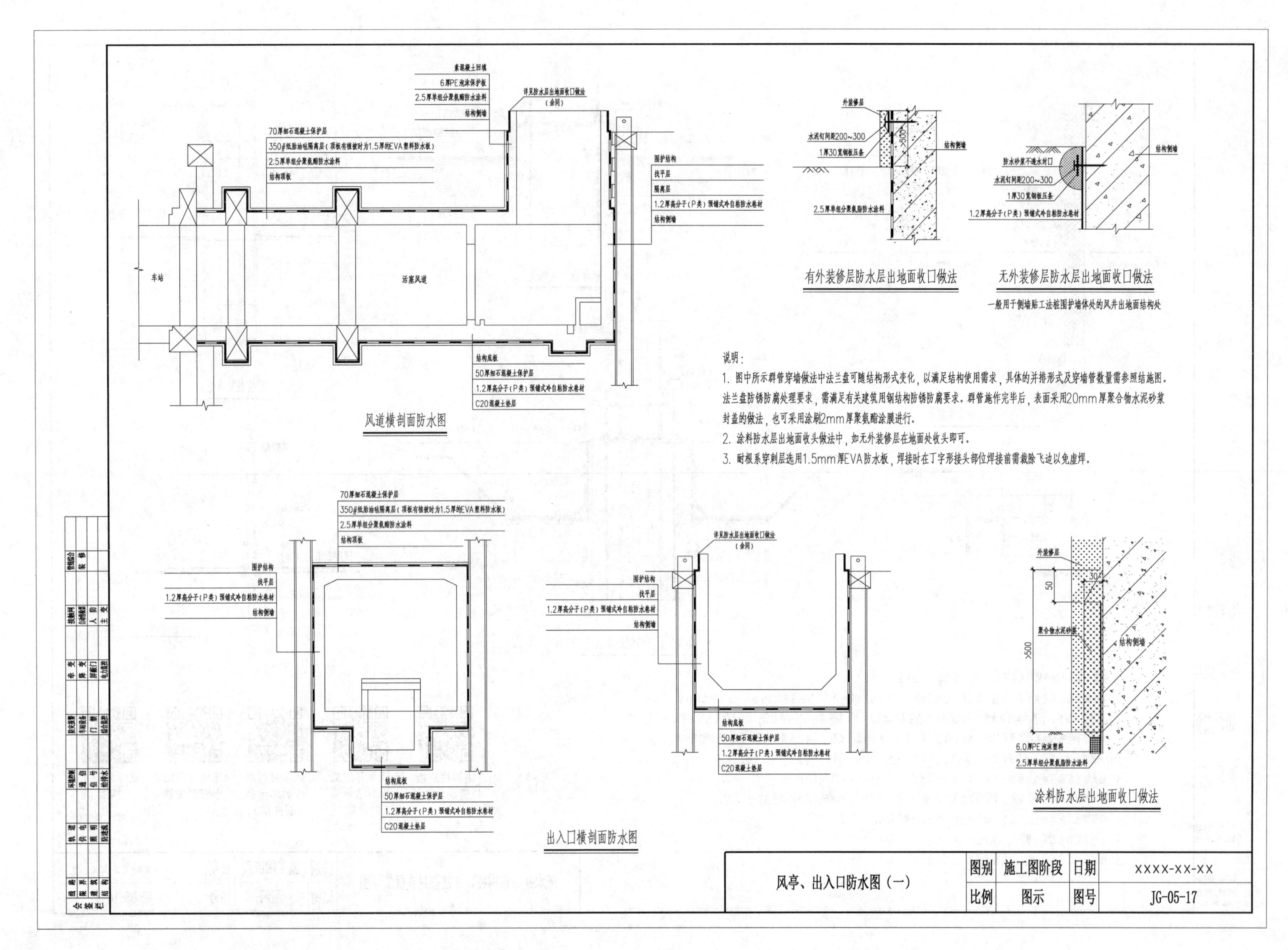
素混凝土回填
6厚PE泡沫保护板
2.5厚单组分聚氨酯防水涂料
结构侧墙
详见防水层出地面收口做法（余同）
70厚细石混凝土保护层
350#纸胎油毡隔离层（顶板有植被时为1.5厚的EVA塑料防水板）
2.5厚单组分聚氨酯防水涂料
结构顶板
围护结构
找平层
隔离层
1.2厚高分子（P类）预铺式冷自粘防水卷材
结构侧墙
车站
活塞风道
结构底板
50厚细石混凝土保护层
1.2厚高分子（P类）预铺式冷自粘防水卷材
C20混凝土垫层
风道横剖面防水图
外装修层
水泥钉间距200~300
1厚30宽铜板压条
2.5厚单组分聚氨酯防水涂料
结构侧墙
有外装修层防水层出地面收口做法
防水砂浆不透水封口
水泥钉间距200~300
1厚30宽铜板压条
1.2厚高分子（P类）预铺式冷自粘防水卷材
结构侧墙
无外装修层防水层出地面收口做法
一般用于侧墙贴工法桩围护墙体处的风井出地面结构处
说明：
1. 图中所示群管穿墙做法中法兰盘可随结构形式变化，以满足结构使用需求，具体的并排形式及穿墙管数量需参照结施图。法兰盘防锈防腐处理要求，需满足有关建筑用钢结构防锈防腐要求。群管施作完毕后，表面采用20mm厚聚合物水泥砂浆封盖的做法，也可采用涂刷2mm厚聚氨酯涂膜进行。
2. 涂料防水层出地面收头做法中，如无外装修层在地面处收头即可。
3. 耐根系穿刺层选用1.5mm厚EVA防水板，焊接时在丁字形接头部位焊接前需裁除飞边以免虚焊。
出入口横剖面防水图
外装修层
30
50
>500
聚合物水泥砂浆
结构侧墙
6.0厚PE泡沫塑料
2.5厚单组分聚氨酯防水涂料
涂料防水层出地面收口做法
风亭、出入口防水图（一）
图别
施工图阶段
日期
XXXX-XX-XX
比例
图示
图号
JG-05-17

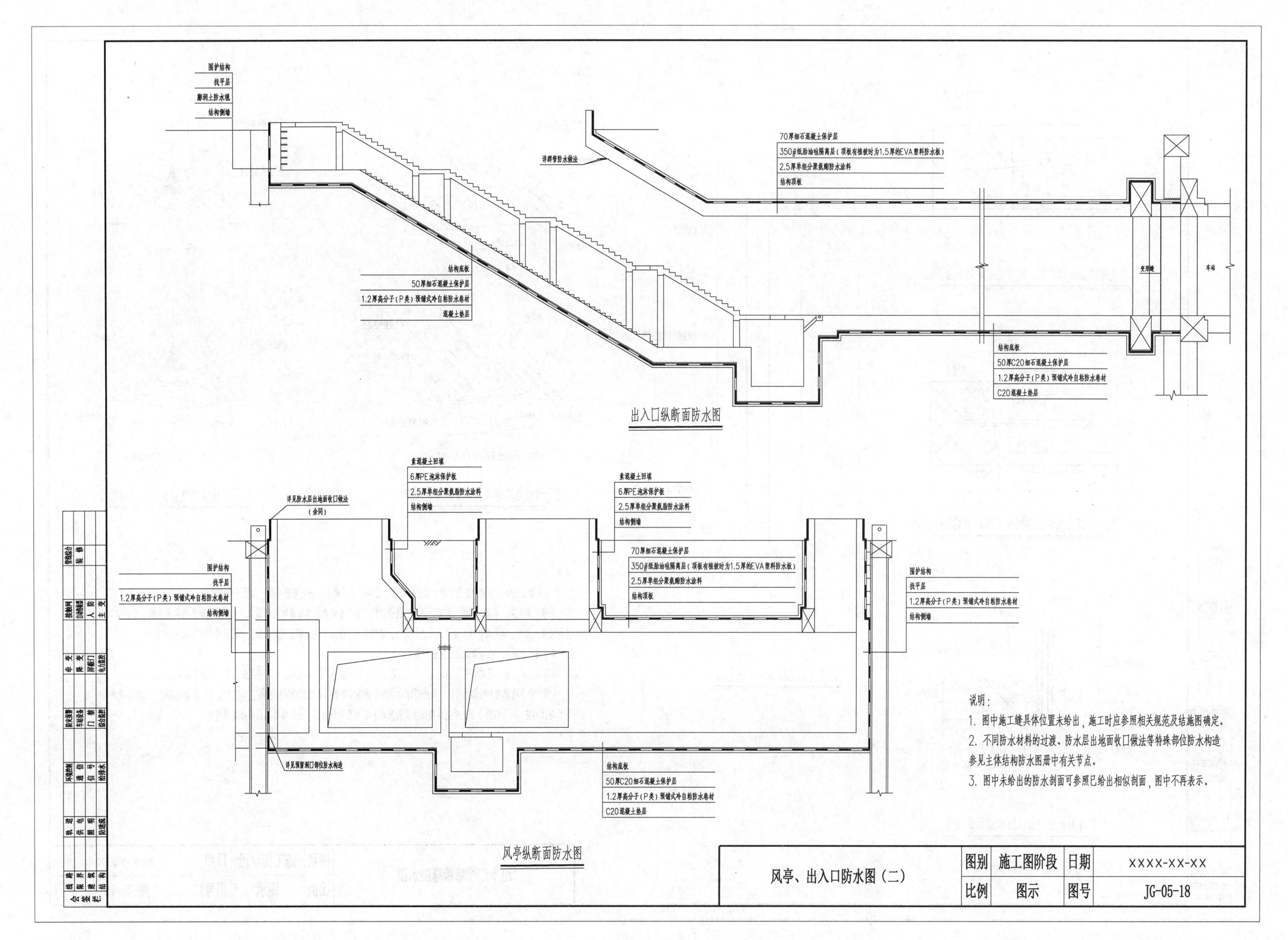

说明：

1. 图中施工缝具体位置未给出，施工时应参照相关规范及结施图确定。
2. 不同防水材料的过渡、防水层出地面收口做法等特殊部位防水构造参见主体结构防水图册中有关节点。
3. 图中未给出的防水剖面可参照已给出相似剖面，图中不再表示。

风亭、出入口防水图（二）	图别	施工图阶段	日期	XXXX-XX-XX
	比例	图示	图号	JG-05-18

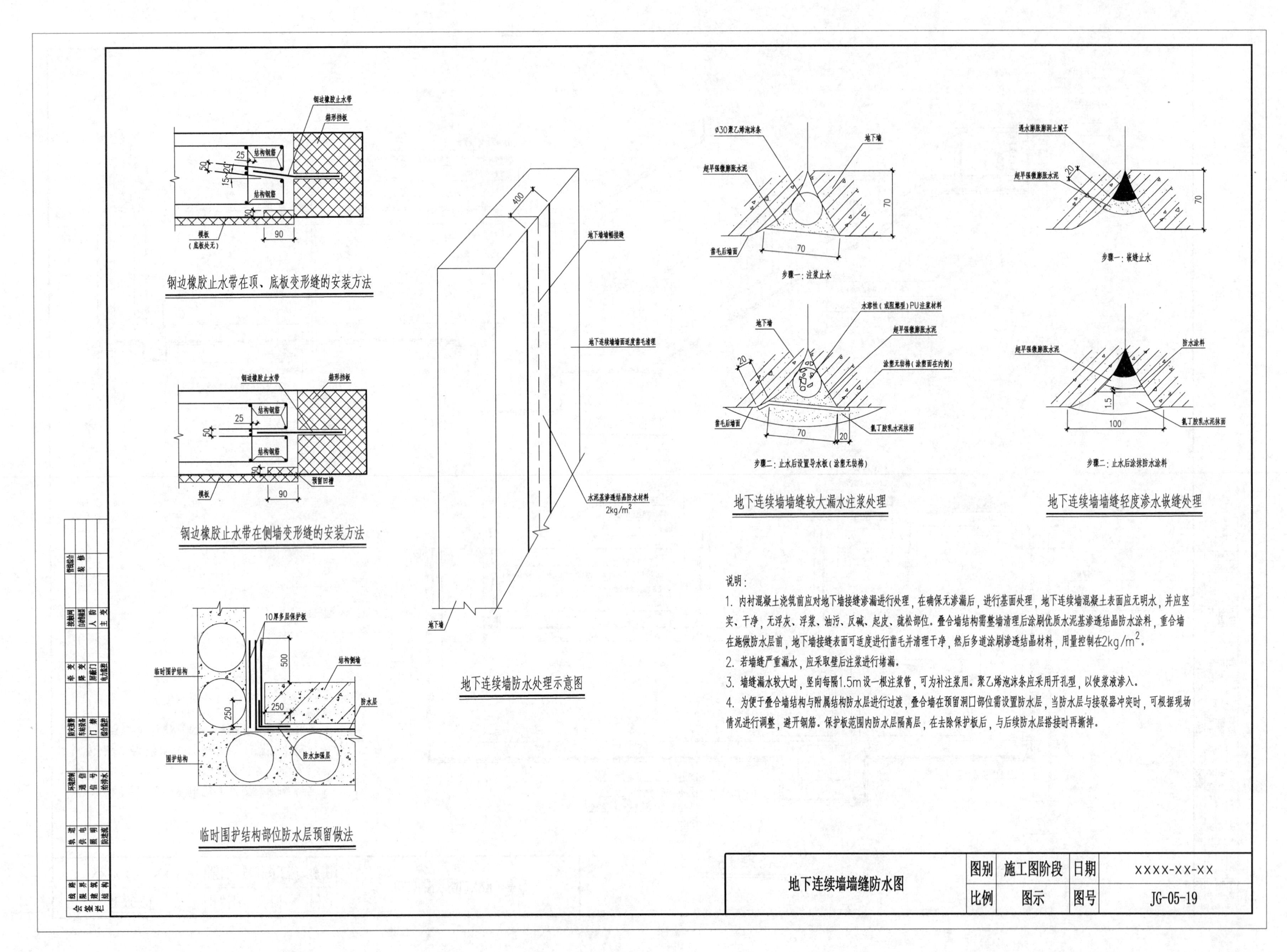
钢边橡胶止水带
箱形挡板
结构钢筋
25
50
15~20
结构钢筋
30
模板
（底板处无）
90
钢边橡胶止水带在顶、底板变形缝的安装方法
钢边橡胶止水带
箱形挡板
结构钢筋
25
50
结构钢筋
30
预留凹槽
模板
90
钢边橡胶止水带在侧墙变形缝的安装方法
10厚多层保护板
500
结构侧墙
临时围护结构
250
250
防水层
围护结构
防水加强层
临时围护结构部位防水层预留做法
400
地下墙墙幅接缝
地下连续墙墙面适度凿毛清理
水泥基渗透结晶防水材料
2kg/m²
地下墙
地下连续墙防水处理示意图
ø30聚乙烯泡沫条
地下墙
超早强微膨胀水泥
70
凿毛后墙面
70
步骤一：注浆止水
遇水膨胀膨润土腻子
超早强微膨胀水泥
20
70
步骤一：嵌缝止水
水溶性（或阻燃型）PU注浆材料
地下墙
超早强微膨胀水泥
20
涂塑无纺棉（涂塑面在内侧）
凿毛后墙面
70
20
氯丁胶乳水泥抹面
步骤二：止水后设置导水板（涂塑无纺棉）
超早强微膨胀水泥
防水涂料
1.5
100
氯丁胶乳水泥抹面
步骤二：止水后涂抹防水涂料
地下连续墙墙缝较大漏水注浆处理
地下连续墙墙缝轻度渗水嵌缝处理
说明：
1. 内衬混凝土浇筑前应对地下墙接缝渗漏进行处理，在确保无渗漏后，进行基面处理，地下连续墙混凝土表面应无明水，并应坚实、干净，无浮灰、浮浆、油污、反碱、起皮、疏松部位。叠合墙结构需整墙清理后涂刷优质水泥基渗透结晶防水涂料，重合墙在施做防水层前，地下墙接缝表面可适度进行凿毛并清理干净，然后多道涂刷渗透结晶材料，用量控制在2kg/m²。
2. 若墙缝严重漏水，应采取壁后注浆进行堵漏。
3. 墙缝漏水较大时，竖向每隔1.5m设一根注浆管，可为补注浆用。聚乙烯泡沫条应采用开孔型，以使浆液渗入。
4. 为便于叠合墙结构与附属结构防水层进行过渡，叠合墙在预留洞口部位需设置防水层，当防水层与接驳器冲突时，可根据现场情况进行调整，避开钢筋。保护板范围内防水层隔离层，在去除保护板后，与后续防水层搭接时再撕掉。
地下连续墙墙缝防水图
图别
施工图阶段
日期
XXXX-XX-XX
比例
图示
图号
JG-05-19

项目4 隧道工程图

隧道工程图纸目录

序号	图号	图名	备注
001	001-1	隧道设计说明（一）	
	001-2	隧道设计说明（二）	
	001-3	隧道设计说明（三）	
	001-4	隧道设计说明（四）	
	001-5	隧道设计说明（五）	
002	002-1	隧道平面（地质）布置图	
	002-2	隧道纵断面（地质）设计图	
003	003-1	进口洞门设计图	
	003-2	进口仰坡开挖防护设计图	
	003-3	出口洞门设计图	
	003-4	出口仰坡开挖防护设计图	
	003-5	方格网植草防护设计图	
	003-6	锚杆框架植草防护	
004	004-1	主洞衬砌建筑限界及内轮廓设计图	
	004-2	人行横洞建筑限界及内轮廓设计图	
005	005-1	A—A明洞衬砌结构设计图	
	005-2	A—A明洞衬砌钢筋设计图	
	005-3	B—B明洞衬砌结构设计图	
	005-4	B—B明洞衬砌钢筋设计图	
	005-5	有仰拱衬砌结构设计图	
	005-6	有仰拱衬砌钢筋设计图	
	005-7	有仰拱衬砌钢架设计图	
	005-8	无仰拱衬砌结构设计图	
	005-9	无仰拱衬砌钢筋设计图	
	005-10	无仰拱衬砌钢架设计图	
006	006-1	洞口长管棚设计图	
	006-2	衬砌辅助施工设计图	
	006-3	双层小导管辅助施工设计图	
007	007-1	人行横洞布置图	
	007-2	人行横洞衬砌设计图	
	007-3	人行横洞洞门设计图	

序号	图号	图名	备注
008	008-1	隧道排水平面布置图	
	008-2	隧道衬砌防水、排水设计图（一）	
	008-3	隧道衬砌防水、排水设计图（二）	
	008-4	隧道变形缝、施工缝设计图	
	008-5	土工布、防水板锚固细部设计图	
	008-6	隧道管沟布置图	
	008-7	洞内水沟检查井设计图	
	008-8	洞口手孔井设计图	
	008-9	洞口横向截水沟设计图	
	008-10	洞内外排水沟衔接设计图	
009	009-1	岩溶处治预案设计图（一）	
	009-2	岩溶处治预案设计图（二）	
	009-3	超前预注浆堵水预案设计图	
	009-4	隧道紧急预案设计图	
010	010-1	隧道超前地质预报设计图	
	010-2	洞口段施工工序设计图	
	010-3	主洞衬砌施工工序设计图	
011	011-1	隧道洞内路面设计图（一）	
	011-2	隧道洞内路面设计图（二）	

工程负责		校对		工程名称	XX隧道工程	隧道工程图纸目录					工程编号
工种负责		审核		项目名称	隧道						
设计		审定		建设单位		设计阶段	施设	比例	出图日期	XXXX-XX-XX	图号 000-1

隧道设计说明（一）

一、设计依据及总体设计原则

依据现行的国家和部颁有关规范、规程和技术标准，充分吸收和借鉴类似的国内外高速公路建设工程的成功经验，再结合本项目现场实际情况，按照“安全、环保、舒适、和谐”的新设计理念进行。

1.1 设计依据

（1）勘察设计报告。

（2）中华人民共和国交通运输部颁布的有关规范、规程及《工程建设标准强制性条文》（公路工程部分）。

1.2 执行规范

（1）《公路工程技术标准》（JTG B01-2014）。

（2）《公路隧道设计规范 第二册 交通工程与附属设施》（JTG D70/2-2014）。

（3）《公路隧道设计细则》（JTG/T D70-2010）。

（4）《地下工程防水技术规范》（GB 50108-2008）。

（5）《公路工程基本建设项目设计文件编制办法》交公路发〔2007〕358号。

（6）《公路隧道交通工程设计规范》（JTG/T D71-2004）。

（7）《岩土锚杆与喷射混凝土支护工程技术规范》（GB 50086-2015）。

（8）《地下工程防水技术规范》（GB 50108-2008）。

1.3 技术标准

隧道按高速公路标准设计，采用的主要技术标准如下。

（1）公路等级：高速公路双向四车道标准。

（2）设计行车速度：80km/h。

（3）隧道建筑限界：隧道净宽为0.75+0.25+0.5+2×3.75+0.75+0.75=10.50（m）；隧道净高为5.0m。

二、隧道地质

2.1 工程地质条件

2.1.1 地理位置及交通条件

本隧道进洞口及出洞口均有乡村道路通往，施工车辆进入需对道路进行适当改造加宽，隧道进出口交通便利。

2.1.2 地形地貌

隧址区属构造剥蚀溶蚀低中山峰丛地貌，隧道走向呈西北至东南向，隧道穿越段地面标高在734.000~862.000m之间，相对高差约124m，地势起伏相对较大。隧道进口位于一缓坡上，坡度约15°，坡向约327°；出口处斜坡坡度较陡，约30°，坡向约152°。隧道溶蚀现象较发育，可见溶沟、溶槽、峰丛等，坡面上植被较发育，山坡下分布有少量居民点，自然山坡处于稳定状态。

2.1.3 地层岩性

根据勘察资料，隧址山体覆盖层零星分布，进口处主要为坡洪积（Q_4^{dl+al}）成因的黏土，出口处及洞身主要为残坡积（Q_4^{el+dl}）成因的粉质黏土，下伏基岩岩性主要为三叠系下统嘉陵江组（T_1j）灰岩。

2.1.4 地质构造

隧址地质构造为单斜岩层构造，岩层产状在135°∠27°~125°∠26°之间。根据地表调查测量，隧址周边岩体节理裂隙发育，进出口各有两组主要节理裂隙。

（1）进口处。L1节理：222°∠87°，密度2~3条/m，呈微张开状，隙宽1~3mm，无充填物，水平延伸长度2~3m，竖向切深0.30~0.50m；L2节理：165°∠85°，密度1~2条/m，呈微张开状，隙宽2~3mm，充填方解石脉，水平延伸长度1~2m，竖向切深0.40~0.70m。

（2）出口处。L1节理：267°∠70°，密度1~2条/m，呈闭合状，水平延伸长度1~2m，竖向切深0.20~0.50m；L2节理：146°∠78°，密度2~4条/m，呈微张开状，隙宽3~5mm，多被方解石脉充填，水平延伸长度3~5m，竖向切深0.40~0.90m。

2.1.5 水文地质

隧址周边无地表长年流水，地下水主要补给为大气降雨补给，沿地表下渗，在斜坡地段，地表径流较好，岩溶一般发育，地下水量不大；在缓坡或相对低洼段，由于地表径流汇水较大，地下水出水量在雨季较大。

2.1.6 抗震设计参数

根据《中国地震烈度区划图》（1990）和《中国地震动参数区划图》（GB 18306-2015），本区地震烈度为6度，地震动加速度峰值为0.05g，特征周期为0.35s。

2.1.7 不良地质现象

勘察表明，隧址覆盖土层较薄，岩体结构及岩体质量较好，自然山坡处于稳定状态，无重力地质作用产生的不良地质现象。岩层为可溶岩，有岩溶现象。洞口开挖可能会有边坡、仰坡崩塌掉块或牵引土层滑坡现象，但规模很小。

根据勘察资料，结合岩溶发育要素与岩溶发育规律分析可知，隧道处于岩溶垂直循环带内，围岩岩溶属垂直形态，围岩岩溶发育程度弱。有个别小溶洞，无水平岩溶管道。总体上，由于位于斜坡的相对平缓地带，地表汇水面积相对稍大，降雨时溶洞裂隙渗水量相对较大，将来对隧道涌水有一定影响。

2.2 隧道围岩分级

2.2.1 岩土体工程地质特征

从地表往下，按地层时代新老分层。

（1）第1层 黏性土。

1-1层 黏土（Q_4^{dl+al}）：厚1.6~1.7m，分布于隧道进口附近的山坡表面；土呈褐黄色，软塑状，含铁锰结核及植物根系，为一般黏性土。对边坡、仰坡稳定性影响不大，一般可清除。

工程负责		校对		工程名称	XX隧道工程	隧道设计说明（一）						工程编号
工种负责		审核		项目名称	隧道							
设计		审定		建设单位		设计阶段	施设	比例		出图日期	XXXX-XX-XX	图号 001-1

隧道设计说明（二）

1－2层 粉质黏土（Q_4^{el+al}）：厚1.3～2.5m，分布于山坡表面或冲沟中；土呈褐黄色，硬塑状，含少量灰岩角砾，见有植物根系和铁锰结核。该层距离隧道出洞口较远，对边仰坡稳定性影响很小。

第2层 灰岩（T_1j）：

隧道围岩，中风化，呈灰至深灰色，系可溶性较硬岩，岩体较破碎至较完整，隐晶质结构，中厚层状构造，出口附近岩体较破碎，局部夹薄层炭质灰岩；岩溶发育程度弱，以溶隙为主，仅在SZK3钻孔中见有一4.5m高的溶洞，无充填，远离洞身，对隧道围岩影响弱；岩体结构面结合程度一般，多呈闭合状，岩溶裂隙发育段结构面结合程度较差，裂隙呈网状；隧道围岩多为较完整岩体，靠近隧道出口附近完整性较差。岩石饱和抗压强度平均值R_c=44.7MPa，地基承载力［f_{a0}］=3000kPa。

2.2.2 隧道围岩分级

按定量为主、定性为辅的原则划分围岩级别，即根据岩体质量指标BQ值确定不同质量岩体的围岩级别，结合震探、钻探资料及边界条件定性划分各级围岩段。

2.3 工程地质评价

2.3.1 隧道进口工程地质评价

隧道进口位于一缓坡上，坡度约15°，坡向约327°，山坡表层为坡洪积黏土，厚度较薄，对仰坡稳定性影响不大。下伏岩体为灰岩，较完整，仰坡处岩层为缓内倾坡，即逆向坡，对稳定性有利；右侧边坡与岩层走向一致，对稳定性不利，开挖时可能会发生顺层滑塌现象；左侧边坡稳定性相对较好。

土石方开挖等级：残坡积粉质黏土为Ⅲ级，中风化灰岩为Ⅴ级。

2.3.2 隧道出口工程地质评价

隧道进口处斜坡坡度稍陡，约30°，坡向约152°，山坡岩体为较破碎灰岩，仰坡处岩层为顺向坡，且坡度约26°，对斜坡稳定性较不利，相对容易发生顺层滑塌现象，必须进行喷锚支护；两侧边坡稳定性相对较好。

土石方开挖等级：中风化灰岩为Ⅴ级。

2.3.3 隧道洞身工程地质评价

（1）左隧道工程地质评价。

①ZK12+144.32（进口）～ZK12+152，长7.68m：为Ⅴ级围岩段，围岩主要为中风化灰岩，顶部发育少许黏性土覆盖层，基岩倾角约25°。属较硬、较破碎、中厚层状构造，浅埋洞口段加上自然坡坡缓，拱部及侧壁自稳性差，开挖易掉块、坍塌，雨季地下水多呈淋雨状。

②ZK12+152～ZK12+210段，长58m：为Ⅳ级围岩段，围岩质量指标BQ/［BQ］=364/344。围岩为中风化灰岩，倾角25°，倾向出口端；属较坚硬、较破碎至较完整、中厚层状结构；地下水呈点滴状出水，岩溶不发育。

③ZK12+210～ZK12+553段，长343m：为Ⅲ级围岩段，围岩质量指标BQ/［BQ］=412/（382～402）。围岩为中风化灰岩，岩层倾角25°，变化较小；属较硬岩、较完整、中厚层状结构。根据岩溶发育程度，围岩稳定性条件有所不同，具体如下。

a. ZK12+210～ZK12+380段，长170m：围岩质量指标BQ/［BQ］=412/402。围岩主要为中风化灰岩，岩层倾角25°，变化较小；属较硬岩、较完整、中厚层状结构；岩溶不发育；雨季地下水出水状态为潮湿状，局部可能有点滴状。

b. ZK12+380～ZK12+522段，长142m：围岩质量指标BQ/［BQ］=412/382。围岩主要为中风化灰岩，岩层倾角25°，变化较小；属较硬岩、较完整、中厚层状结构；岩溶发育；雨季地下水出水状态为淋雨状。

c. ZK12+522～ZK12+553段，长31m：围岩质量指标BQ/［BQ］=412/402。围岩主要为中风化灰岩，岩层倾角24°，变化较小；属较硬岩、较完整、中厚层状结构；岩溶不发育；雨季地下水出水状态为潮湿状，局部可能有点滴状。

④ZK12+553～ZK12+837段，长284m：为Ⅱ级围岩段，围岩质量指标BQ/［BQ］=479/479。围岩主要为中至微风化灰岩，岩层倾角23°；属较坚硬，较完整至较破碎，中层状结构；无地下水，岩溶不发育；自稳性好，降雨时洞内潮湿。

⑤ZK12+837～ZK12+950段，长113m：为Ⅲ级围岩段，围岩质量指标BQ/［BQ］=393/383。围岩主要为中风化灰岩，岩层倾角25°，变化较小；属较硬岩、较完整、中厚层状结构；岩溶不发育；雨季地下水出水状态为潮湿状，局部可能有点滴状。

⑥ZK12+950～ZK12+972（出口），长22m：为Ⅳ级围岩段，围岩质量指标BQ/［BQ］=351/341。围岩主要为中风化灰岩，倾角25°；属较硬岩、较破碎的中厚层状结构；地下水不发育，拱部易掉块或塌方，雨季时可能有淋雨状出水现象。

（2）右隧道工程地质评价。

①YK12+158（进口）～YK12+163，长5m：为Ⅴ级围岩段，围岩主要为中风化灰岩，中厚层状构造，节理裂隙较发育，较硬岩为主，由于处于浅埋洞口段，拱部及侧壁自稳性差，开挖易掉块、坍塌，岩体较破碎至较完整，山体坡顶部发育厚约1～2m的黏土覆盖层，下部岩体对于仰坡为逆向坡，相对有利。雨季地下水多呈淋雨状。

②YK12+163～YK12+220段，长57m：为Ⅳ级围岩段，围岩质量指标BQ/［BQ］=359/339。围岩为中风化灰岩，倾角25°，倾向出口端；属较坚硬、较破碎至较完整、中厚层状结构；地下水呈点滴状出水，岩溶不发育。

③YK12+220～YK12+549段，长359m：为Ⅲ级围岩段，围岩质量指标BQ/［BQ］=412/（382～402）。围岩为中风化灰岩，岩层倾角25°，变化较小；属较硬岩、较完整、中厚层状结构。根据岩溶发育程度，围岩稳定性条件有所不同，具体如下。

a. YK12+220～YK12+335段，长115m：围岩质量指标BQ/［BQ］=412/402。围岩主要为中风化灰岩，岩层倾角25°，变化较小；属较硬岩、较完整、中厚层状结构；岩溶不发育；雨季地下水出水状态为潮湿状，局部可能有点滴状。

b. YK12+335～YK12+530段，长195m：围岩质量指标BQ/［BQ］=412/382。围岩主要为中风化灰岩，岩层倾角25°，变化较小；属较硬岩、较完整、中厚层状结构；岩溶发育；雨季地下水出水状态为淋雨状。

工程负责		校对		工程名称	XX隧道工程	隧道设计说明（二）						工程编号
工种负责		审核		项目名称	隧道							
设计		审定		建设单位		设计阶段	施设	比例		出图日期	XXXX-XX-XX	图号 001-2

隧道设计说明(三)

c. YK12+530~YK12+579段,长49m:围岩质量指标BQ/[BQ]=412/402。围岩主要为中风化灰岩,岩层倾角24°,变化较小;属较硬岩、较完整、中厚层状结构;岩溶不发育;雨季地下水出水状态为潮湿状,局部可能有点滴状。

④YK12+579~YK12+845段,长266m:为Ⅱ级围岩段,围岩质量指标BQ/[BQ]=479/479。围岩主要为中至微风化灰岩,岩层倾角23°;属较坚硬,较完整至较破碎,中层状结构;无地下水,岩溶不发育;自稳性好,降雨时洞内潮湿。

⑤YK12+845~YK12+957段,长112m:为Ⅲ级围岩段,围岩质量指标BQ/[BQ]=402/402。围岩主要为中风化灰岩,岩层倾角25°,变化较小;属较硬岩、较完整、中厚层状结构;岩溶不发育;雨季地下水出水状态为潮湿状,局部可能有点滴状。

⑥YK12+957~YK12+976(出口),长19m:为Ⅳ级围岩段,围岩质量指标BQ/[BQ]=351/341。围岩主要为中风化灰岩,倾角25°;属较硬岩、较破碎的中厚层状结构;地下水不发育,拱部易掉块或塌方,雨季时可能有淋雨状出水现象。

三、隧道总体设计

3.1 平面设计

隧道为一座上下行分离的四车道高速公路中隧道。本隧道起讫桩号左线ZK12+144.32~ZK12+972,长827.68m;右线YK12+158~YK12+976,长818m,为中隧道。隧道左右线间距约26m,其中进口约26.11m,出口约22.79m。

隧道左线平面线形$R_左$=(1200+1200)m,隧道右线平面线形为$R_右$=(1300+1300)m。

3.2 纵断面设计

隧道左线纵坡为+1.833%的上坡(沿路线前进方向上坡为正),全长827.68m。

隧道右线纵坡为+1.808%的上坡,全长818m。

3.3 横通道

本隧道按照规范及安全要求设置了两处行人横洞。

行人横洞设置间距约270m一道,均与隧道轴线正交。

横洞应尽可能设置围岩较好地段,当实际地质情况有变化时,可适当调整横洞位置。横洞与主隧道连接处施工时,应注意施工方法,尽量减少对围岩的扰动。

四、隧道土建设计

4.1 衬砌内轮廓

4.1.1 主洞内轮廓

隧道净空断面的确定不仅要满足隧道建筑限界的要求,还要满足隧道的照明、运营管理设施、装饰等所占空间及施工误差。隧道内轮廓通过对单心圆、扁平三心圆和三心圆几种断面形式进行综合比较,结合隧道衬砌结构受力特性及工程造价等因素,隧道衬砌内轮廓采用半径为5.5m的单心圆。

4.1.2 横洞内轮廓

行人横洞净空:2.0m(宽)×2.5m(高)。

4.2 隧道洞口设计

隧道洞门的设计考虑了洞口的地形和地质条件,结合洞口地段排水要求,按照"早进洞、晚出洞"的原则,尽量采用小开挖的进洞方案,减少洞口边坡、仰坡的开挖,保证岩(土)体的稳定性,尽可能保持原地形的绿色植被坡面。洞门结构设计采用各种结构简洁、美观实用的结构形式,同时也考虑了洞门设计与洞口周围环境的协调一致。

结合本隧道进出口实际地形、地质情况,隧道进口左右线洞门均采用端墙式洞门,出口左右线洞门均采用端墙式洞门。洞口段临时开挖边、仰坡采用锚喷防护,隧道明洞顶回填面回填采用方格网植草防护和锚杆框架植草防护。在隧道洞口施工过程中应注意从上到下,边开挖边防护,严禁放大炮,以防对边坡的深层产生松动破坏。

4.3 隧道衬砌设计

本隧道衬砌结构均按照新奥法原理进行设计,隧道采用复合式衬砌,即初期支护采用锚网喷混凝土和钢拱架,在地质条件较差段辅以不同形式的超前支护,二次衬砌为模筑混凝土或钢筋混凝土。衬砌设计支护参数通过工程类比和计算分析综合确定。

隧道复合式衬砌设计的主要有以下原则。

(1)初期支护。

Ⅴ级围岩由工字钢、钢筋网及喷射混凝土组成,Ⅳ级围岩由工字钢、系统锚杆、钢筋网及喷射混凝土组成,对Ⅴ级围岩及Ⅳ级浅埋地段辅以不同形式的超前支护,Ⅱ、Ⅲ级围岩由系统锚杆,钢筋网及喷射混凝土组成。对于Ⅴ级洞口段围岩软弱、压力较大的段落则根据实际情况设置临时仰拱以控制围岩变形。

(2)二次衬砌。

一般情况下采用素混凝土,以方便施工,但是当在软弱围岩地段则采用钢筋混凝土,以确保隧道结构的安全。二次衬砌施作的合理时间应根据围岩地质情况和施工监测数据确定。主洞衬砌支护参数如下表所示。

围岩地质情况	初期支护				C25二衬混凝土	辅助施工
	锚杆/小导管	钢筋网	C20喷射混凝土	钢拱架		
明洞(A-A)(B-B)	—	—	—	—	拱墙、仰拱 60cm(钢筋混凝土)	—
有仰拱	ø42mm注浆小导管 L=4m Δ80cm@100cm	Φ8(单层) 20cm×20cm	δ24cm	I18工字钢 Δ60cm	拱墙、仰拱 45cm(钢筋混凝土)	超前小导管
无仰拱	ø22mm砂浆锚杆 L=3m Δ100cm@120cm	Φ8(单层) 25cm×25cm	δ22cm	I16工字钢 Δ100cm	拱墙35cm	—

工程负责		校对		工程名称	XX隧道工程	隧道设计说明(三)					工程编号
工种负责		审核		项目名称	隧道						
设计		审定		建设单位		设计阶段	施设	比例	出图日期	XXXX-XX-XX	图号 001-3

隧道设计说明（四）

4.4 结构抗震设计

根据《中国地震动参数区划图》（GB 18306−2015），隧址区抗震设防烈度属Ⅵ度区，隧道设计中需注意结构的抗震与减震设计。

主要处理措施如下。

（1）结合地形、地质情况，合理地选择隧道洞口的位置。

（2）洞口及浅埋段施工中采用先加固地层，然后进行施工开挖，以防坍塌。

（3）尽量降低洞口段边坡、仰坡的开挖高度，对开挖面进行喷射混凝土挂网防护。

（4）严格施工工序，减少对围岩的扰动。

4.5 辅助施工措施

本隧道设计采用的超前支护措施主要有超前长管棚、超前小导管、超前锚杆等。超前长管棚：一般设于两端洞口，用以防止隧道开挖塌方和仰坡变形；超前小导管：适用于Ⅴ级围岩，用以防止隧道开挖发生塌方；超前锚杆：适用于Ⅳ级围岩，用于提高施工中围岩的稳定性。

（1）超前长管棚。

设置于隧道洞口，管棚入土深度是结合地形、地质情况确定。管棚钢管均采用ø108mm×6mm热轧无缝钢管，环向间距40cm，接头用长15cm的丝扣直接对口连接。钢管设置于衬砌拱部，平行路面中线布置。要求钢管偏离设计位置的施工误差不大于20cm，沿隧道纵向同一横断面内接头数不大于50%，相邻钢管接头数至少须错开1.0m。为增强钢管的刚度，注浆完成后管内应以M30水泥砂浆填充。为了保证钻孔方向，在明洞衬砌外设60cm厚C25钢架混凝土套拱，套拱纵向长2.0m。考虑钻进中的下垂，钻孔方向应较钢管设计方向上偏1°。钻孔位置，方向均应采用测量仪器测定，在钻进过程中也必须用测斜仪测定钢管偏斜度，发现偏斜有可能超限，应及时纠正，以免影响开挖和支护。

（2）双层小导管。

设置于隧道Ⅳ级围岩洞口，并结合地形地质情况确定，采用外径42mm、壁厚3.5mm热轧无缝钢管，钢管环向间距约40cm，以14°～20°（6°～10°）仰角打入拱部围岩，纵距结合钢架设置，小导管纵向至少需搭接1.0m。

（3）超前小导管。

设置在隧道洞内无长管棚支护的Ⅴ级围岩地段，采用ø42mm的热轧无缝钢管。钢管环向间距约40cm，外插角控制在10°～15°左右，尾端支撑于钢架上，也可焊接于系统锚杆的尾端，每排小导管纵向至少需搭接1.0m。

注浆宜采用单液注浆，不仅可简化工艺、降低造价，而且固结强度高，因此注浆前均应进行单液注浆试验。单液注浆以水泥为主，添加5%的水玻璃（质量比），如单液注浆效果好，能达到固结围岩的目的，全隧道均可用单液注浆方案，如可灌性差，再进行水泥−水玻璃双液注浆试验。双液注浆参数应在本设计的基础上通过现场试验按实际情况调整。

注浆一般按单管达到设计注浆量作为注浆结束的标准。当注浆压力达到设计终压10min后，进浆量仍达不到设计注浆量时，也可结束注浆。注浆作业中应认真做好记录，随时分析和改进作业，并注意观察初期支护和工作面状态，保证安全。

4.6 隧道防排水设计

隧道防排水应遵循"防、排、堵、截结合，因地制宜，综合治理"的原则，争取隧道建成后达到洞内基本干燥的要求，保证结构和设备的正常使用和行车安全。隧道防排水设计应对地表水、地下水妥善处理，形成一个完善通畅的防排水系统。为了防止排水沟管的淤塞及考虑到对环境的保护，设计过程中坚持将清洁的地下渗水与路面污水分开排放的原则。

（1）衬砌防水。

在初期支护和二次衬砌之间敷设防水层，二次衬砌采用防水混凝土，隧道施工缝采用带注浆管的膨胀止水条，沉降缝采用橡胶止水带。防水板搭接接头应避开施工缝变形缝处。

（2）衬砌排水。

在初期支护与防水板之间布设纵向、环向系统排水盲沟，通过埋设在衬砌底部的排水管引入隧道侧向盲沟，排出洞外。对于开挖后围岩壁面的集中出水点需注浆封堵后设置引排盲管，将地下水集中排放。

（3）路面路基排水。

在隧道路面两侧处设边沟排路面水，使污水和衬砌围岩水分开排。将水引至洞外，经处理后排放。为了防止路面底层地下水上升到路面影响行车安全，在路面平整层下设置了ø5cmHDPE单壁打孔波纹管，汇入侧向盲沟。

（4）注浆堵水。

当隧道开挖后水量很大，地表水泄漏，对地表生态环境影响严重时，将考虑对围岩注浆堵水的措施，限制或减少水的排泄。

4.7 路面

隧道采用沥青混凝土复合式路面，沥青上面层采用AC−13C细粒式改性沥青混凝土，中面层采用AC−20C中粒式改性沥青混凝土，水泥混凝土面层采用26cm厚的C40水泥混凝土面板，面板混凝土要求28d抗弯拉强度值不少于5MPa。基层采用15cm厚的C20混凝土，基层下设10cm厚C20素混凝土整平层。

人行横洞采用水泥混凝土轻型路面，路面厚度15cm厚的C25水泥混凝土面板，其下设10cm厚的C20混凝土整平层。

五、隧道主要建筑材料及要求

（1）明洞衬砌采用C30钢筋混凝土，复合式衬砌初期支护采用C25喷射混凝土，二次衬砌采用C30防水混凝土，仰拱回填采用C20混凝土。C25喷射混凝土宜采用湿喷工艺，以保证初期支护质量。

（2）直径D<12mm的钢筋采用HPB300级钢筋，直径D≥12mm的钢筋及锚杆采用HRB400级钢筋；大管棚采用ø108mm热轧无缝钢管，壁厚6mm；超前小导管采用ø48mm热轧无缝钢管，壁厚3.5mm。型钢采用工18工字钢、工16工字钢、工14工字钢。

（3）砂浆锚杆采用HRB400钢，要求设置垫板（15cm×15cm×0.6cm），垫板采用HPB300钢板，水泥砂浆强度不低于M20，锚杆的抗拔力不低于50kN。

工程负责		校对		工程名称	XX隧道工程	隧道设计说明（四）						工程编号	
工种负责		审核		项目名称	隧道								
设计		审定		建设单位		设计阶段	施设	比例		出图日期	xxxx-xx-xx	图号	001-4

隧道设计说明（五）

（4）防水板采用1.5mm厚单面自粘HDPE复合防水卷材，高分子卷材厚度≥0.8mm，具体技术指标要求参考设计文件。

（5）无纺布。

①规格：每平方米质量>350g；厚度≥3.0mm。

②检测标准：断裂强力≥12.5kN/m；撕破强力≥0.33 kN/m；伸长率≥80%。

（6）HDPE（高密度聚乙烯）波纹管。

①打孔波纹管孔眼（10mm×1mm）~（30mm×3mm），360°范围。

②基本要求：无毒、耐酸碱。

③环刚度≥60kN/m^2

④透水面积≥40cm^2/m。

⑤纵向伸长率≤3%。

⑥扁平试验：垂直方向加压至外径变形量为原外径的40%时立即卸荷，试样不破裂、分层。

⑦落槌冲击试验：温度0℃，高度1m，用1kg落锤冲击10次，开裂次数应≤1次。

六、特殊地质不良地质处治措施

岩溶和岩溶水的的超前探测以超前地质预报为主要手段，采用动态设计、动态施工的原则进行处治。根据溶洞发育的规模及与隧道主洞的关系，采用TSP和超前地质雷达等超前地质预报系统对溶洞和不良地质进行超前预报，对异常段采用钻孔超前探测验证。根据钻孔揭示的地质情况和出水量采取相应的处治方案。

（1）岩溶水的处理。

为防止岩溶涌水，首先应采用超前钻孔探测，如超前探水孔的单孔流量较大（>2L/s），流量稳定，应采取预留止水岩盘（5~10m）进行超前深孔预注浆止水。如单孔流量较小（<2L/s），或流量衰减较快，可采取疏导排放的处理措施。

（2）溶洞的处理。

首先应采用地质雷达、TSP等超前地质预报技术查明岩溶分布状况、发育形态与发育规律，查明溶洞的填充状况及填充物的物理力学性质，查明溶洞内地下水发育状况及运动规律等，然后根据溶洞大小、所处位置、填充情况及地下水发育状况区别对待。根据目前国内外设计与施工经验，一般可采取跨越、加固洞穴，引排、截流岩溶水，清除充填物或注浆对软弱土地基加固，回填夯实、封闭地表塌陷、疏排地表水等工程综合治理措施。

（3）岩溶段隧道支护处理。

隧道穿越岩溶段时，衬砌支护参数相应提高一级，必要时增设仰拱。当与隧道相交的溶洞规模较大，洞体深浚且其中大量充填松软不稳定的冲积物时，结构上可以采用桩基础或扩大基础梁板跨越形式，辅助施工可以采用洞内长管棚超前预注浆结合超前自进式锚杆等措施。

七、施工注意事项

（1）本设计所有配筋的预留洞室，需经隧道主体结构设计单位的认可方可施工。

（2）预留洞室外的防水板应按隧道土建施工要求做到连续、密封，防止漏水。

（3）仰拱施工须严格按照设计开挖到位，清除虚渣、杂物和积水。基底超挖部分须用相同等级混凝土或片石混凝土回填，不得用洞渣回填。仰拱须整断面一次浇筑成型，当变形控制难度大时可采用分幅浇筑，但应做好钢架、钢筋连接。

（4）二次衬砌模板台车应配备养护喷管，洞身、洞口段混凝土洒水养护时间应分别不少于7d、14d，强度低于设计和规范要求严禁拆模。

（5）施工便道设置不得加剧隧道偏压及导致仰坡失稳。

（6）本设计内的说明和附注，仅为必要的强调和补充，其他未尽事宜应按有关规范处理。

工程负责		校对		工程名称	××隧道工程	隧道设计说明（五）					工程编号
工种负责		审核		项目名称	隧道						
设计		审定		建设单位		设计阶段	施设	比例		出图日期 xxxx-xx-xx	图号 001-5

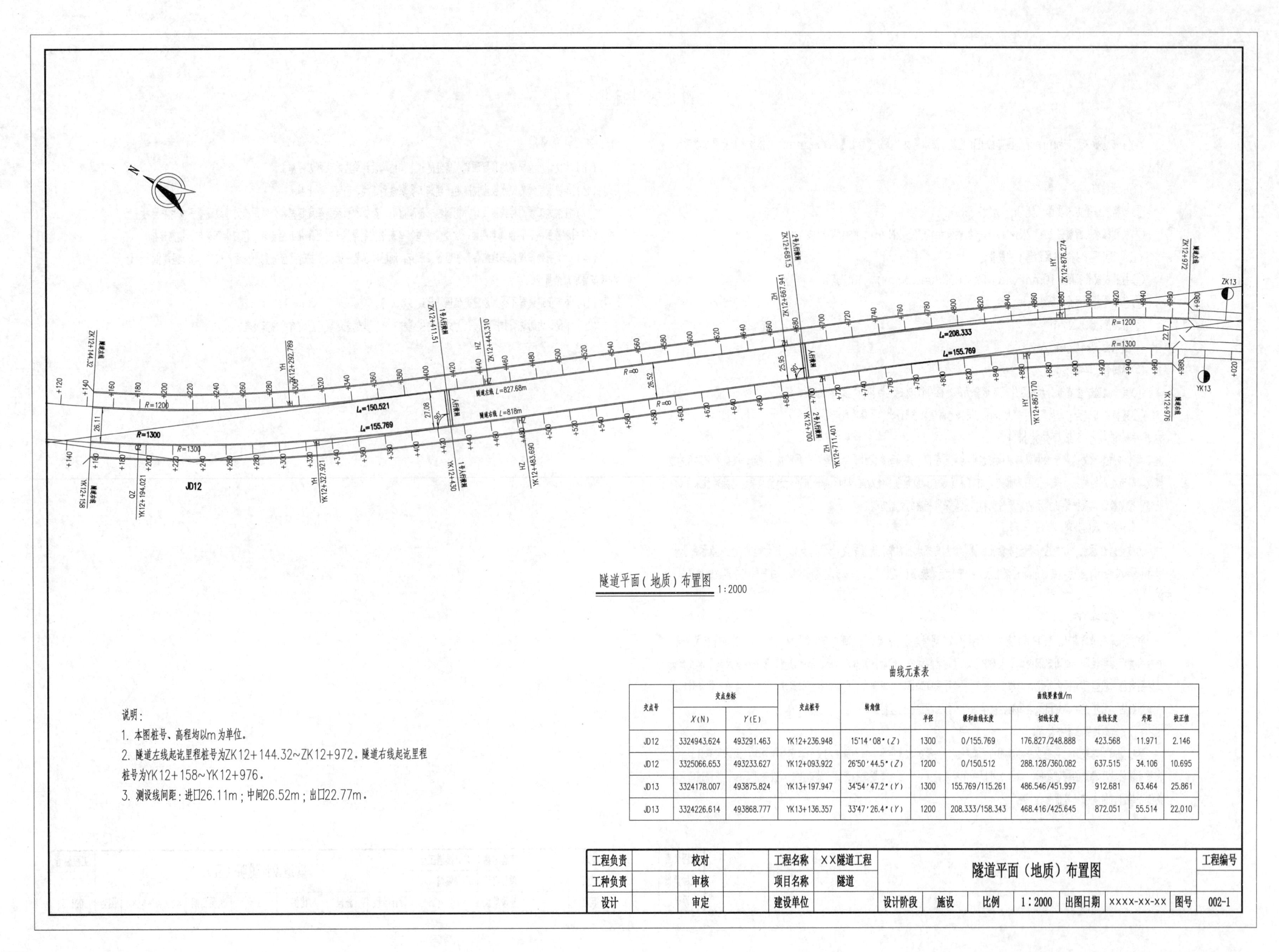

隧道平面（地质）布置图 1∶2000

说明：

1. 本图桩号、高程均以m为单位。
2. 隧道左线起讫里程桩号为ZK12+144.32~ZK12+972，隧道右线起讫里程桩号为YK12+158~YK12+976。
3. 测设线间距：进口26.11m；中间26.52m；出口22.77m。

曲线元素表

交点号	交点坐标		交点桩号	转角值	曲线要素值/m					
	X(N)	Y(E)			半径	缓和曲线长度	切线长度	曲线长度	外距	校正值
JD12	3324943.624	493291.463	YK12+236.948	15°14′08″(Z)	1300	0/155.769	176.827/248.888	423.568	11.971	2.146
JD12	3325066.653	493233.627	YK12+093.922	26°50′44.5″(Z)	1200	0/150.512	288.128/360.082	637.515	34.106	10.695
JD13	3324178.007	493875.824	YK13+197.947	34°54′47.2″(Y)	1300	155.769/115.261	486.546/451.997	912.681	63.464	25.861
JD13	3324226.614	493868.777	YK13+136.357	33°47′26.4″(Y)	1200	208.333/158.343	468.416/425.645	872.051	55.514	22.010

工程负责		校对		工程名称	XX隧道工程	隧道平面（地质）布置图						工程编号
工种负责		审核		项目名称	隧道							
设计		审定		建设单位		设计阶段	施设	比例	1∶2000	出图日期	XXXX-XX-XX	图号 002-1

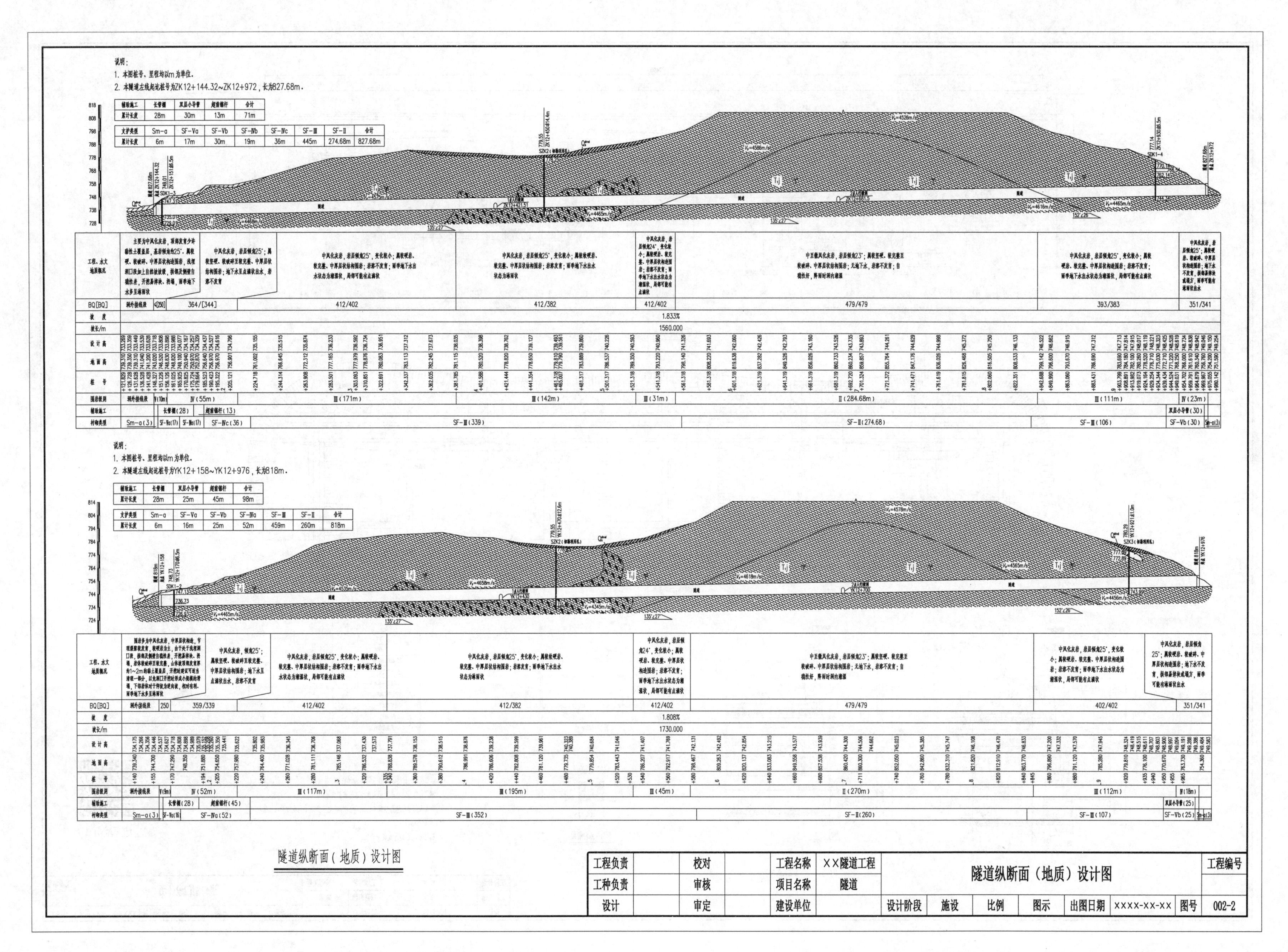

说明：
1. 本图桩号、里程均以m为单位。
2. 本隧道左线起讫桩号为ZK12+144.32～ZK12+972，长为827.68m。
辅助施工 | 长管棚 | 双层小导管 | 超前锚杆 | 合计
累计长度 | 28m | 30m | 13m | 71m
支护类型 | Sm-a | SF-Va | SF-Vb | SF-Wb | SF-Wc | SF-Ⅲ | SF-Ⅱ | 合计
累计长度 | 6m | 17m | 30m | 19m | 36m | 445m | 274.68m | 827.68m
工程、水文地质概况
BQ[BQ]
坡度
坡长/m
设计高
地面高
桩号
围岩级别
辅助施工
衬砌类型
1.833%
1560.000
说明：
1. 本图桩号、里程均以m为单位。
2. 本隧道左线起讫桩号为YK12+158～YK12+976，长为818m。
辅助施工 | 长管棚 | 双层小导管 | 超前锚杆 | 合计
累计长度 | 28m | 25m | 45m | 98m
支护类型 | Sm-a | SF-Va | SF-Vb | SF-Wa | SF-Ⅲ | SF-Ⅱ | 合计
累计长度 | 6m | 16m | 25m | 52m | 459m | 260m | 818m
1.808%
1730.000
隧道纵断面（地质）设计图
工程负责
工种负责
设计
校对
审核
审定
工程名称
XX隧道工程
项目名称
隧道
建设单位
隧道纵断面（地质）设计图
工程编号
设计阶段
施设
比例
图示
出图日期
XXXX-XX-XX
图号
002-2

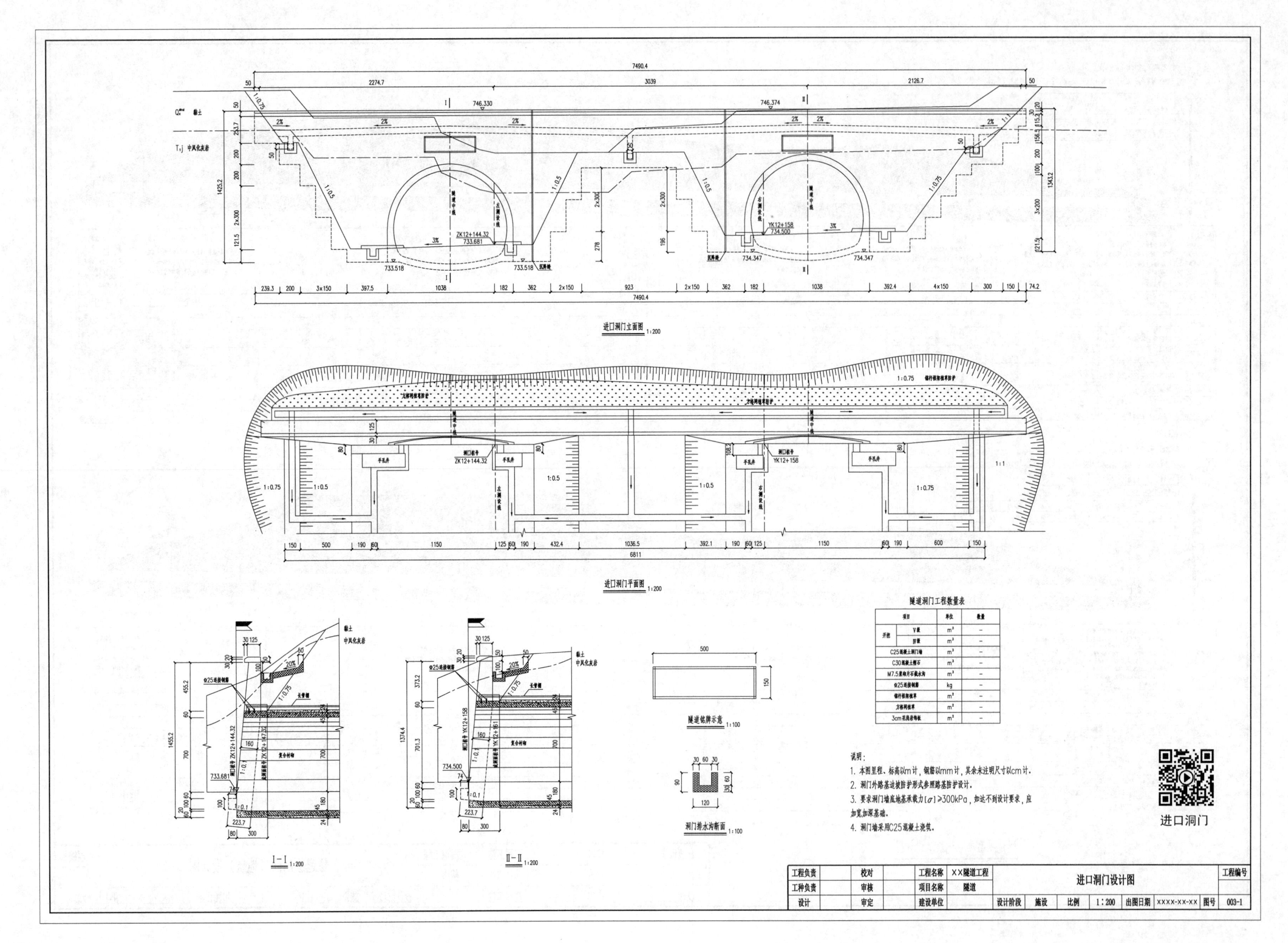

隧道洞门工程数量表

项目		单位	数量
开挖	Ⅴ级	m^3	–
	Ⅳ级	m^3	–
C25混凝土洞门墙		m^3	–
C30混凝土帽石		m^3	–
M7.5浆砌片石截水沟		m^3	–
⌀25连接钢筋		kg	–
锚杆框架植草		m^2	–
方格网植草		m^2	–
3cm花岗岩饰板		m^2	–

说明：

1. 本图里程、标高以m计，钢筋以mm计，其余未注明尺寸以cm计。
2. 洞门外路基边坡防护形式参照路基防护设计。
3. 要求洞门墙底地基承载力$[\sigma]\geq 300$kPa，如达不到设计要求，应加宽加深基础。
4. 洞门墙采用C25混凝土浇筑。

工程负责		校对		工程名称	XX隧道工程	进口洞门设计图						工程编号
工种负责		审核		项目名称	隧道							
设计		审定		建设单位		设计阶段	施设	比例	1:200	出图日期	XXXX-XX-XX	图号 003-1

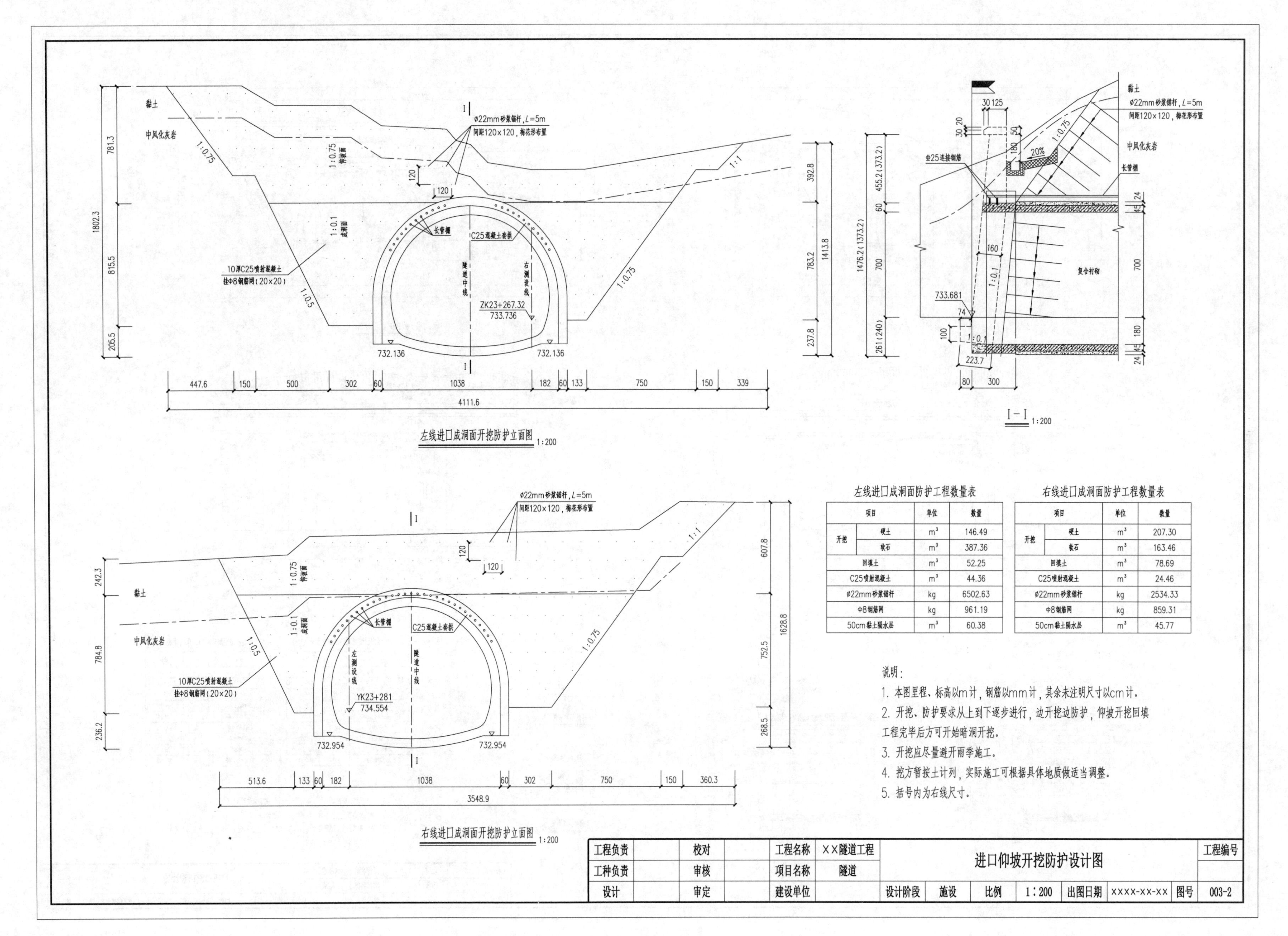

左线进口成洞面防护工程数量表

项目		单位	数量
开挖	硬土	m^3	146.49
	软石	m^3	387.36
回填土		m^3	52.25
C25喷射混凝土		m^3	44.36
ø22mm砂浆锚杆		kg	6502.63
Φ8钢筋网		kg	961.19
50cm黏土隔水层		m^3	60.38

右线进口成洞面防护工程数量表

项目		单位	数量
开挖	硬土	m^3	207.30
	软石	m^3	163.46
回填土		m^3	78.69
C25喷射混凝土		m^3	24.46
ø22mm砂浆锚杆		kg	2534.33
Φ8钢筋网		kg	859.31
50cm黏土隔水层		m^3	45.77

说明：

1. 本图里程、标高以m计，钢筋以mm计，其余未注明尺寸以cm计。
2. 开挖、防护要求从上到下逐步进行，边开挖边防护，仰坡开挖回填工程完毕后方可开始暗洞开挖。
3. 开挖应尽量避开雨季施工。
4. 挖方暂按土计列，实际施工可根据具体地质做适当调整。
5. 括号内为右线尺寸。

工程负责		校对		工程名称	XX隧道工程	进口仰坡开挖防护设计图						工程编号
工种负责		审核		项目名称	隧道							
设计		审定		建设单位		设计阶段	施设	比例	1:200	出图日期	XXXX-XX-XX	图号 003-2

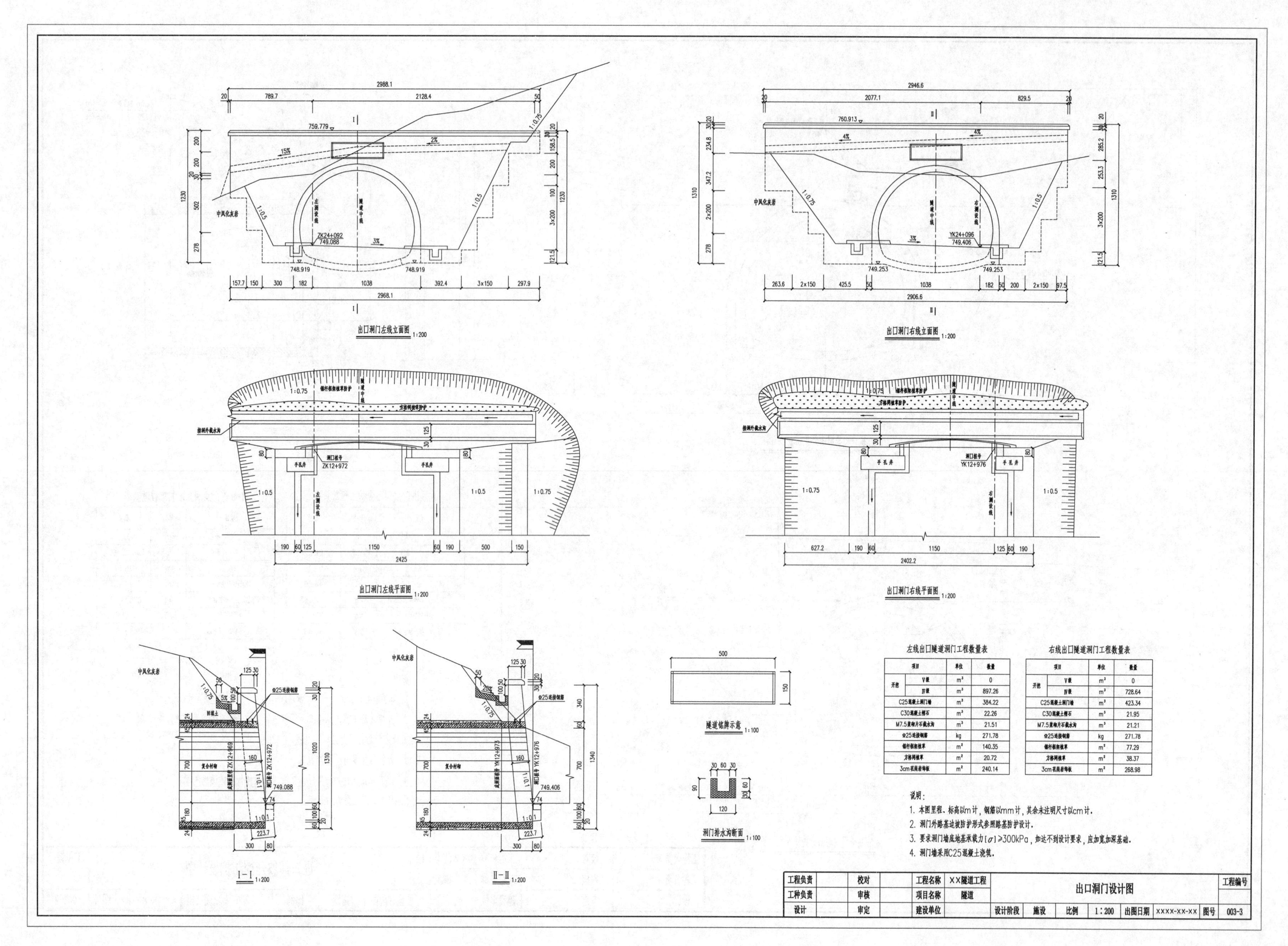

左线出口隧道洞门工程数量表

项目		单位	数量
开挖	V级	m^3	0
	Ⅳ级	m^3	897.26
C25混凝土洞门墙		m^3	384.22
C30混凝土帽石		m^3	22.26
M7.5浆砌片石截水沟		m^3	21.51
Φ25连接钢筋		kg	271.78
锚杆框架植草		m^2	140.35
方格网植草		m^2	20.72
3cm花岗岩饰板		m^2	240.14

右线出口隧道洞门工程数量表

项目		单位	数量
开挖	V级	m^3	0
	Ⅳ级	m^3	728.64
C25混凝土洞门墙		m^3	423.34
C30混凝土帽石		m^3	21.95
M7.5浆砌片石截水沟		m^3	21.21
Φ25连接钢筋		kg	271.78
锚杆框架植草		m^2	77.29
方格网植草		m^2	38.37
3cm花岗岩饰板		m^2	268.98

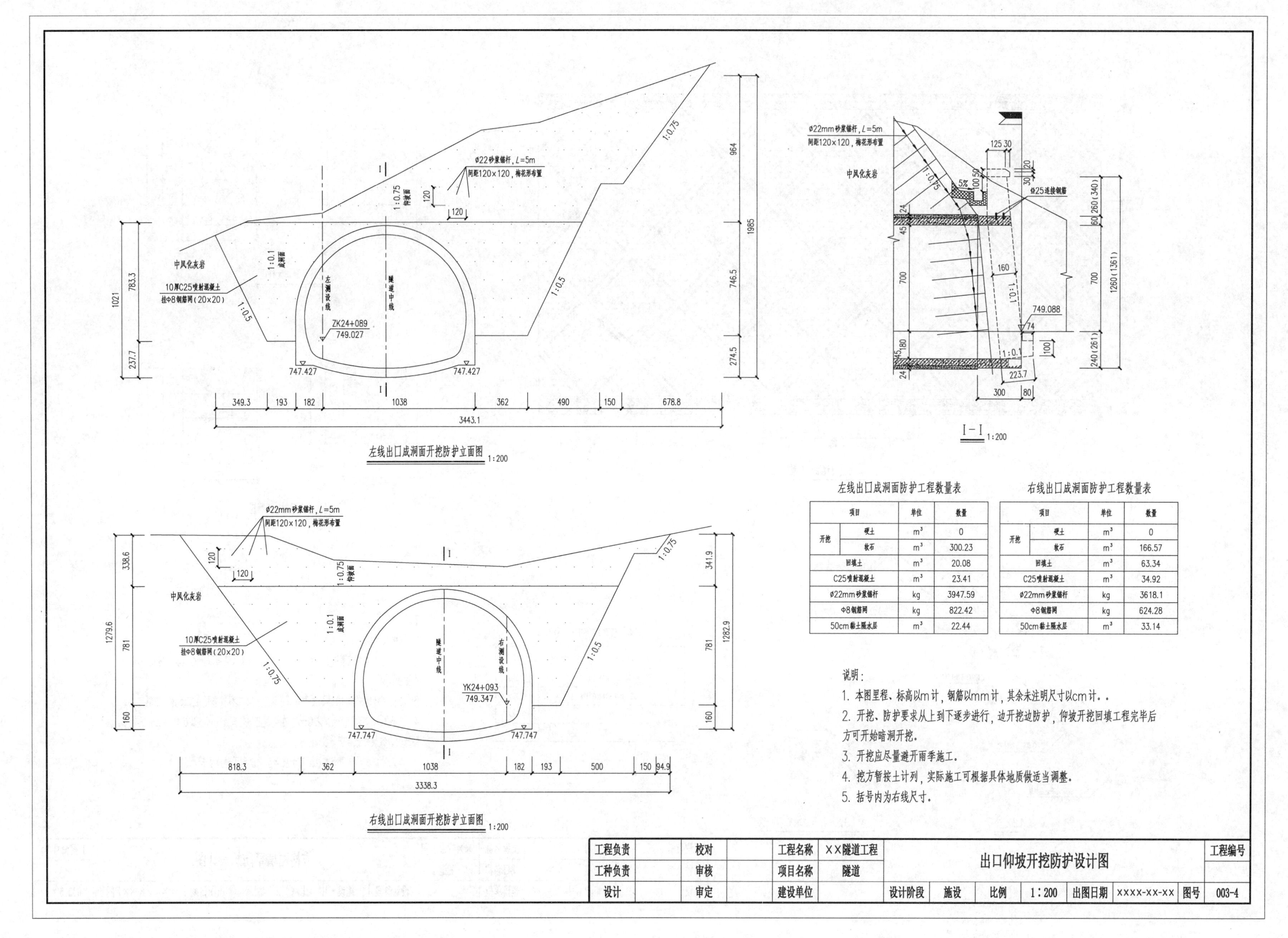

左线出口成洞面防护工程数量表

项目		单位	数量
开挖	硬土	m^3	0
	软石	m^3	300.23
回填土		m^3	20.08
C25喷射混凝土		m^3	23.41
ϕ22mm砂浆锚杆		kg	3947.59
Φ8钢筋网		kg	822.42
50cm黏土隔水层		m^3	22.44

右线出口成洞面防护工程数量表

项目		单位	数量
开挖	硬土	m^3	0
	软石	m^3	166.57
回填土		m^3	63.34
C25喷射混凝土		m^3	34.92
ϕ22mm砂浆锚杆		kg	3618.1
Φ8钢筋网		kg	624.28
50cm黏土隔水层		m^3	33.14

说明：

1. 本图里程、标高以m计，钢筋以mm计，其余未注明尺寸以cm计。.
2. 开挖、防护要求从上到下逐步进行，边开挖边防护，仰坡开挖回填工程完毕后方可开始暗洞开挖。
3. 开挖应尽量避开雨季施工。
4. 挖方暂按土计列，实际施工可根据具体地质做适当调整。
5. 括号内为右线尺寸。

工程负责		校对		工程名称	XX隧道工程	出口仰坡开挖防护设计图						工程编号
工种负责		审核		项目名称	隧道							
设计		审定		建设单位		设计阶段	施设	比例	1∶200	出图日期	XXXX-XX-XX	图号 003-4

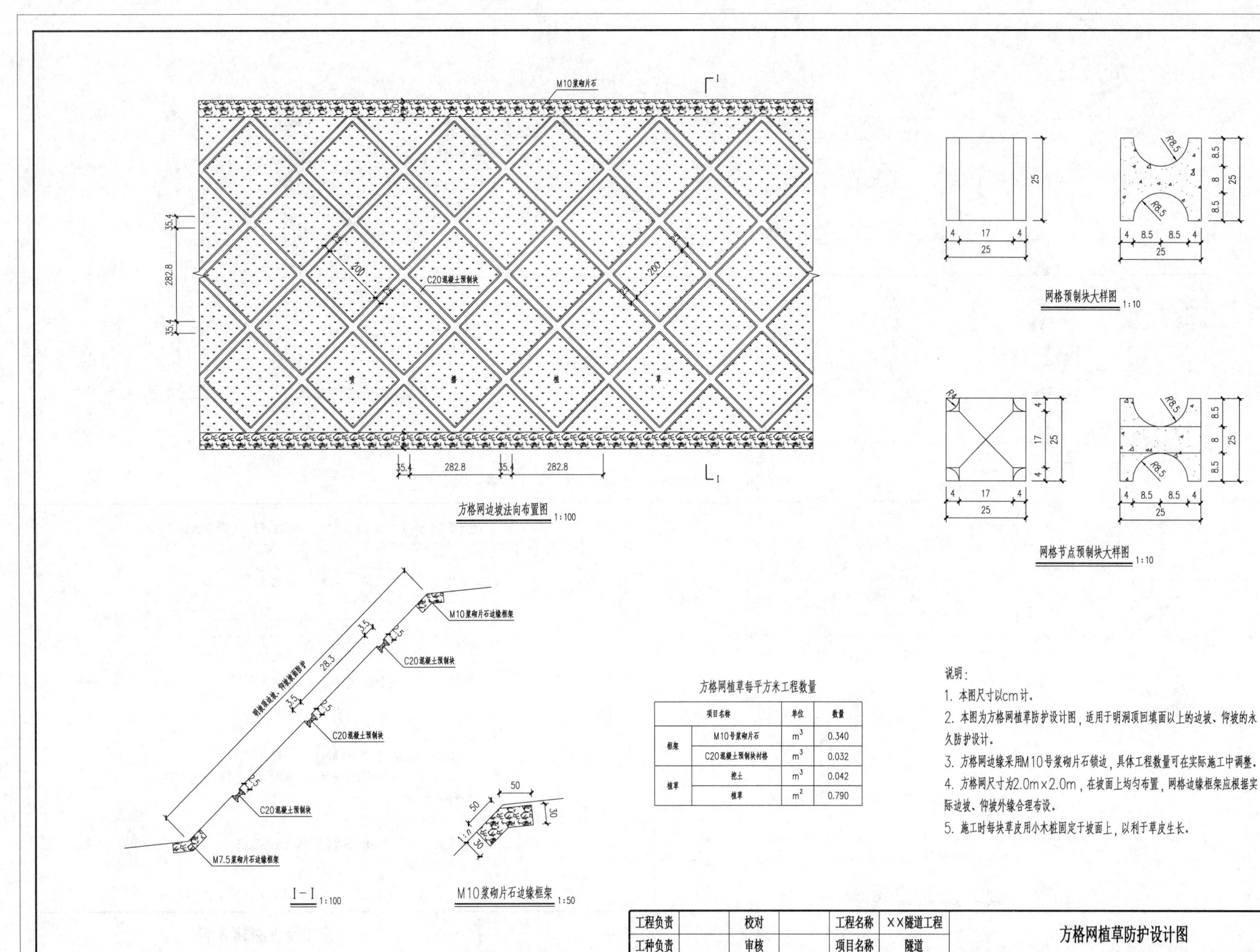

方格网植草每平方米工程数量

项目名称		单位	数量
框架	M10号浆砌片石	m^3	0.340
	C20混凝土预制块衬格	m^3	0.032
植草	挖土	m^3	0.042
	植草	m^2	0.790

说明：

1. 本图尺寸以cm计。
2. 本图为方格网植草防护设计图，适用于明洞顶回填面以上的边坡、仰坡的永久防护设计。
3. 方格网边缘采用M10号浆砌片石锁边，具体工程数量可在实际施工中调整。
4. 方格网尺寸为2.0m×2.0m，在坡面上均匀布置，网格边缘框架应根据实际边坡、仰坡外缘合理布设。
5. 施工时每块草皮用小木桩固定于坡面上，以利于草皮生长。

工程负责		校对		工程名称	XX隧道工程	方格网植草防护设计图							工程编号
工种负责		审核		项目名称	隧道								
设计		审定		建设单位		设计阶段	施设	比例	图示	出图日期	XXXX-XX-XX	图号	003-5

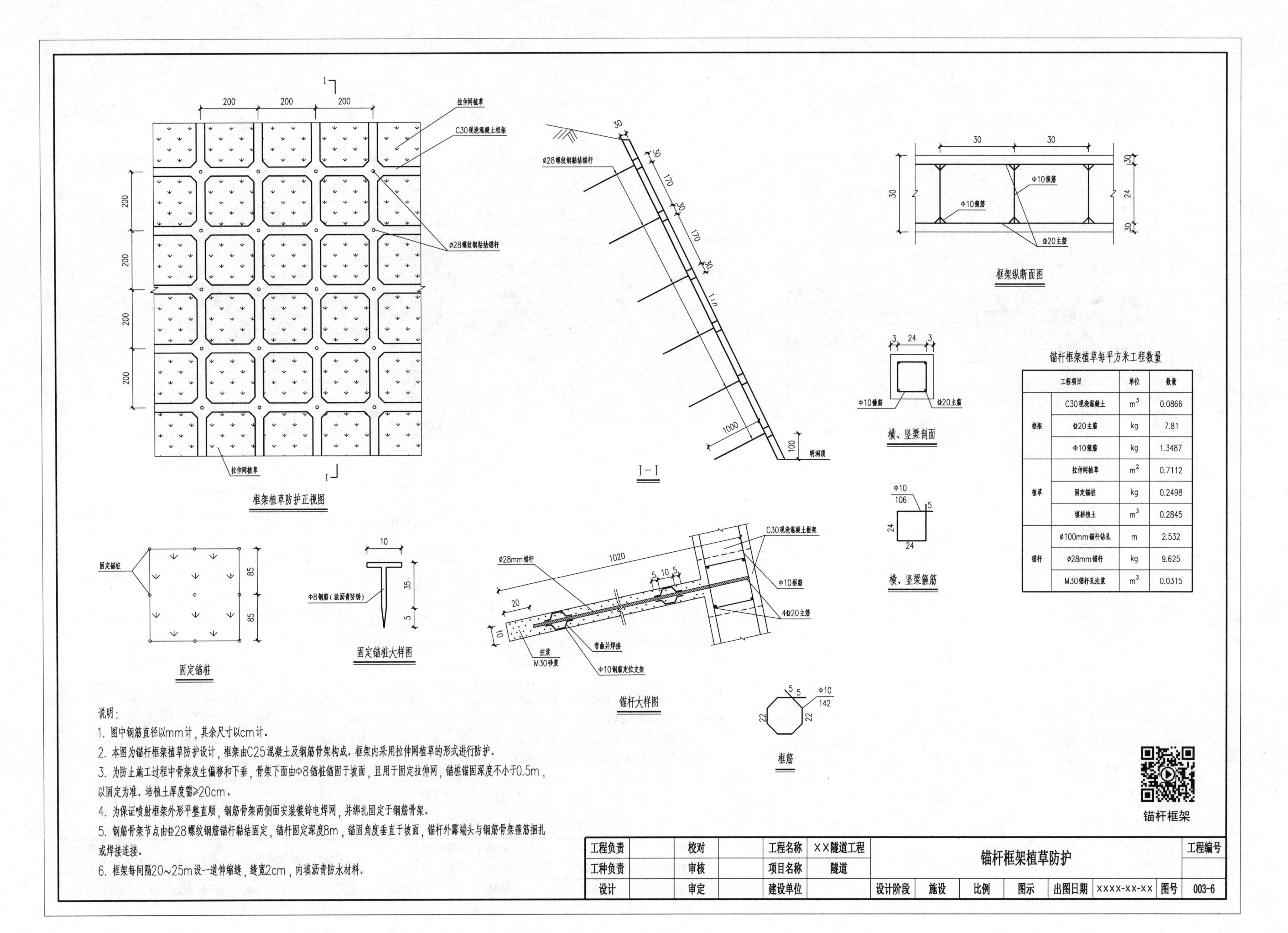

锚杆框架植草每平方米工程数量

工程项目		单位	数量
框架	C30现浇混凝土	m^3	0.0866
	⌀20主筋	kg	7.81
	Φ10箍筋	kg	1.3487
植草	拉伸网植草	m^2	0.7112
	固定锚桩	kg	0.2498
	填耕植土	m^3	0.2845
锚杆	ø100mm锚杆钻孔	m	2.532
	ø28mm锚杆	kg	9.625
	M30锚杆孔注浆	m^3	0.0315

说明：

1. 图中钢筋直径以mm计，其余尺寸以cm计。
2. 本图为锚杆框架植草防护设计，框架由C25混凝土及钢筋骨架构成。框架内采用拉伸网植草的形式进行防护。
3. 为防止施工过程中骨架发生偏移和下垂，骨架下面由Φ8锚桩锚固于坡面，且用于固定拉伸网，锚桩锚固深度不小于0.5m，以固定为准。培植土厚度需≥20cm。
4. 为保证喷射框架外形平整直顺，钢筋骨架两侧面安装镀锌电焊网，并绑扎固定于钢筋骨架。
5. 钢筋骨架节点由⌀28螺纹钢筋锚杆黏结固定，锚杆固定深度8m，锚固角度垂直于坡面，锚杆外露端头与钢筋骨架箍筋捆扎或焊接连接。
6. 框架每间隔20~25m设一道伸缩缝，缝宽2cm，内填沥青防水材料。

工程负责		校对		工程名称	XX隧道工程	锚杆框架植草防护						工程编号
工种负责		审核		项目名称	隧道							
设计		审定		建设单位		设计阶段	施设	比例	图示	出图日期	XXXX-XX-XX	图号 003-6

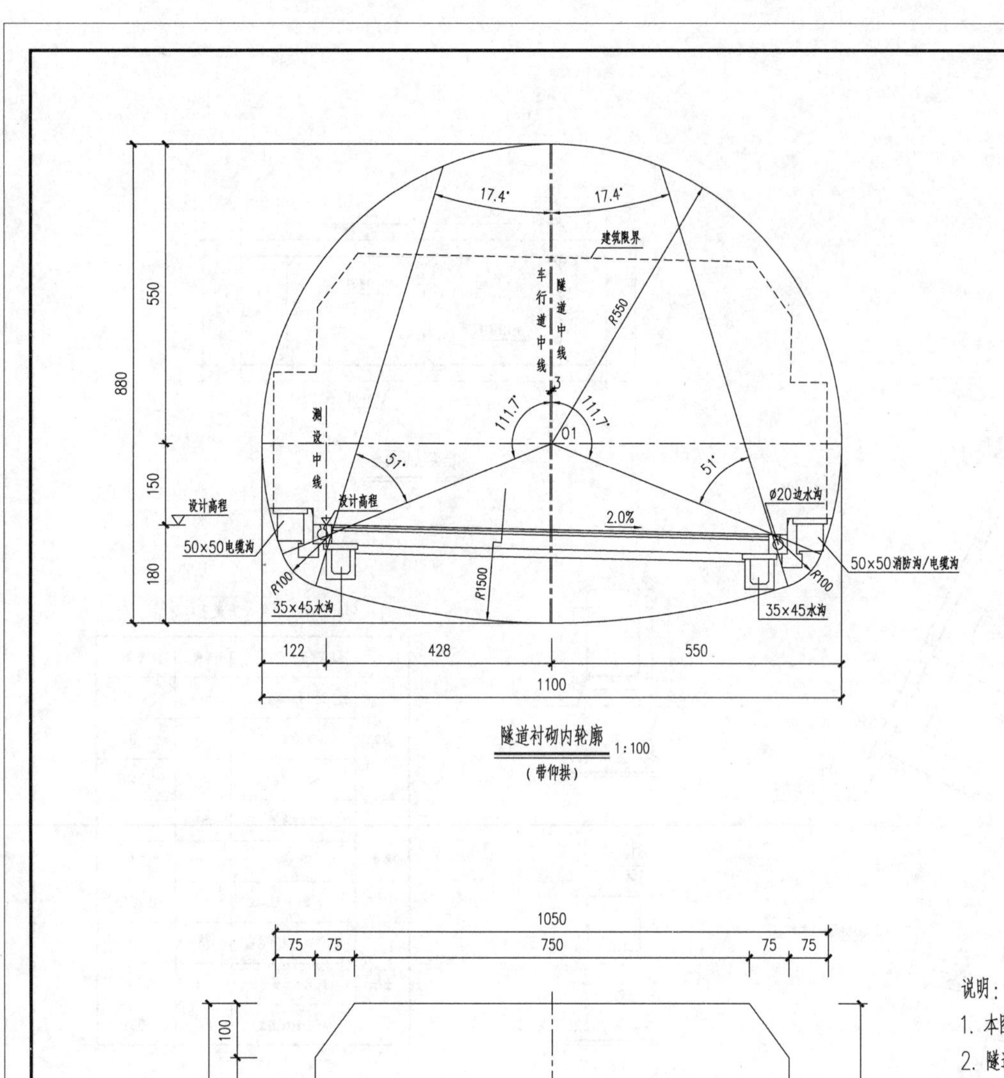

隧道衬砌内轮廓 1:100

（带仰拱）

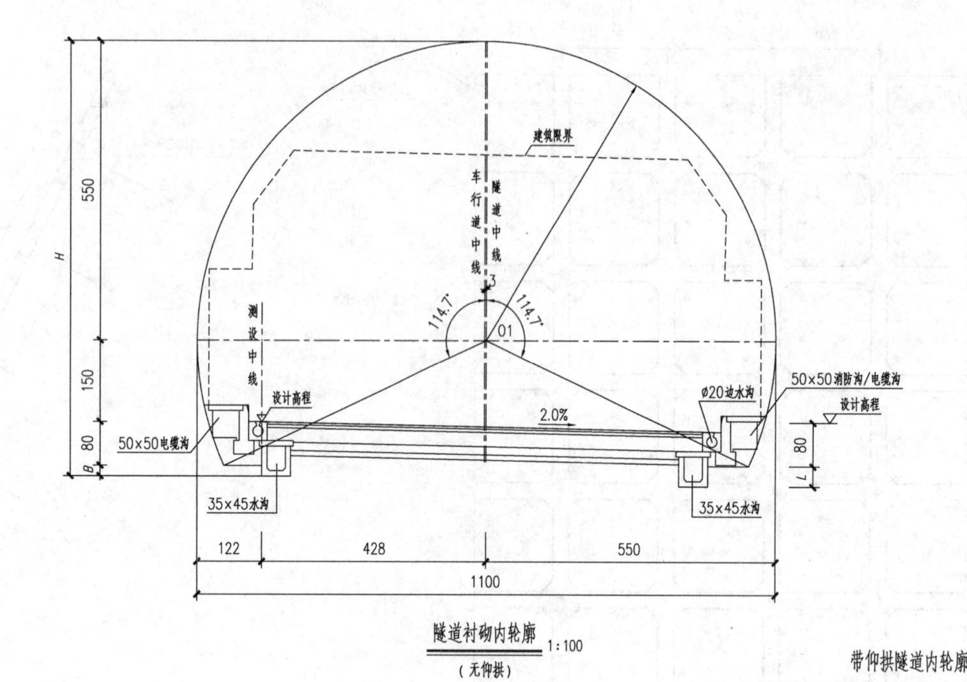

隧道衬砌内轮廓 1:100

（无仰拱）

建筑限界 1:100

说明：

1. 本图尺寸以cm计。
2. 隧道内设计速度为80km/h。
3. 本图根据《公路隧道设计规范》（JTG D70—2004）、《公路工程技术标准》（JTG B01—2014）、《公路隧道设计细则》（JTG/T D70—2010），并结合本工程技术标准和特点拟定。
4. 隧道建筑限界与隧道衬砌内轮廓之间空隙考虑通风设施、照明、监控、内装修等运营管理设施。
5. 本图为右线隧道建筑限界及内轮廓设计图，路面横坡为−2%，左线参照本图调整路面横坡、检修道及边水沟高程即可。

无仰拱隧道基本参数

路面横坡	*H*	*B*	*L*
−2%	799.5	19.5	37.5
2%	800.5	20.5	2.5
−3%	799.2	19.2	46.5
3%	800.7	20.7	0

隧道建筑限界参数

项目	单位	指标
限界宽度	m	10.50
限界高度	m	5.00

带仰拱隧道内轮廓参数

项目		单位	指标
带仰拱	隧道断面面积	m^2	79.16
	隧道断面周长	m	32.32

无仰拱隧道内轮廓参数

路面横坡	项目	单位	指标
−2%	隧道断面面积	m^2	71.60
	隧道断面周长	m	33.37
2%	隧道断面面积	m^2	70.15
	隧道断面周长	m	33.03
−3%	隧道断面面积	m^2	71.98
	隧道断面周长	m	33.58
3%	隧道断面面积	m^2	69.79
	隧道断面周长	m	33.07

工程负责		校对		工程名称	XX隧道工程	主洞衬砌建筑限界及内轮廓设计图							工程编号
工种负责		审核		项目名称	隧道								
设计		审定		建设单位		设计阶段	施设	比例	1∶100	出图日期	xxxx-xx-xx	图号	004-1

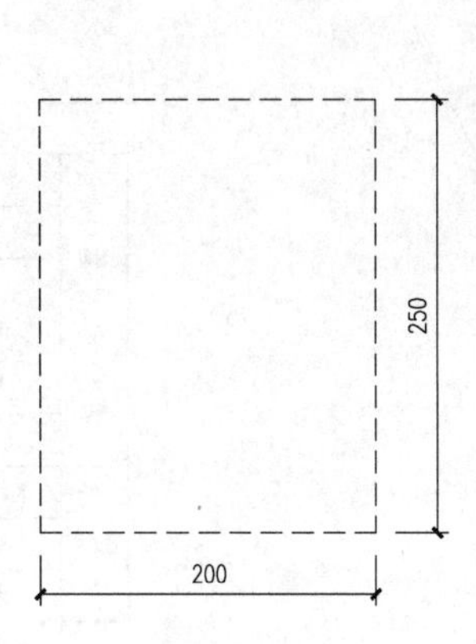

人行横洞建筑限界 1:50

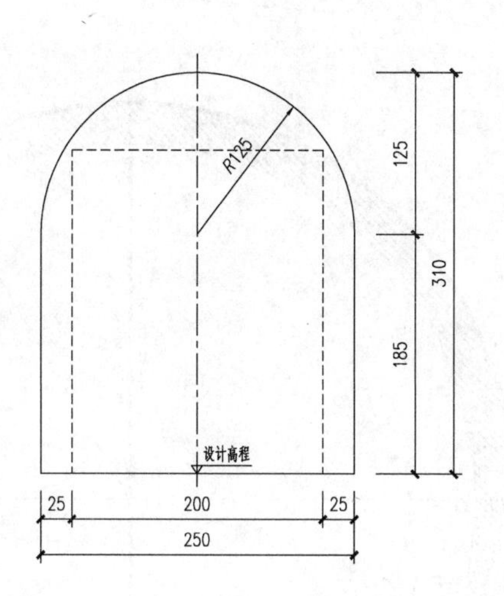

人行横洞内轮廓 1:50

说明：

1. 本图尺寸以cm计。
2. 隧道内设计速度为80km/h。
3. 本图根据《公路隧道设计规范》(JTG D70-2004)、《公路工程技术标准》(JTG B01-2014)、《公路隧道设计细则》(JTG/T D70-2010)，并结合本工程技术标准和特点拟定。
4. 车行横洞底面与主洞行车道平齐，人行横洞底面与主洞检修道平齐。
5. 车行横洞净空断面积为29.63m^2，人行横洞净空断面积为6.53m^2。

工程负责		校对		工程名称	XX隧道工程	人行横洞建筑限界及内轮廓设计图						工程编号
工种负责		审核		项目名称	隧道							
设计		审定		建设单位		设计阶段	施设	比例	1:50	出图日期	XXXX-XX-XX	图号 004-2

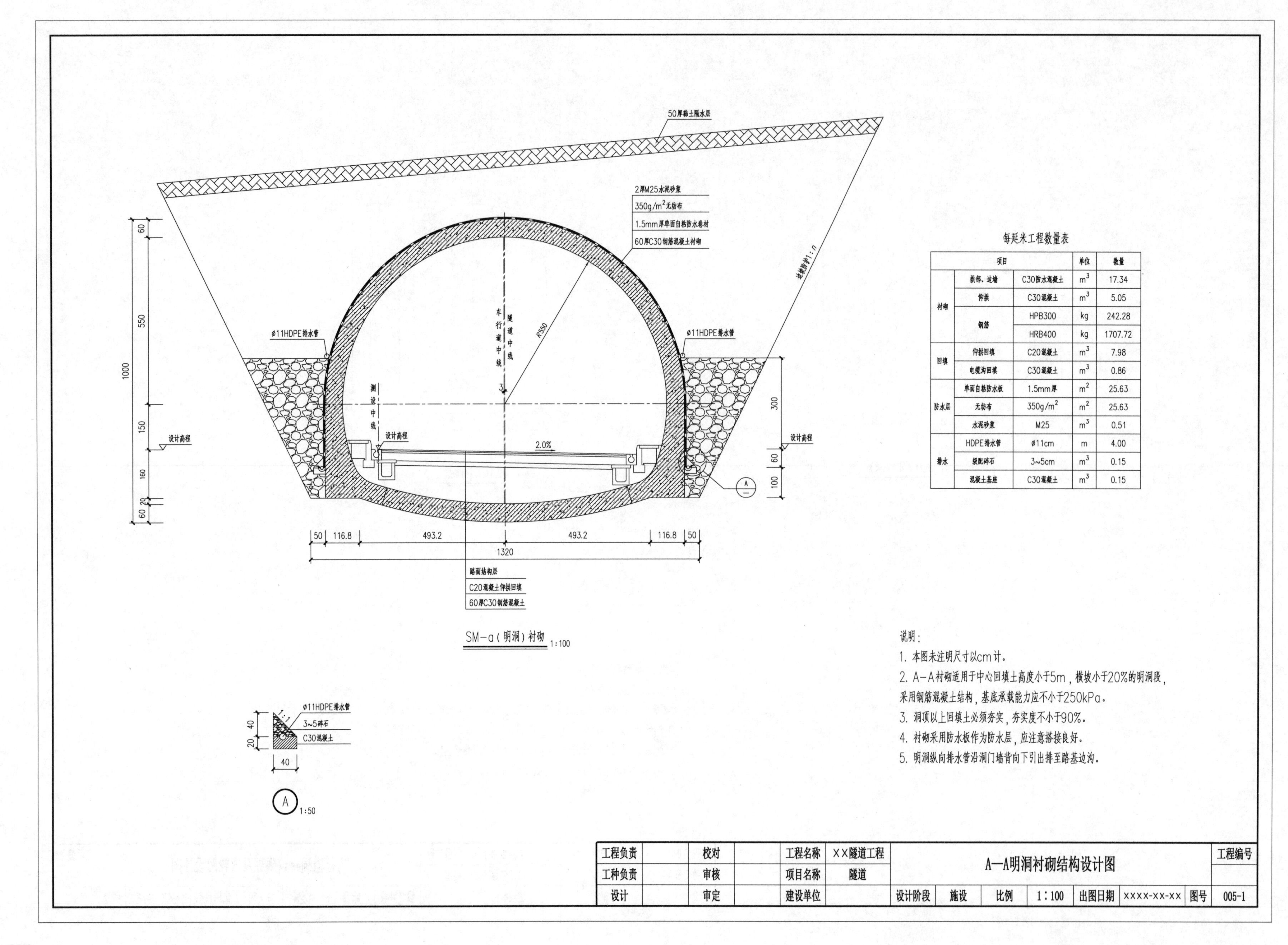

每延米工程数量表

项目			单位	数量
衬砌	拱部、边墙	C30防水混凝土	m^3	17.34
	仰拱	C30混凝土	m^3	5.05
	钢筋	HPB300	kg	242.28
		HRB400	kg	1707.72
回填	仰拱回填	C20混凝土	m^3	7.98
	电缆沟回填	C30混凝土	m^3	0.86
防水层	单面自粘防水板	1.5mm厚	m^2	25.63
	无纺布	$350g/m^2$	m^2	25.63
	水泥砂浆	M25	m^3	0.51
排水	HDPE排水管	ø11cm	m	4.00
	级配碎石	3~5cm	m^3	0.15
	混凝土基座	C30混凝土	m^3	0.15

说明：

1. 本图未注明尺寸以cm计。
2. A—A衬砌适用于中心回填土高度小于5m，横坡小于20%的明洞段，采用钢筋混凝土结构，基底承载能力应不小于250kPa。
3. 洞顶以上回填土必须夯实，夯实度不小于90%。
4. 衬砌采用防水板作为防水层，应注意搭接良好。
5. 明洞纵向排水管沿洞门墙背向下引出排至路基边沟。

工程负责		校对		工程名称	XX隧道工程	A—A明洞衬砌结构设计图						工程编号
工种负责		审核		项目名称	隧道							
设计		审定		建设单位		设计阶段	施设	比例	1：100	出图日期	XXXX-XX-XX	图号 005-1

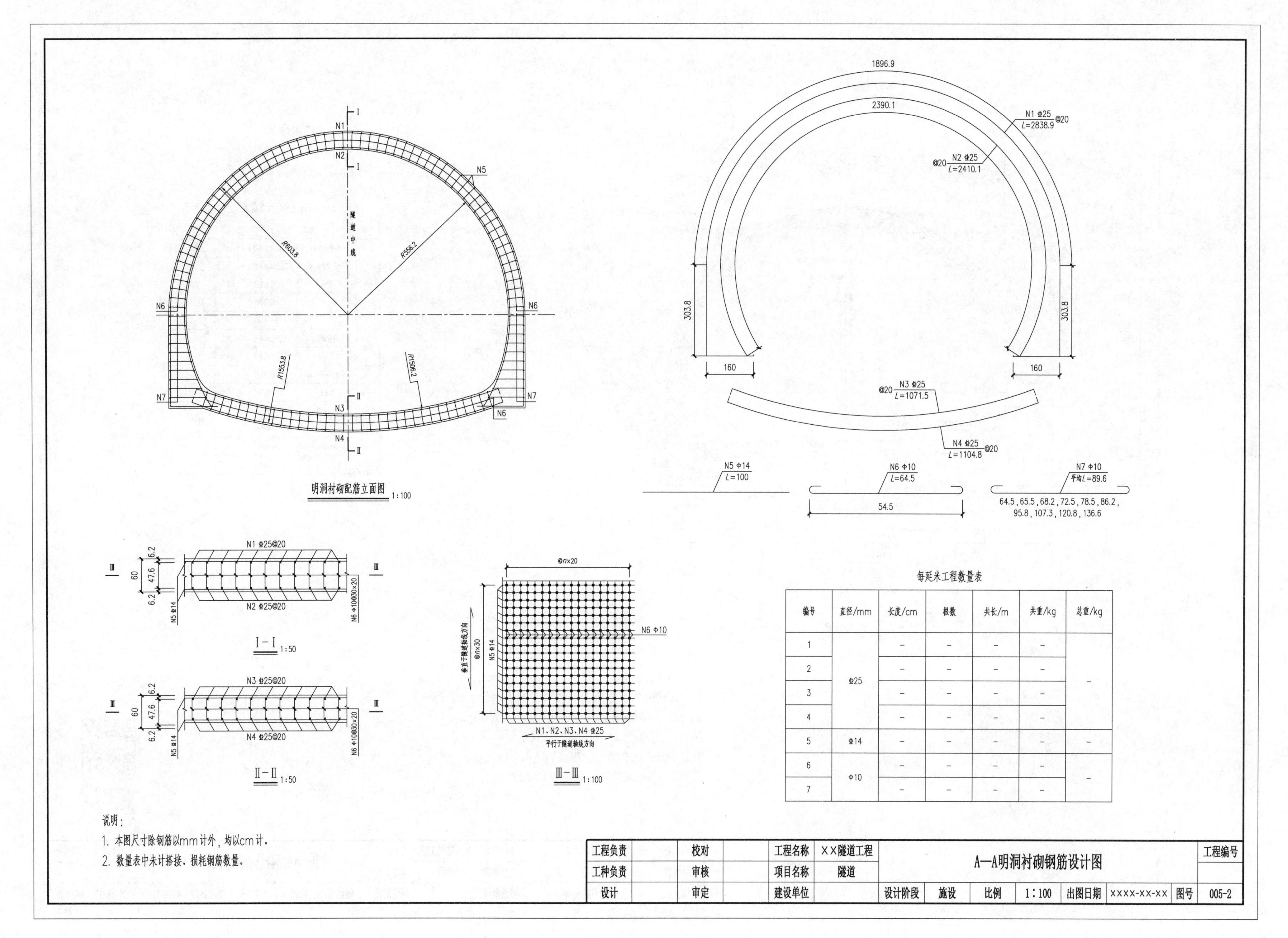

每延米工程数量表

编号	直径/mm	长度/cm	根数	共长/m	共重/kg	总重/kg
1	Φ25	–	–	–	–	–
2		–	–	–	–	
3		–	–	–	–	
4		–	–	–	–	
5	Φ14	–	–	–	–	–
6	Φ10	–	–	–	–	–
7		–	–	–	–	

说明：

1. 本图尺寸除钢筋以mm计外，均以cm计。
2. 数量表中未计搭接、损耗钢筋数量。

工程负责		校对		工程名称	XX隧道工程	A—A明洞衬砌钢筋设计图						工程编号
工种负责		审核		项目名称	隧道							
设计		审定		建设单位		设计阶段	施设	比例	1：100	出图日期	XXXX-XX-XX	图号 005-2

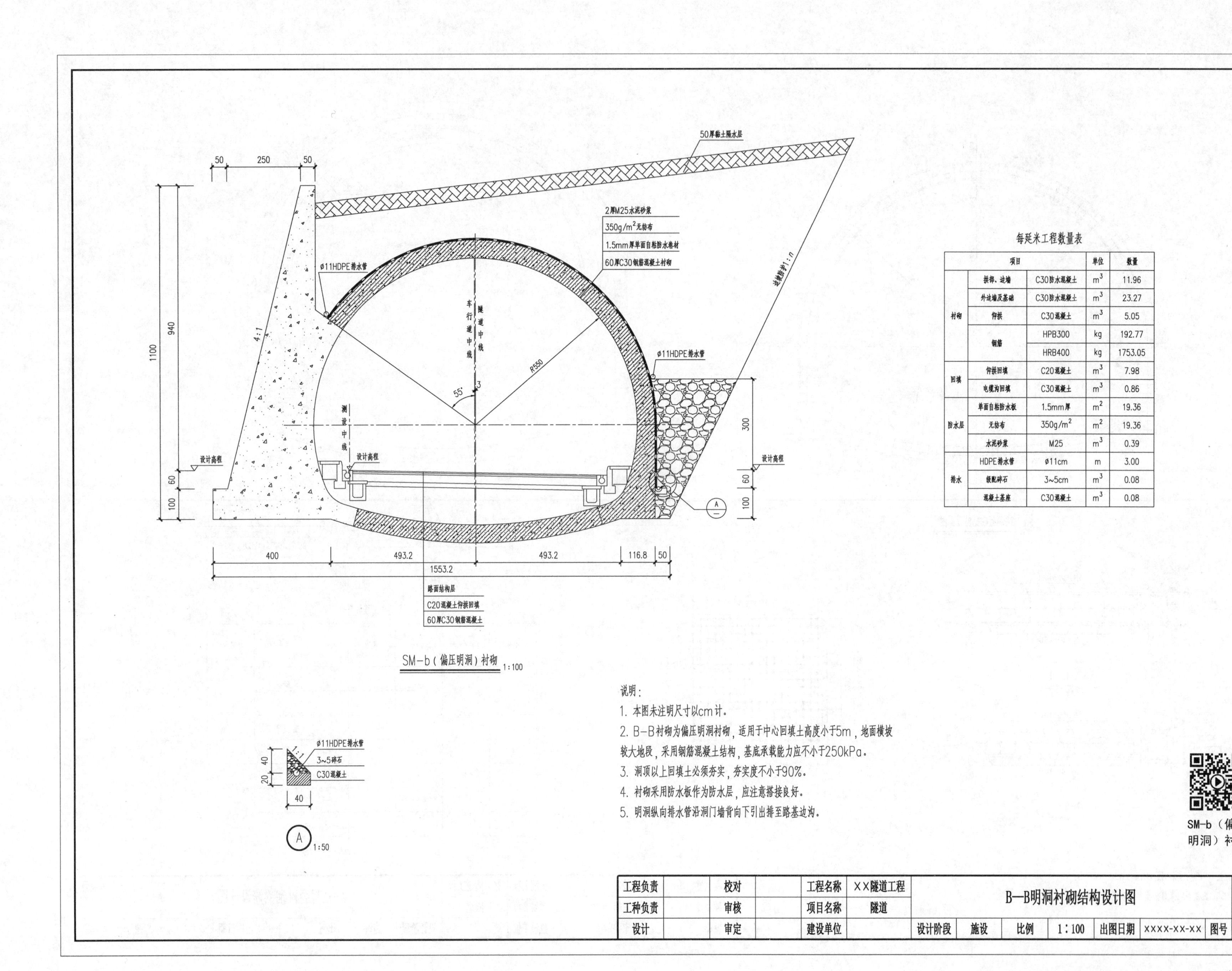

每延米工程数量表

项目			单位	数量
衬砌	拱部、边墙	C30防水混凝土	m^3	11.96
	外边墙及基础	C30防水混凝土	m^3	23.27
	仰拱	C30混凝土	m^3	5.05
	钢筋	HPB300	kg	192.77
		HRB400	kg	1753.05
回填	仰拱回填	C20混凝土	m^3	7.98
	电缆沟回填	C30混凝土	m^3	0.86
防水层	单面自粘防水板	1.5mm厚	m^2	19.36
	无纺布	350g/m^2	m^2	19.36
	水泥砂浆	M25	m^3	0.39
排水	HDPE排水管	ø11cm	m	3.00
	级配碎石	3~5cm	m^3	0.08
	混凝土基座	C30混凝土	m^3	0.08

说明：

1. 本图未注明尺寸以cm计。
2. B-B衬砌为偏压明洞衬砌，适用于中心回填土高度小于5m，地面横坡较大地段，采用钢筋混凝土结构，基底承载能力应不小于250kPa。
3. 洞顶以上回填土必须夯实，夯实度不小于90%。
4. 衬砌采用防水板作为防水层，应注意搭接良好。
5. 明洞纵向排水管沿洞门墙背向下引出排至路基边沟。

工程负责		校对		工程名称	XX隧道工程	B—B明洞衬砌结构设计图						工程编号
工种负责		审核		项目名称	隧道							
设计		审定		建设单位		设计阶段	施设	比例	1∶100	出图日期	xxxx-xx-xx	图号 005-3

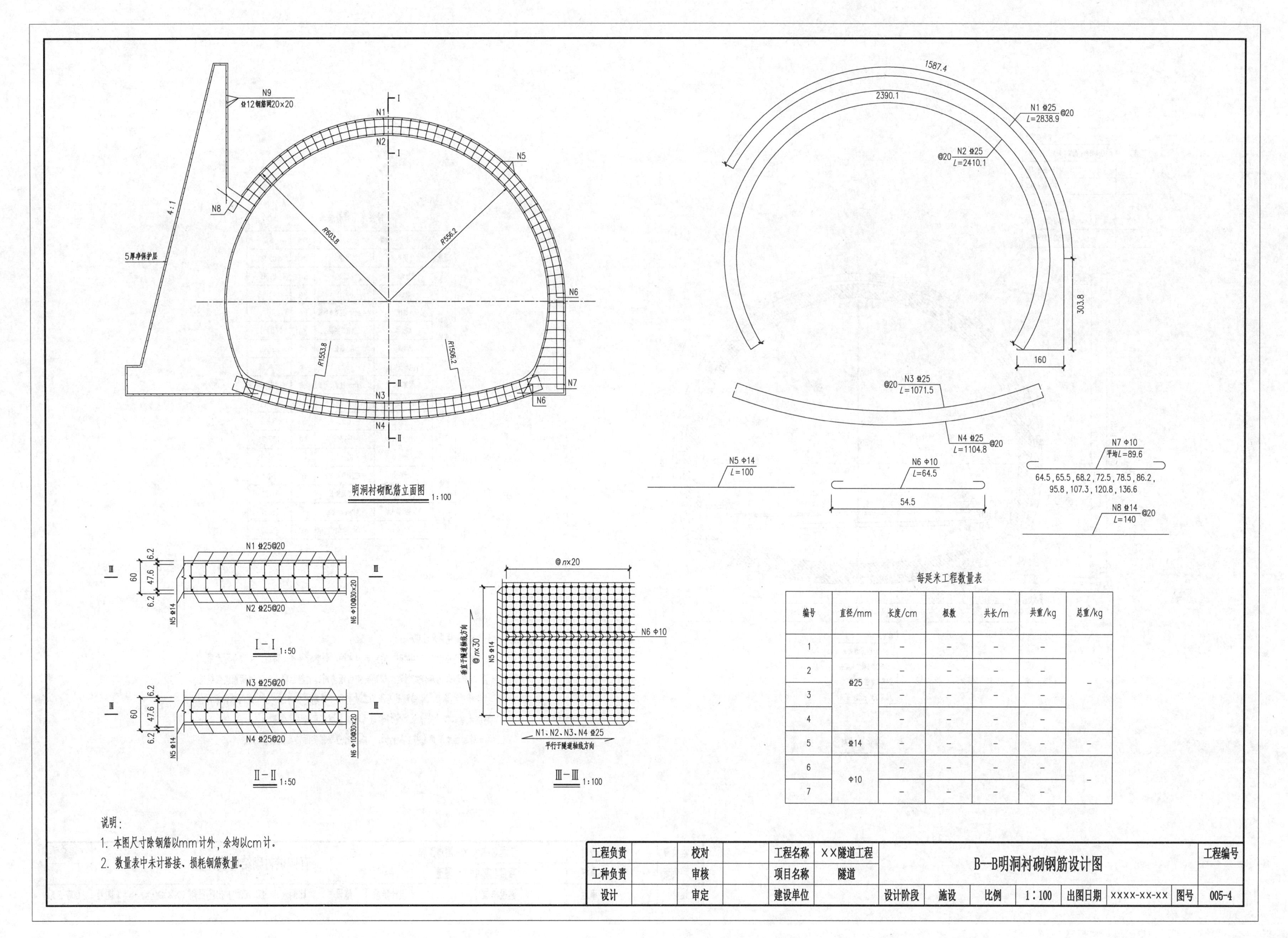

每延米工程数量表

编号	直径/mm	长度/cm	根数	共长/m	共重/kg	总重/kg
1	⌀25	–	–	–	–	–
2		–	–	–	–	
3		–	–	–	–	
4		–	–	–	–	
5	⌀14	–	–	–	–	–
6	Φ10	–	–	–	–	–
7		–	–	–	–	

说明：

1. 本图尺寸除钢筋以mm计外，余均以cm计。
2. 数量表中未计搭接、损耗钢筋数量。

工程负责		校对		工程名称	XX隧道工程	B—B明洞衬砌钢筋设计图						工程编号
工种负责		审核		项目名称	隧道							
设计		审定		建设单位		设计阶段	施设	比例	1:100	出图日期	XXXX-XX-XX	图号 005-4

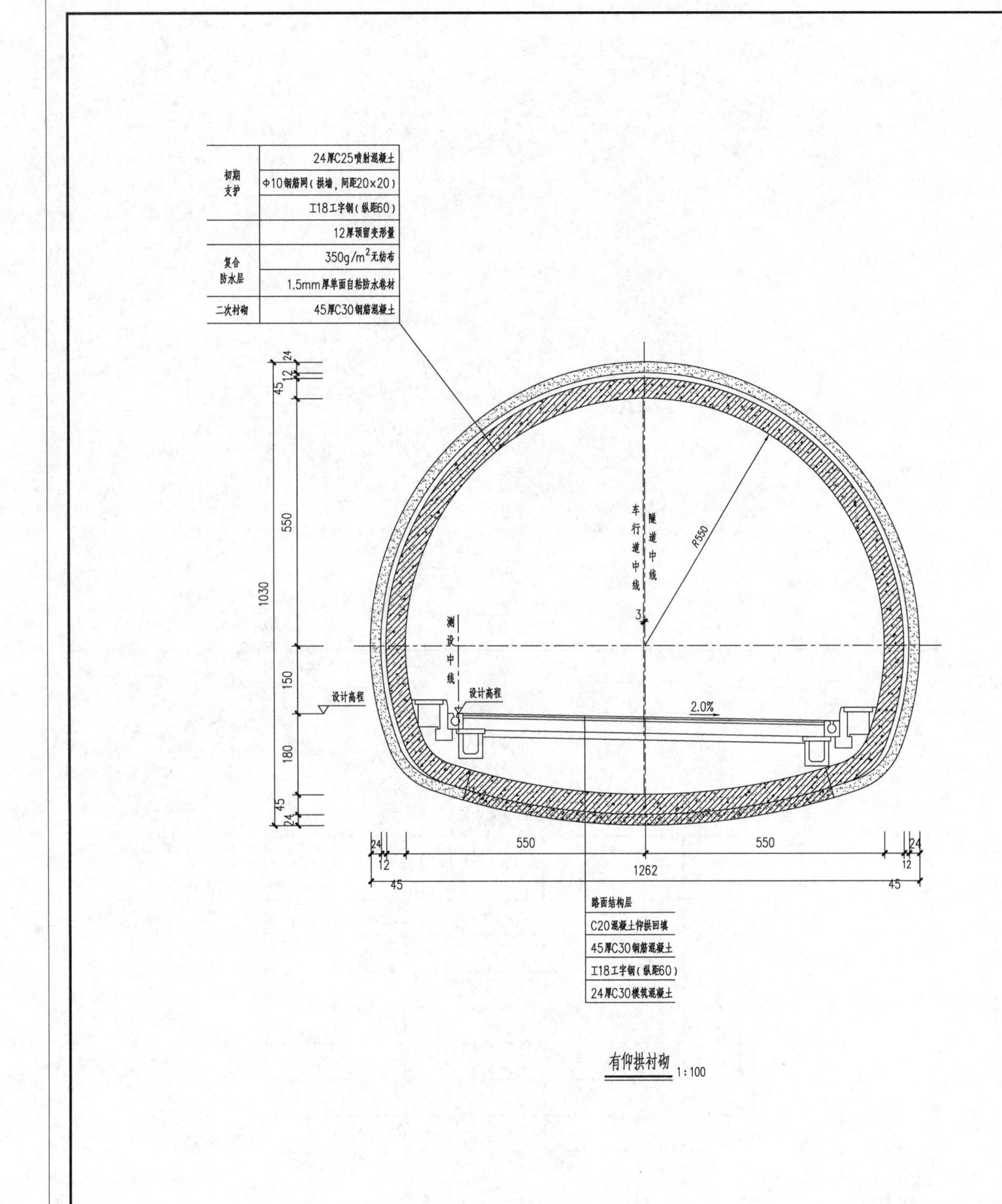

有仰拱衬砌 1:100

每延米工程数量表

项目			单位	数量
开挖	围岩	V级	m^3	102.96
初期支护	喷射混凝土	C25	m^3	6.56
	钢筋网	Φ10	kg	141.68
	锚杆	∅42mm注浆小导管	m	0
	钢支撑	I18工字钢	kg	1454.02
	连接钢板	A3钢板	kg	157.02
	钢架连接钢筋	⌀25	kg	184.79
	锁脚钢管	∅42mm注浆小导管	m	46.66
二次衬砌	拱部、边墙	C30防水混凝土	m^3	11.41
	仰拱	C30	m^3	5.83
	钢筋	HPB300	kg	137.91
		HRB400	kg	1312.35
回填	仰拱回填	C20混凝土	m^3	7.98
	电缆沟回填	C30混凝土	m^3	0.86
防水层	单面自粘防水板	1.5mm厚	m^2	25.52
	无纺布	$350g/m^2$	m^2	25.52

说明：

1. 本图未注明尺寸以cm计。
2. 本图适用于有仰拱衬砌。左线参照本图，调整检修道、路面、边沟即可适用。
3. 本衬砌采用复合式衬砌，初期支护由钢筋网、喷射混凝土、工字钢钢拱架组成，结合超前小导管，钢筋混凝土作为二次衬砌，初期支护与二次衬砌之间铺设单面自粘防水卷材作为防水层。支护参数可根据量测信息做适当调整。
4. 隧道预留变形量按12cm计，施工时应根据实际情况做调整。

工程负责		校对		工程名称	XX隧道工程	有仰拱衬砌结构设计图						工程编号
工种负责		审核		项目名称	隧道							
设计		审定		建设单位		设计阶段	施设	比例	1:100	出图日期	XXXX-XX-XX	图号 005-5

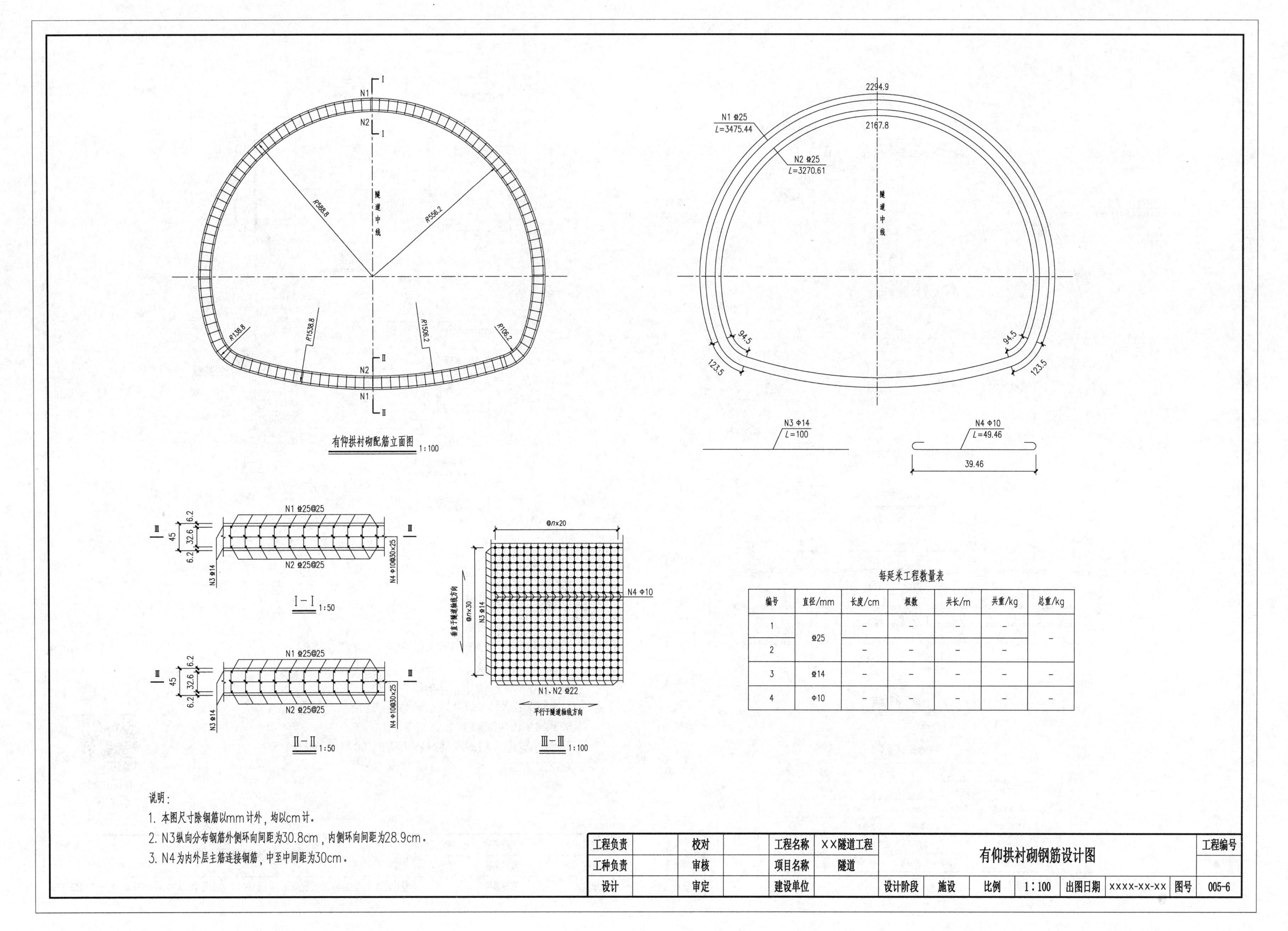

编号	直径/mm	长度/cm	根数	共长/m	共重/kg	总重/kg
1	Φ25	–	–	–	–	–
2		–	–	–	–	
3	Φ14	–	–	–	–	–
4	Φ10	–	–	–	–	–

说明：

1. 本图尺寸除钢筋以mm计外，均以cm计。
2. N3纵向分布钢筋外侧环向间距为30.8cm，内侧环向间距为28.9cm。
3. N4为内外层主筋连接钢筋，中至中间距为30cm。

工程负责		校对		工程名称	XX隧道工程	有仰拱衬砌钢筋设计图						工程编号
工种负责		审核		项目名称	隧道							
设计		审定		建设单位		设计阶段	施设	比例	1∶100	出图日期	XXXX-XX-XX	图号 005-6

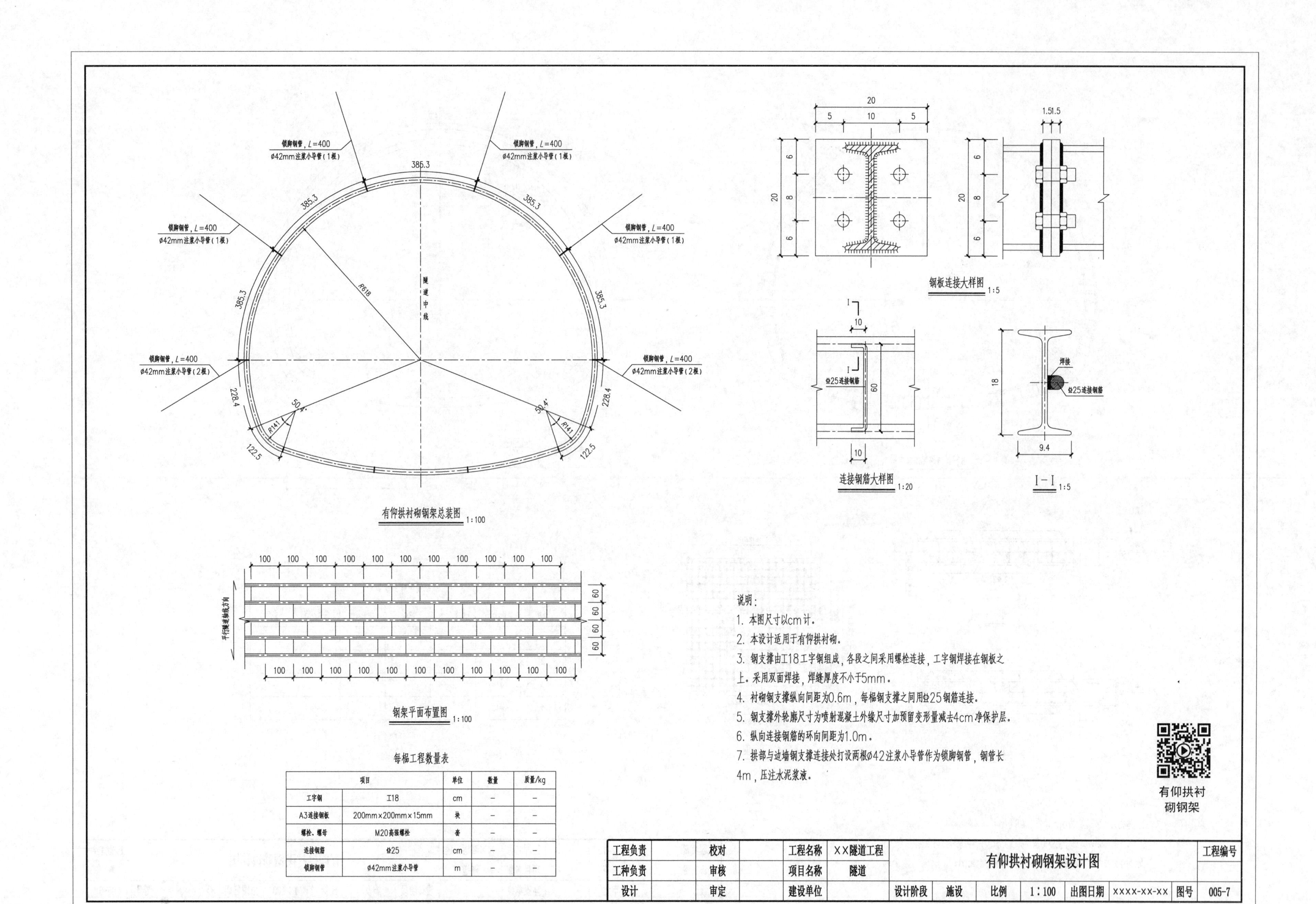

说明：

1. 本图尺寸以cm计。
2. 本设计适用于有仰拱衬砌。
3. 钢支撑由I18工字钢组成，各段之间采用螺栓连接，工字钢焊接在钢板之上。采用双面焊接，焊缝厚度不小于5mm。
4. 衬砌钢支撑纵向间距为0.6m，每榀钢支撑之间用⌀25钢筋连接。
5. 钢支撑外轮廓尺寸为喷射混凝土外缘尺寸加预留变形量减去4cm净保护层。
6. 纵向连接钢筋的环向间距为1.0m。
7. 拱部与边墙钢支撑连接处打设两根⌀42注浆小导管作为锁脚钢管，钢管长4m，压注水泥浆液。

每榀工程数量表

项目		单位	数量	质量/kg
工字钢	I18	cm	–	–
A3连接钢板	200mm×200mm×15mm	块	–	–
螺栓、螺母	M20高强螺栓	套	–	–
连接钢筋	⌀25	cm	–	–
锁脚钢管	⌀42mm注浆小导管	m	–	–

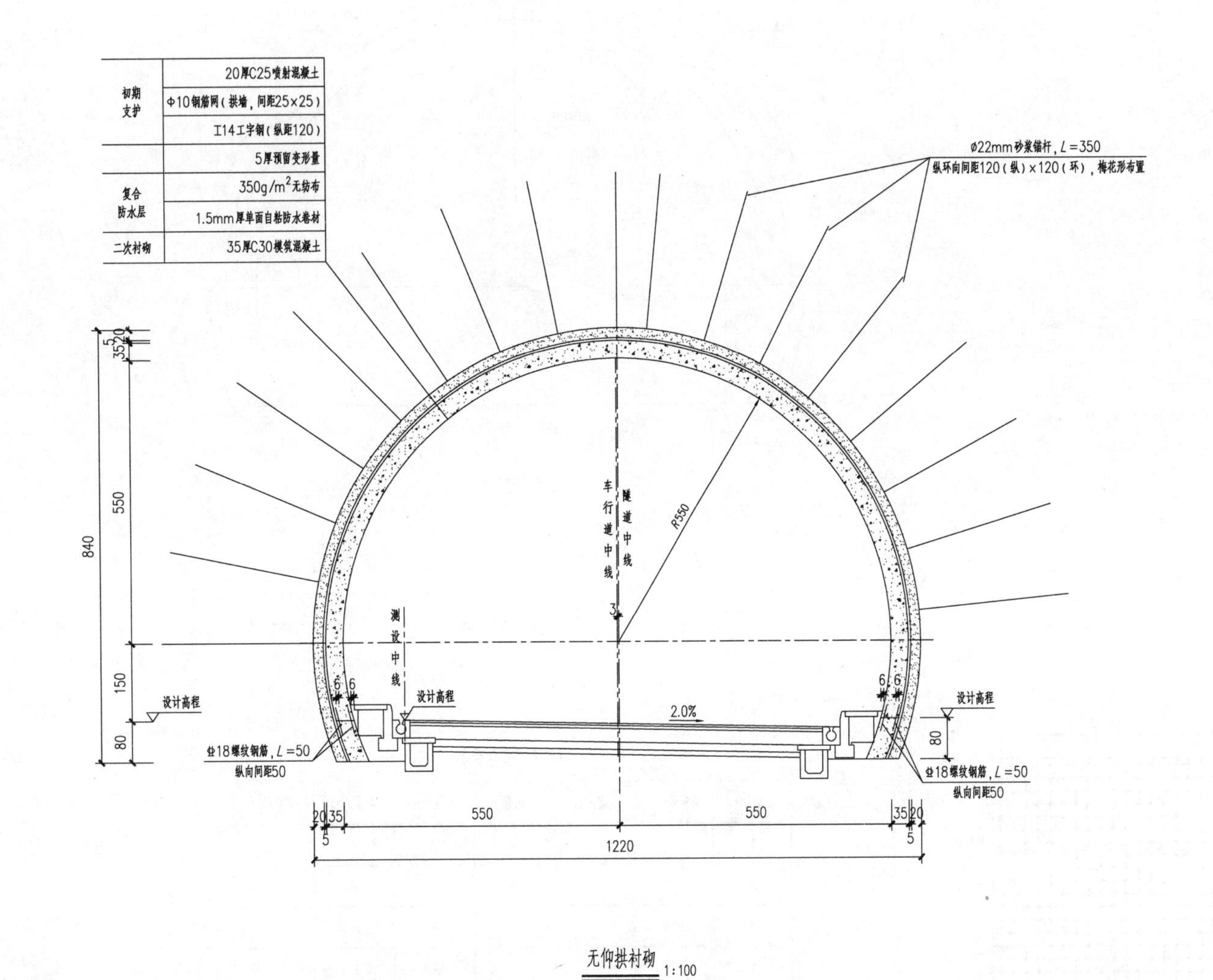

无仰拱衬砌 1:100

每延米工程数量表

项目			单位	数量
开挖	围岩	Ⅳ级	m^3	84.18
初期支护	喷射混凝土	C25	m^3	4.68
	钢筋网	Φ10	kg	91.67
	锚杆	ø22mm砂浆锚杆	m	143.42
	钢支撑	I14工字钢	kg	328.34
	连接钢板	A3钢板	kg	36.51
	钢架连接钢筋	Φ22	kg	79.96
	锁脚钢管	ø22mm砂浆锚杆	m	34.77
二次衬砌	拱部、边墙	C30防水混凝土	m^3	7.90
	仰拱	C30	m^3	–
	钢筋	HPB300	kg	–
		HRB400	kg	6.32
回填	仰拱回填	C20混凝土	m^3	–
	电缆沟回填	C30混凝土	m^3	0.52
	路面整平层	C25混凝土	m^3	0.74
防水层	单面自粘防水板	1.5mm厚	m^2	25.08
	无纺布	350g/m^2	m^2	25.08

说明：

1. 本图未注明尺寸以cm计。
2. 本图适用于无仰拱衬砌。左线参照本图，调整检修道、路面、边沟即可适用。
3. 本衬砌采用复合式衬砌，初期支护由钢筋网、喷射混凝土、工字钢钢拱架组成，结合超前小导管，钢筋混凝土作为二次衬砌，初期支护与二次衬砌之间铺设单面自粘防水卷材作为防水层。支护参数可根据量测信息做适当调整。
4. 本图拱部、边墙设系统锚杆、钢筋网、喷射混凝土，锚杆采用砂浆锚杆，锚杆尾端焊接在钢拱架上。
5. 隧道预留变形量按5cm计，施工时应根据实际情况做调整。

工程负责		校对		工程名称	XX隧道工程	无仰拱衬砌结构设计图						工程编号
工种负责		审核		项目名称	隧道							
设计		审定		建设单位		设计阶段	施设	比例	1：100	出图日期	XXXX-XX-XX	图号 005-8

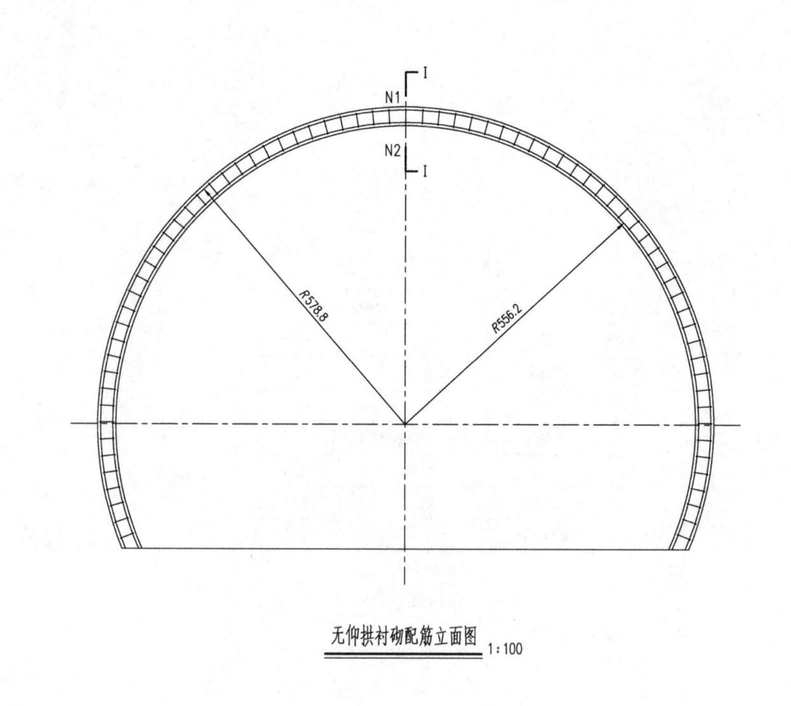

无仰拱衬砌配筋立面图 1:100

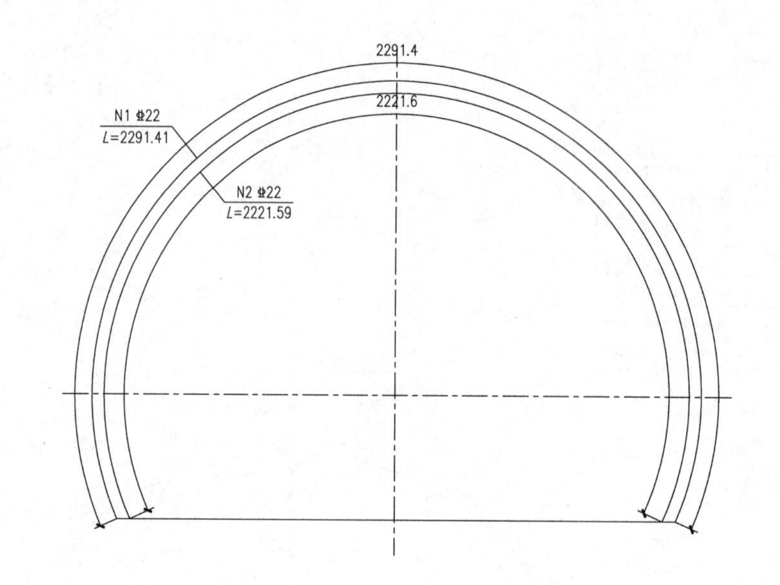

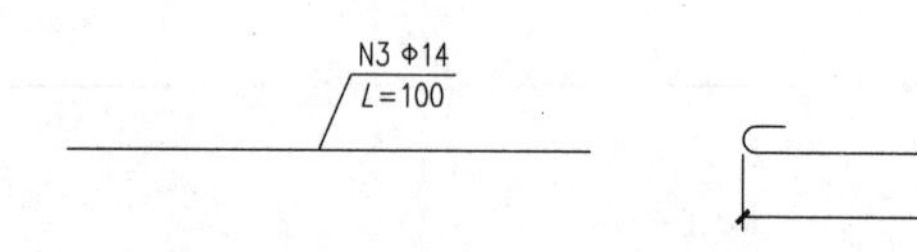

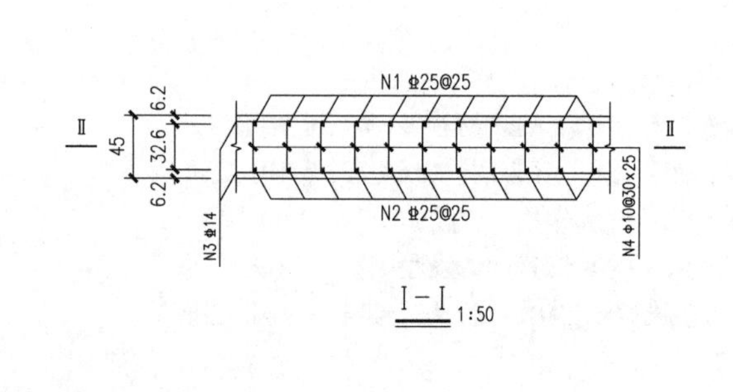

I—I 1:50

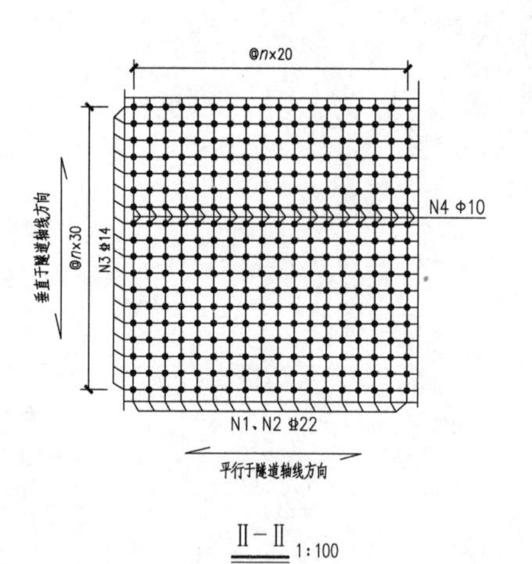

II—II 1:100

每延米工程数量表

编号	直径/mm	长度/cm	根数	共长/m	共重/kg	总重/kg
1	⌀25	—	—	—	—	—
2		—	—	—	—	
3	⌀14	—	—	—	—	—
4	Φ10	—	—	—	—	—

说明:

1. 本图尺寸除钢筋以mm计外，均以cm计。
2. N3纵向分布钢筋外侧环向间距为30.8cm，内侧环向间距为28.9cm。
3. N4为内外层主筋连接钢筋，中至中间距为30cm。

工程负责		校对		工程名称	XX隧道工程	无仰拱衬砌钢筋设计图						工程编号
工种负责		审核		项目名称	隧道							
设计		审定		建设单位		设计阶段	施设	比例	1:100	出图日期	xxxx-xx-xx	图号 005-9

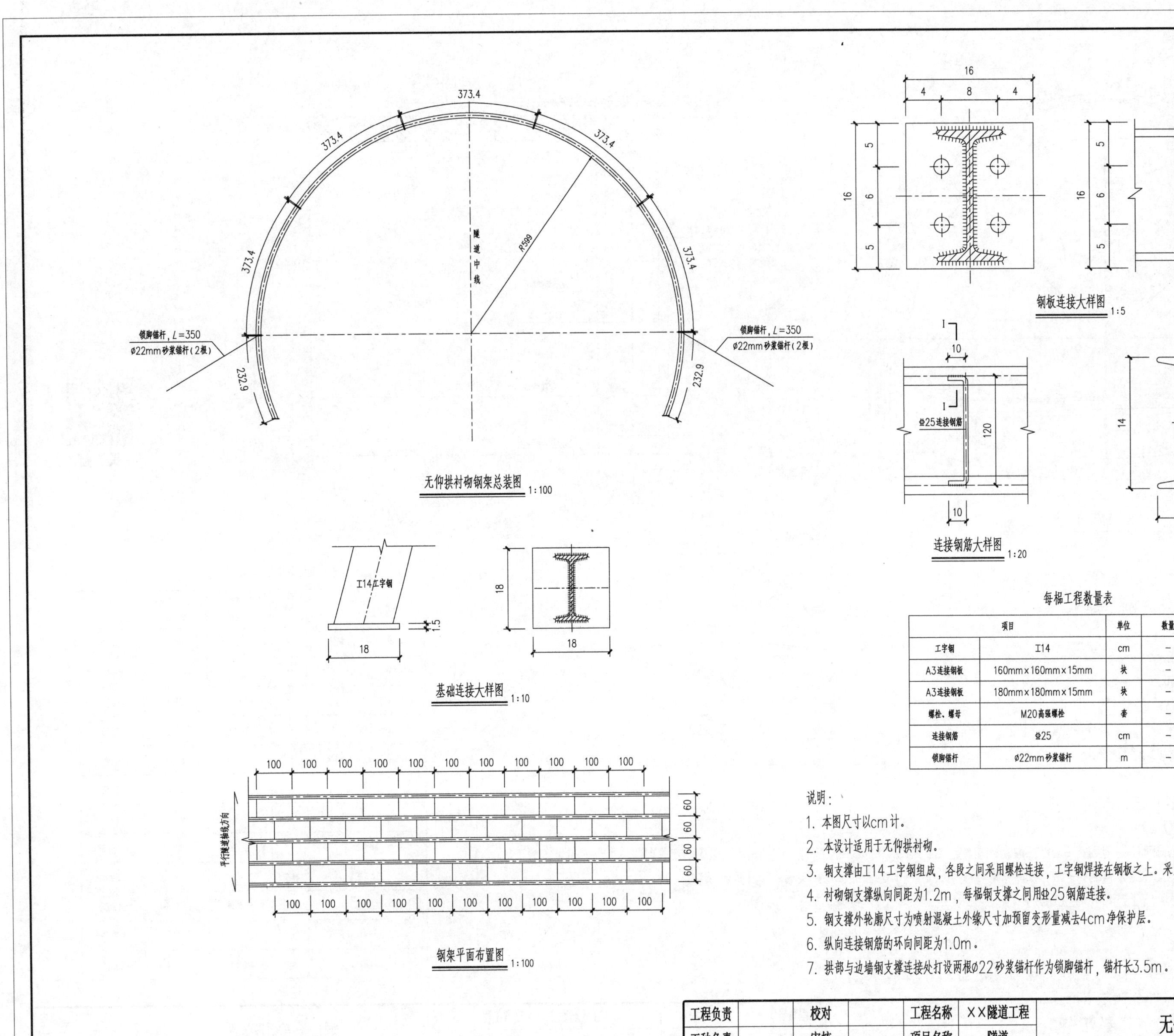

无仰拱衬砌钢架总装图 1:100

基础连接大样图 1:10

钢架平面布置图 1:100

连接钢筋大样图 1:20

I－I 1:5

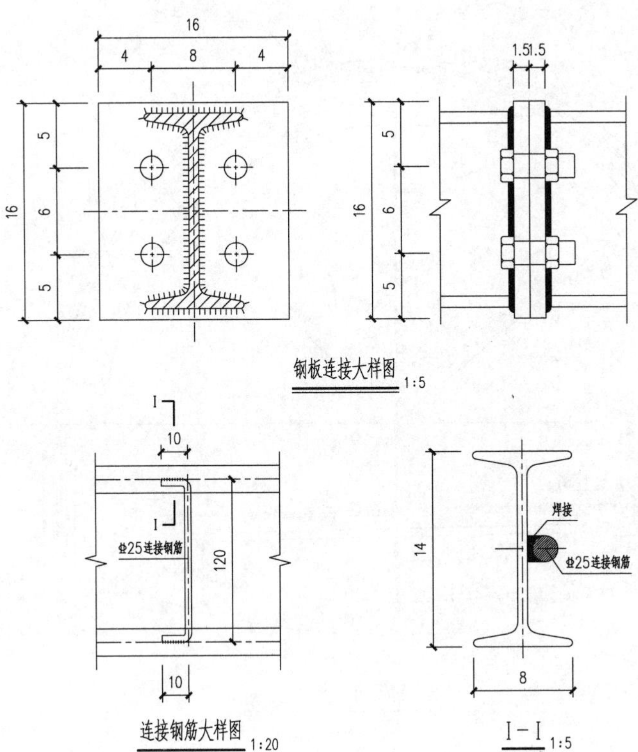

钢板连接大样图 1:5

每榀工程数量表

项目		单位	数量	质量/kg
工字钢	I14	cm	—	—
A3连接钢板	160mm×160mm×15mm	块	—	—
A3连接钢板	180mm×180mm×15mm	块	—	—
螺栓、螺母	M20高强螺栓	套	—	—
连接钢筋	Φ25	cm	—	—
锁脚锚杆	ø22mm砂浆锚杆	m	—	—

说明：

1. 本图尺寸以cm计。
2. 本设计适用于无仰拱衬砌。
3. 钢支撑由I14工字钢组成，各段之间采用螺栓连接，工字钢焊接在钢板之上。采用双面焊接，焊缝厚度不小于5mm。
4. 衬砌钢支撑纵向间距为1.2m，每榀钢支撑之间用Φ25钢筋连接。
5. 钢支撑外轮廓尺寸为喷射混凝土外缘尺寸加预留变形量减去4cm净保护层。
6. 纵向连接钢筋的环向间距为1.0m。
7. 拱部与边墙钢支撑连接处打设两根ø22砂浆锚杆作为锁脚锚杆，锚杆长3.5m。

工程负责		校对		工程名称	XX隧道工程	无仰拱衬砌钢架设计图						工程编号
工种负责		审核		项目名称	隧道							
设计		审定		建设单位		设计阶段	施设	比例	1∶100	出图日期	xxxx-xx-xx	图号 005-10

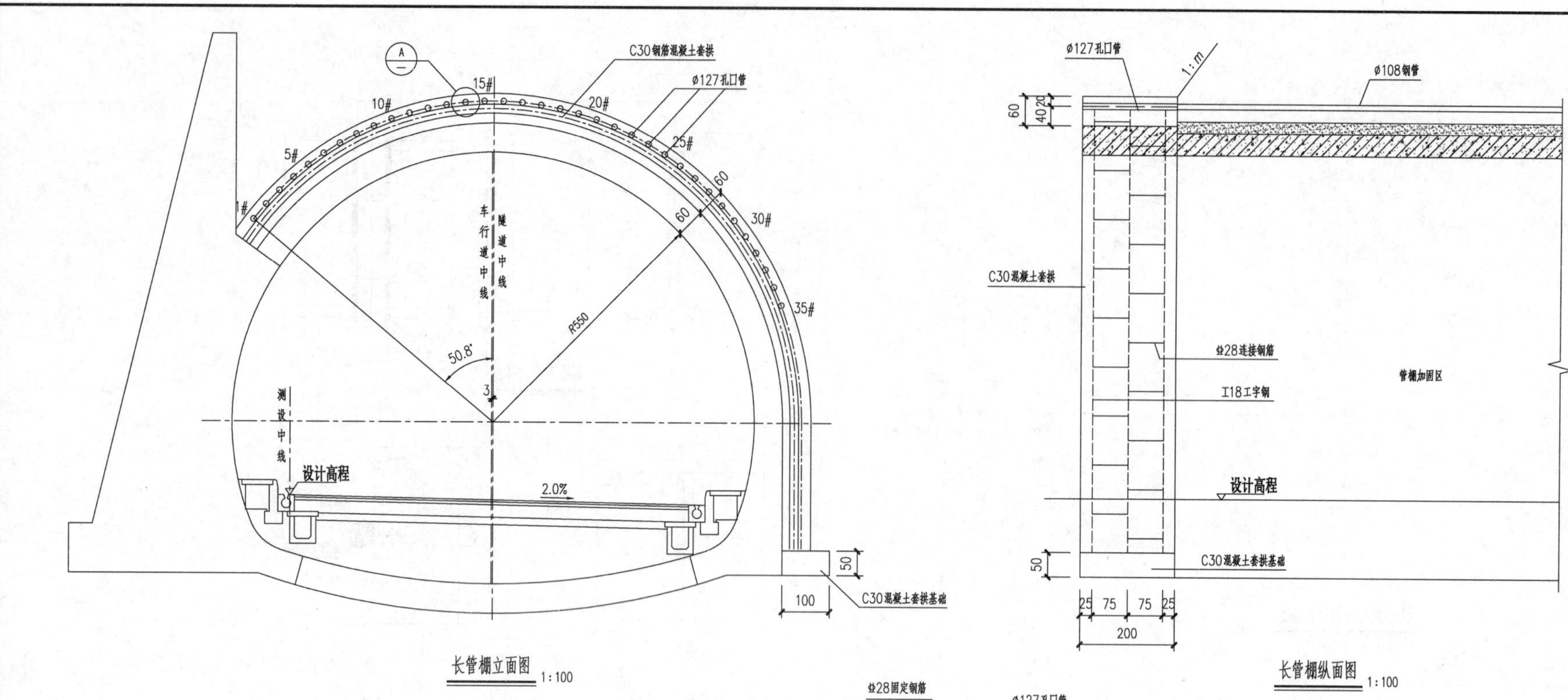

长管棚立面图 1:100

长管棚纵面图 1:100

长管棚

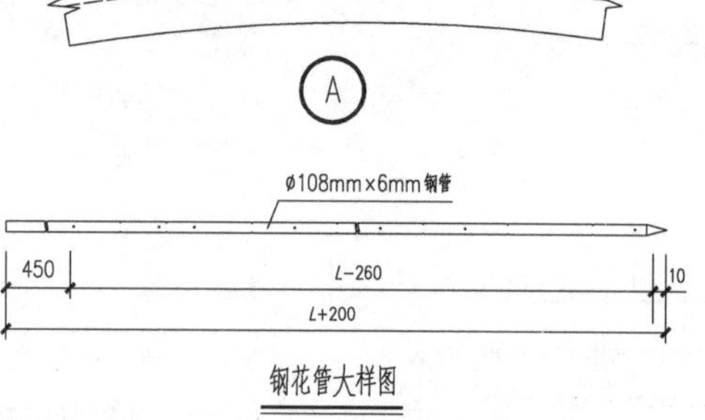

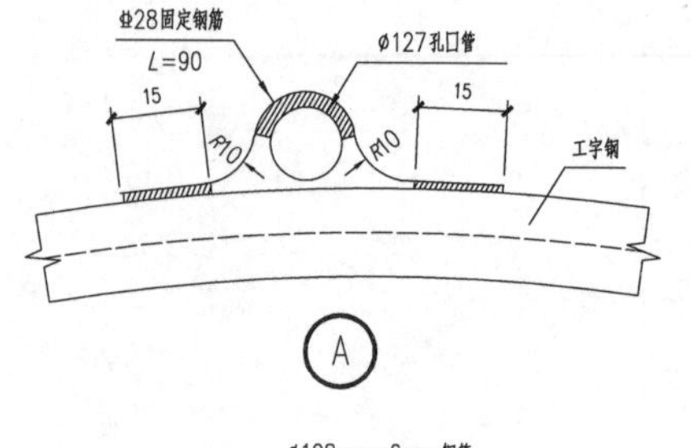

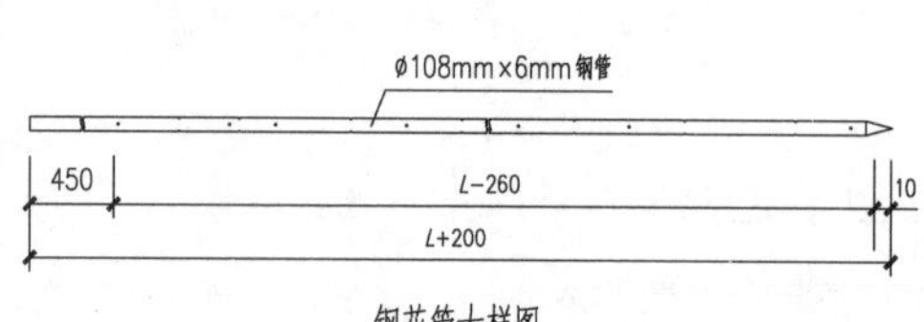

钢花管大样图

说明：

1. 本图尺寸除钢管直径、壁厚以mm计外，其余均以cm计。

2. 套拱内钢架采用3榀I18工字钢，各榀钢架间焊接环向间距为1m的ф25连接钢筋。

3. 长管棚设计参数如下。

（1）钢管规格：ø108mm热轧无缝钢管，壁厚6mm，节长3m/6m。

（2）管距：环向间距40cm。

（3）倾角：仰角1°（不包括路线纵坡）。方向：与路线中线平行。

（4）钢管施工误差：径向不大于20cm。

（5）隧道纵向同一横断面内的接头数不大于50%，相邻钢管的接头至少须错开1m。

4. 长管棚施工说明如下。

（1）配备专用的管棚钻机，性能应能满足洞口地质条件，钻进并顶进长管棚钢管。

（2）本设计采用C30混凝土套拱作长管棚导向墙，套拱在明洞外轮廓线以外施作。

（3）管棚应按设计位置施工，钻机立轴方向必须准确控制，以保证孔口的孔向正确，每钻完一孔便顶进一根钢管，钻进中应经常采用测斜仪量测钢管钻进的偏斜度，发现偏斜超过设计要求，及时纠正。

（4）钢管接头采用丝扣连接，丝扣长15cm。为使钢管接头错开，编号为奇数的第一节管采用3m钢管，编号为偶数的第一节钢管采用6m钢管，以后每节均采用6m长钢管。

5. 长管棚注浆按固结管棚周围有限范围内土体设计，浆液扩散半径不小于0.5m。注浆采用分段注浆。

（1）注浆机械：注浆泵2台。

（2）灌注浆液：纯水泥（添加水泥质量5%的水玻璃）浆液。

（3）注浆参数：水泥浆水灰比为 1：1 ；水玻璃浓度为 35波美度 ；水玻璃模数为 2.4； 注浆压力初压为0.5~1.0MPa、终压为2.0MPa。

（4）注浆前应先进行注浆现场试验，注浆参数应通过现场试验按实际情况确定，以利于施工。

（5）注浆结束后及时清除管内浆液，并用M30水泥砂浆紧密填充，增强管棚的刚度和强度。

6. 施工注意事项：完成长管棚注浆施工后，在管棚支护环的保护下，按设计的施工步骤进行掘进开挖。

长管棚主要工程数量表

材料		单位	L=16m（实18m）	L=28m（实30m）	L=40m（实42m）
长管棚	ø108mm×6mm钢花管	m	630	1050	1470
	丝扣ø108mm×6mm钢管	m	15.75	23.70	34.20
	钻孔	m	560	980	1400
	扫孔	m	1120	1960	2800
	M30水泥砂浆（长管棚充填）	m^3	5.01	8.36	11.70
长管棚注浆	32.5级水泥	t	7.88	13.13	18.38
	水玻璃（35波美度）	t	0.38	0.63	0.88
	浆液体积	m^3	5.29	8.81	12.23
套拱	I18工字钢	kg	1354.42	1354.42	1354.42
	ф28钢筋	kg	317.34	317.34	317.34
	ø127mm×4mm孔口管	m	70	70	70
	C30混凝土	m^3	23.54	23.54	23.54

工程负责		校对		工程名称	XX隧道工程	洞口长管棚设计图						工程编号
工种负责		审核		项目名称	隧道							
设计		审定		建设单位		设计阶段	施设	比例	1：100	出图日期	XXXX-XX-XX	图号 006-1

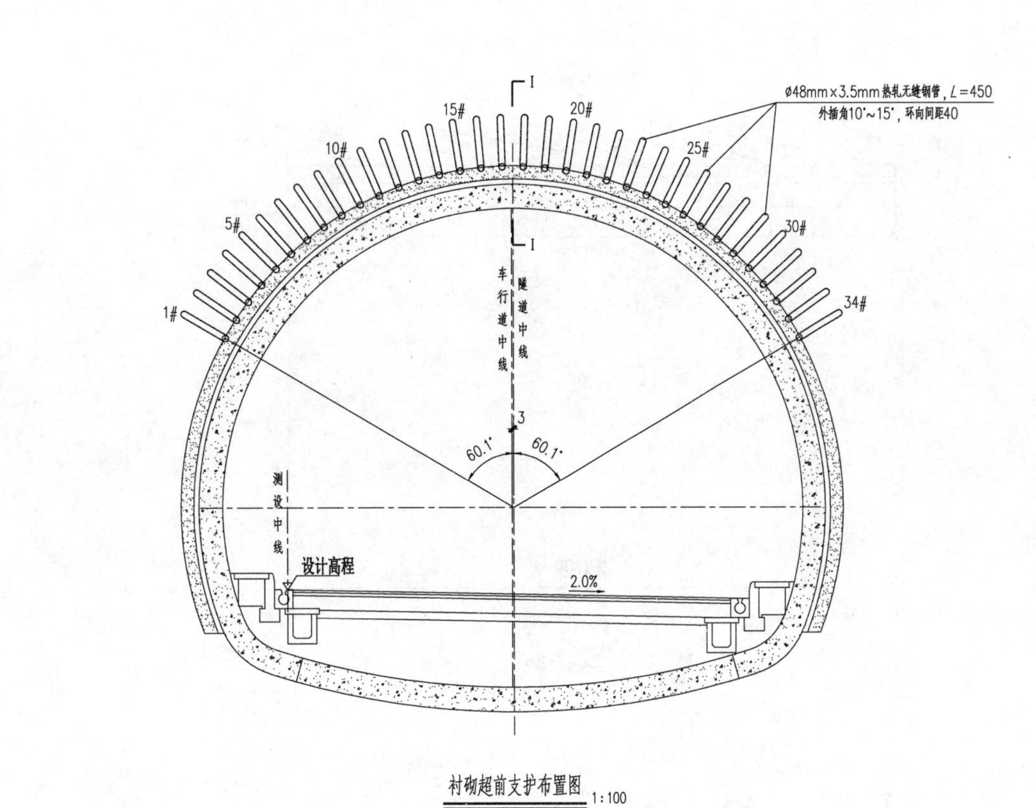

衬砌超前支护布置图 1:100

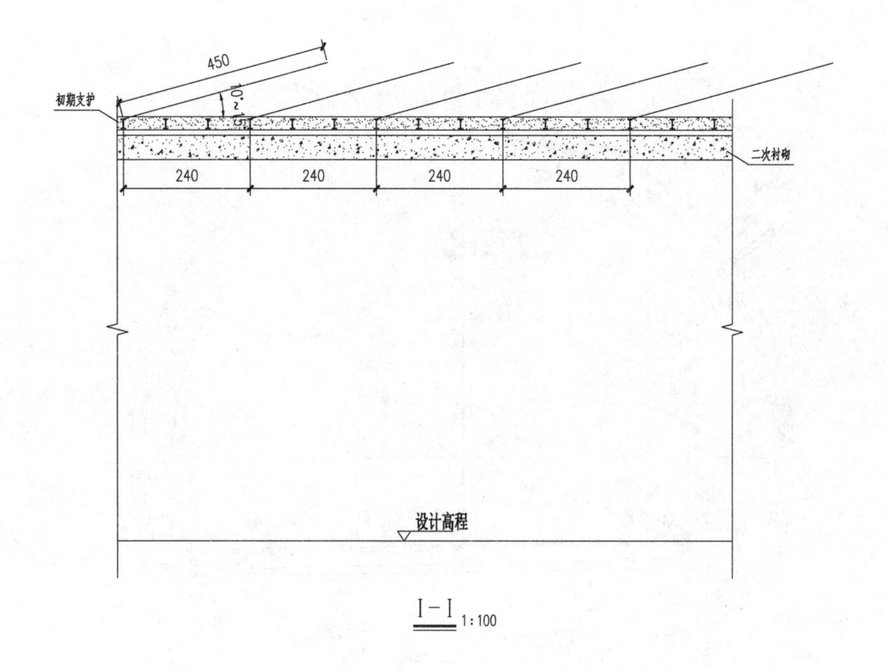

I—I 1:100

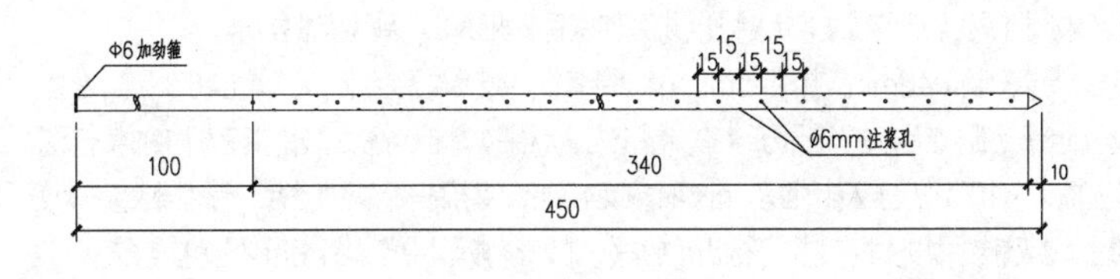

钢花管大样图

说明：

1. 本图尺寸除钢管直径、壁厚以mm计外，其余均以cm计。
2. 本超前小导管及注浆用于加固拱周软弱岩体。
3. 超前小导管采用外径48mm、壁厚3.5mm热轧无缝钢管，钢管前端呈尖锥状，尾部焊上Φ6加劲箍，管壁四周钻6mm压浆孔，但尾部有1m不设压浆孔，详见钢花管大样图。超前小导管施工时，钢管与衬砌中线平行以10°～15°仰角打入拱部围岩。钢管环向间距40cm。每打完一排钢管注浆后，开挖拱部及第一次喷射混凝土、架设钢架，初期支护完成后，隔2.4m再打另一排钢管，超前小导管保持1.0m以上的搭接长度。
4. 超前小导管注浆采用水泥浆液（添加水泥质量5%的水玻璃），注浆参数如下。
（1）水泥浆水灰比：1∶1。
（2）水玻璃浓度：35波美度；模数：2.4。
（3）注浆压力：0.5～1.0 MPa 。
5. 超前小导管可从型钢钢拱架腹部穿过。
6. 注浆参数应通过现场试验按实际情况确定，注浆量按施工实际情况做相应调整。

超前支护每延米工程数量表

项　目	单位	每排数量	每延米数量
ϕ48mm×3.5mm钢花管	m	136	56.67
浆液体积	m^3	2.55	1.06

衬砌超前支护

工程负责		校对		工程名称	××隧道工程	衬砌辅助施工设计图						工程编号
工种负责		审核		项目名称	隧道							
设计		审定		建设单位		设计阶段	施设	比例	1∶100	出图日期	xxxx-xx-xx	图号 006-2

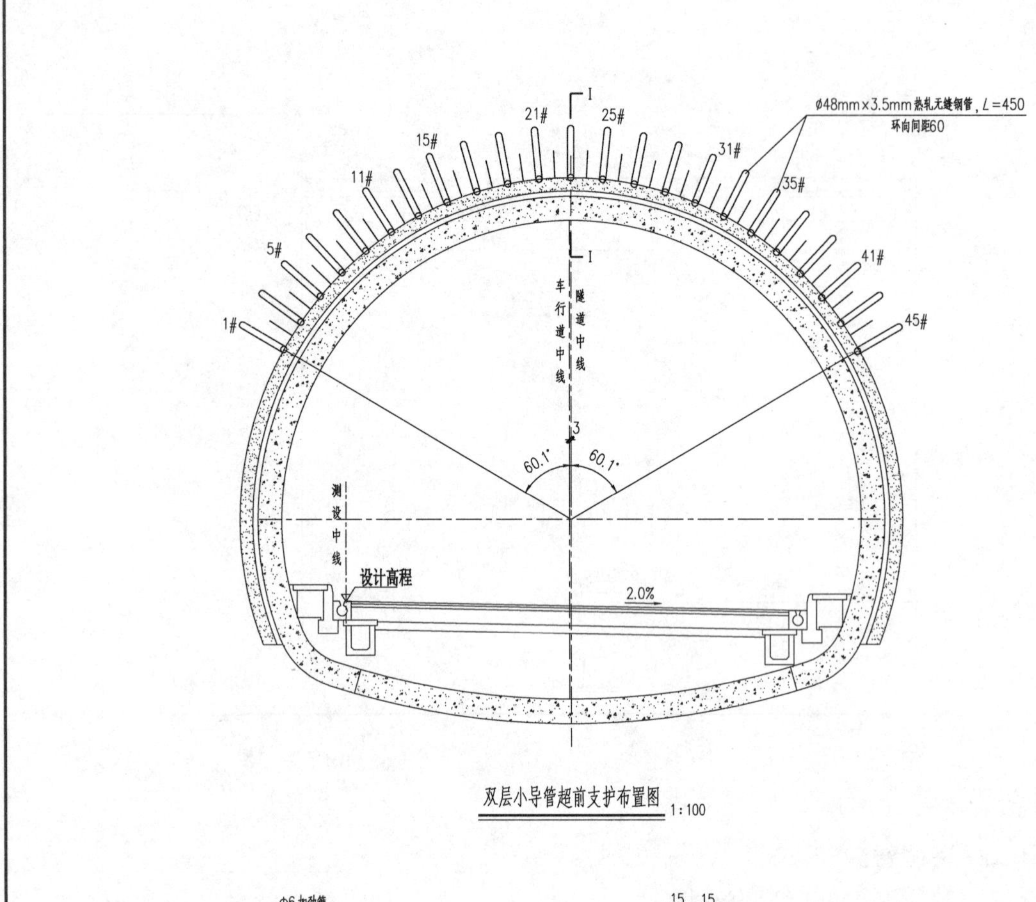

双层小导管超前支护布置图 1:100

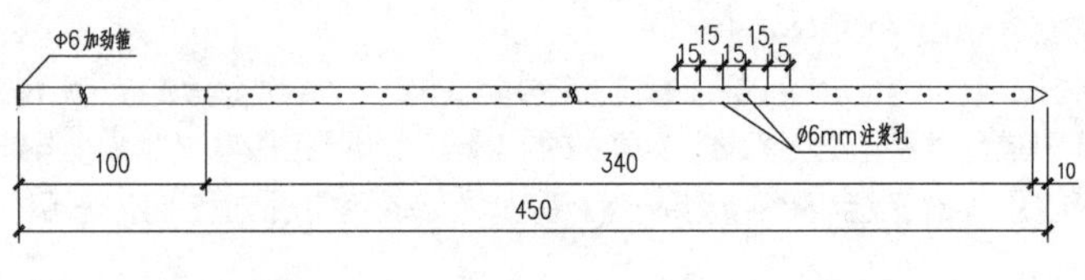

钢花管大样图

超前支护每延米工程数量表

项目	单位	每排数量	每延米数量
φ48mm×3.5mm钢花管	m	180	75
浆液体积	m^3	3.38	1.40

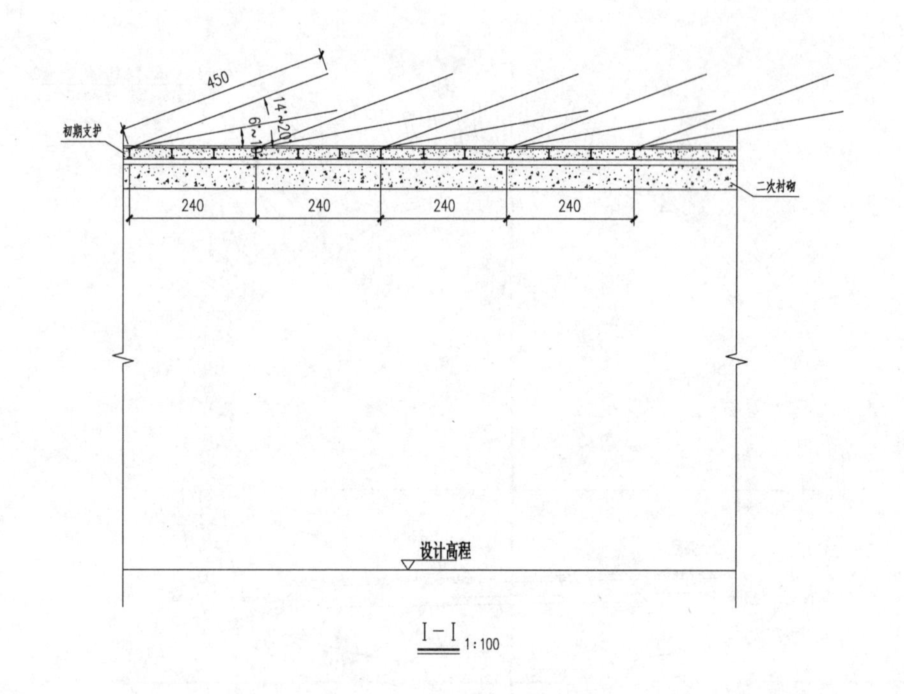

I－I 1:100

说明：

1. 本图尺寸除钢管直径、壁厚以mm计外，其余均以cm计。
2. 本超前小导管及注浆用于断层破碎带水量较大地段及Ⅳ级围岩洞口地段，加固拱周软弱岩体。
3. 超前小导管采用外径48mm、壁厚3.5mm热轧无缝钢管，钢管前端呈尖锥状，尾部焊上Φ6加劲箍，管壁四周钻6mm压浆孔，但尾部有1m不设压浆孔，详见钢花管大样图。超前小导管施工时，钢管与衬砌中线平行以14°~20°（6°~10°）仰角打入拱部围岩。钢管环向间距40cm。每打完一排钢管注浆后，开挖拱部及第一次喷射混凝土、架设钢架，初期支护完成后，隔2.4m再打另一排钢管，超前小导管保持1.0m以上的搭接长度。
4. 超前小导管注浆采用水泥浆液（添加水泥质量5%的水玻璃），注浆参数如下。
（1）水泥浆水灰比：1∶1。
（2）水玻璃浓度：35波美度；模数：2.4。
（3）注浆压力：0.5~1.0 MPa 。
5. 超前小导管可从型钢钢拱架腹部穿过。
6. 注浆参数应通过现场试验按实际情况确定，注浆量按施工实际情况做相应调整。

工程负责		校对		工程名称	XX隧道工程	双层小导管辅助施工设计图						工程编号
工种负责		审核		项目名称	隧道							
设计		审定		建设单位		设计阶段	施设	比例	1∶100	出图日期	XXXX-XX-XX	图号 006-3

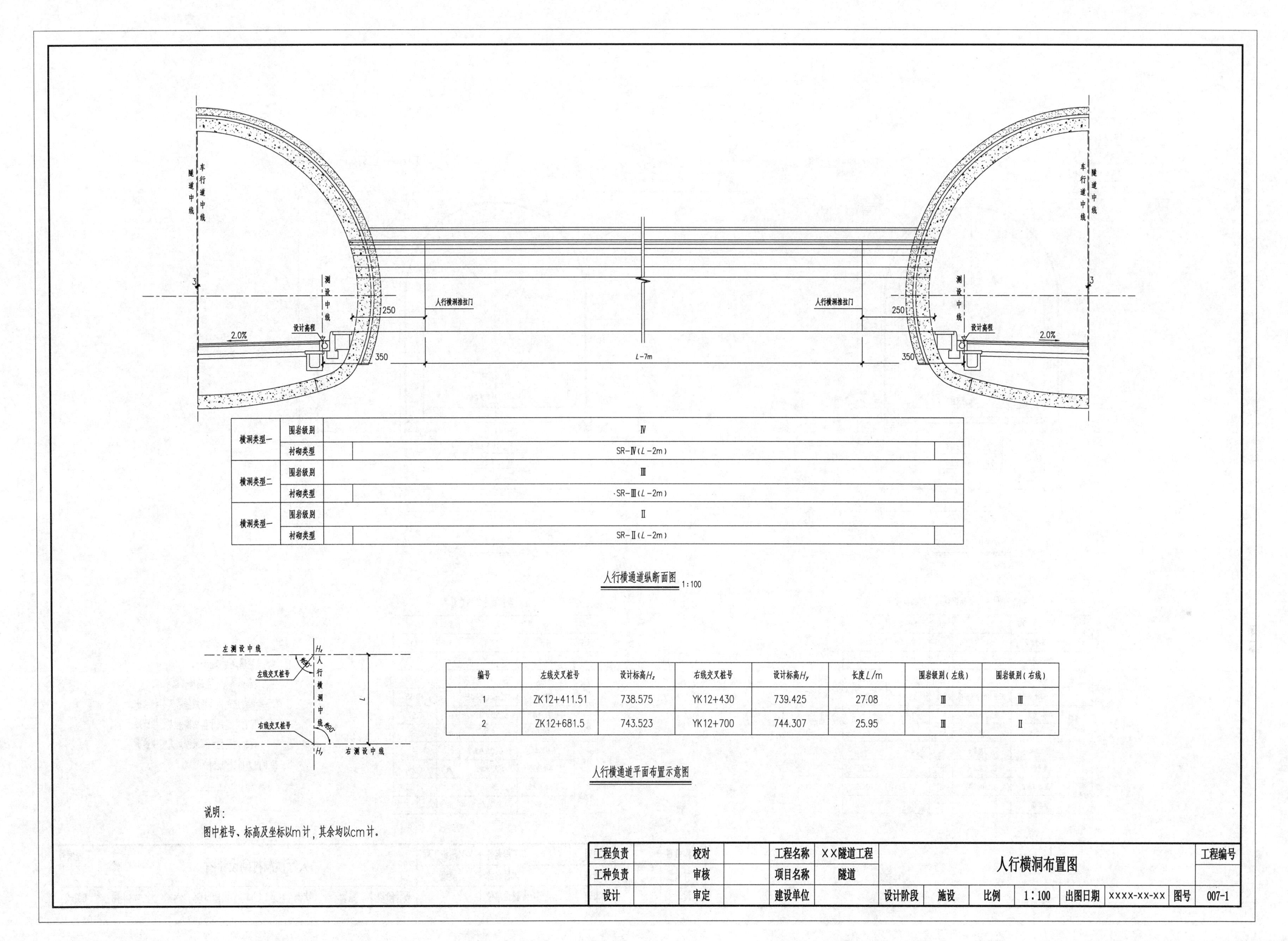

横洞类型一	围岩级别	Ⅳ
	衬砌类型	SR-Ⅳ(L-2m)
横洞类型二	围岩级别	Ⅲ
	衬砌类型	SR-Ⅲ(L-2m)
横洞类型一	围岩级别	Ⅱ
	衬砌类型	SR-Ⅱ(L-2m)

人行横通道纵断面图 1:100

编号	左线交叉桩号	设计标高H_z	右线交叉桩号	设计标高H_y	长度L/m	围岩级别(左线)	围岩级别(右线)
1	ZK12+411.51	738.575	YK12+430	739.425	27.08	Ⅲ	Ⅲ
2	ZK12+681.5	743.523	YK12+700	744.307	25.95	Ⅲ	Ⅱ

人行横通道平面布置示意图

说明：

图中桩号、标高及坐标以m计，其余均以cm计。

工程负责		校对		工程名称	XX隧道工程	人行横洞布置图						工程编号
工种负责		审核		项目名称	隧道							
设计		审定		建设单位		设计阶段	施设	比例	1:100	出图日期	XXXX-XX-XX	图号 007-1

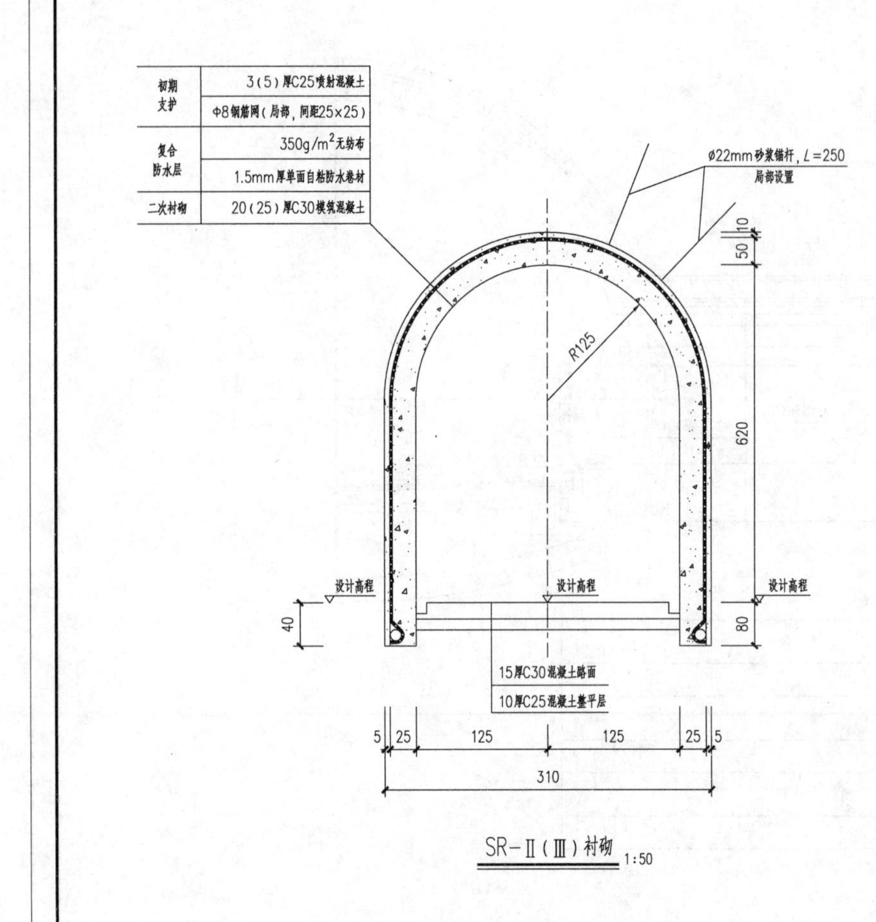

SR-Ⅱ(Ⅲ)衬砌 1:50

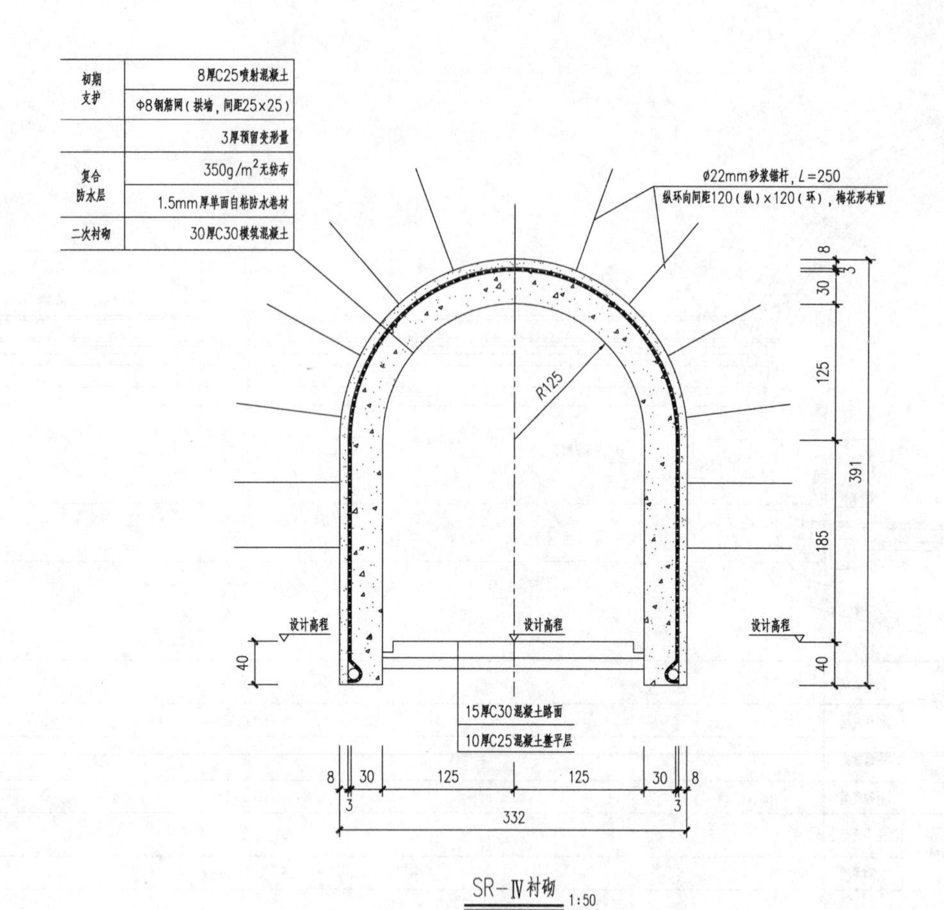

SR-Ⅳ衬砌 1:50

SC-Ⅱ/SR-Ⅲ衬砌每延米工程数量表

项目			单位	SR-Ⅱ	SR-Ⅲ
开挖	围岩		m^3	9.73	10.37
初期支护	喷射混凝土	C25	m^3	0.27	0.46
	钢筋网	Φ8	kg	6.32	6.32
	锚杆	ø22mm砂浆锚杆	kg	12.41	12.41
二次衬砌	拱部、边墙	C25防水混凝土	m^3	1.49	1.97
	仰拱	C30	m^3	–	–
回填	仰拱回填	C20混凝土	m^3	–	–
	整平层	C25混凝土	m^3	0.25	0.25
防水层	单面自粘防水板	1.5mm厚	m^2	10.12	10.32
	无纺布	350g/m^2	m^2	10.12	10.32

SR-Ⅳ衬砌每延米工程数量表

项目			单位	SR-Ⅳ
开挖	围岩		m^3	11.42
初期支护	喷射混凝土	C25	m^3	0.77
	钢筋网	Φ8	kg	22.75
	锚杆	ø22mm砂浆锚杆	kg	40.35
二次衬砌	拱部、边墙	C25防水混凝土	m^3	2.67
	仰拱	C30	m^3	–
回填	仰拱回填	C20混凝土	m^3	–
	整平层	C25混凝土	m^3	0.25
防水层	单面自粘防水板	1.5mm厚	m^2	10.56
	无纺布	350g/m^2	m^2	10.56

说明：

1. 本图未注明尺寸以cm计。
2. 人行横通道路面与主洞检修道平齐。
3. SC-Ⅱ衬砌适用于Ⅱ级围岩人行横通道。
4. SR-Ⅲ衬砌适用于Ⅲ级围岩人行横通道。
5. SR-Ⅳ衬砌适用于Ⅳ级围岩人行横通道。
6. 括号内为Ⅲ级围岩衬砌参数。

工程负责		校对		工程名称	XX隧道工程	人行横洞衬砌设计图							工程编号
工种负责		审核		项目名称	隧道								
设计		审定		建设单位		设计阶段	施设	比例	1:50	出图日期	XXXX-XX-XX	图号	007-2

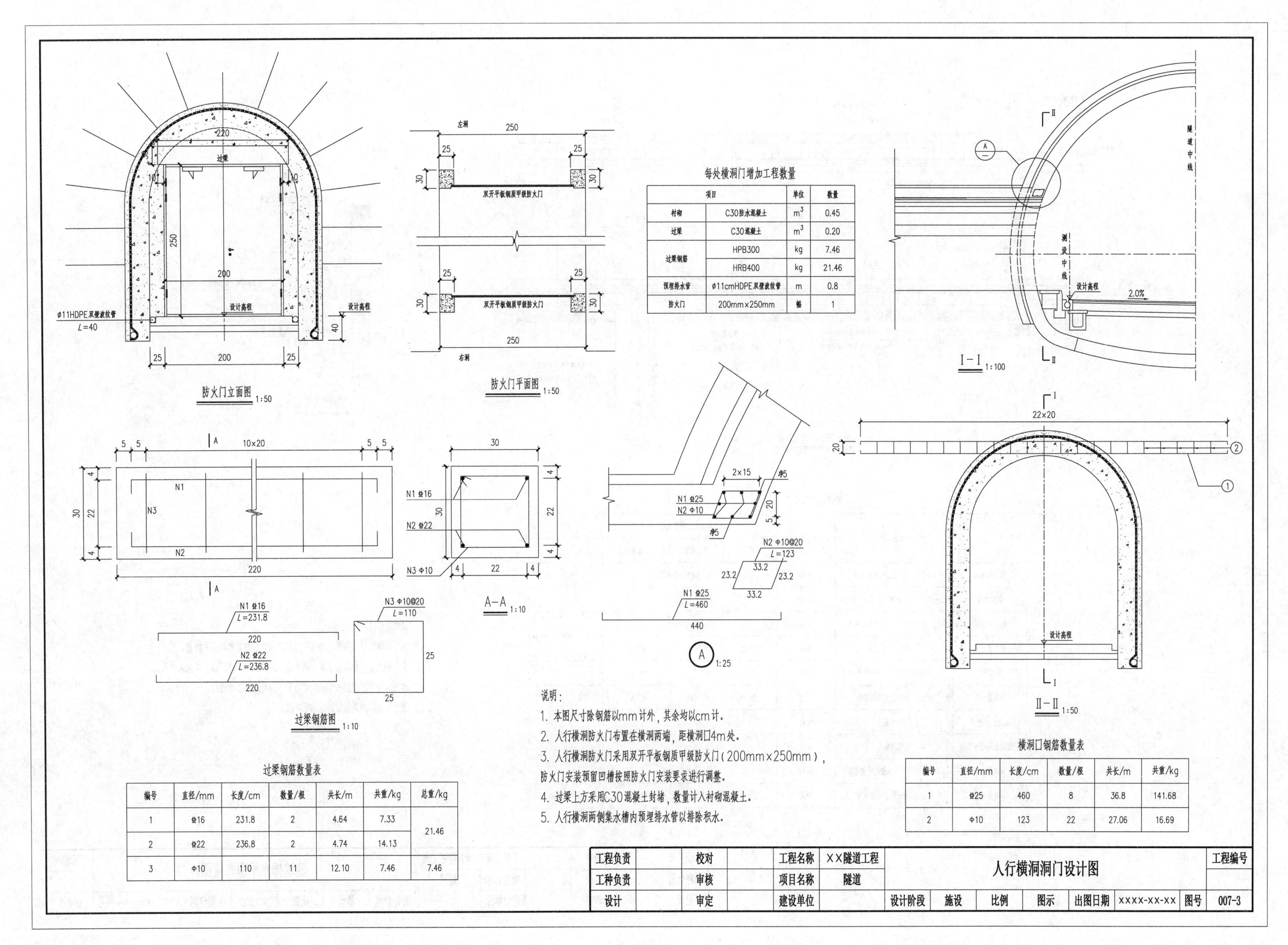

每处横洞门增加工程数量

项目		单位	数量
衬砌	C30防水混凝土	m^3	0.45
过梁	C30混凝土	m^3	0.20
过梁钢筋	HPB300	kg	7.46
	HRB400	kg	21.46
预埋排水管	ø11cmHDPE双壁波纹管	m	0.8
防火门	200mm×250mm	幅	1

过梁钢筋数量表

编号	直径/mm	长度/cm	数量/根	共长/m	共重/kg	总重/kg
1	⌀16	231.8	2	4.64	7.33	21.46
2	⌀22	236.8	2	4.74	14.13	
3	Φ10	110	11	12.10	7.46	7.46

说明：

1. 本图尺寸除钢筋以mm计外，其余均以cm计。
2. 人行横洞防火门布置在横洞两端，距横洞口4m处。
3. 人行横洞防火门采用双开平板钢质甲级防火门（200mm×250mm），防火门安装预留凹槽按照防火门安装要求进行调整。
4. 过梁上方采用C30混凝土封堵，数量计入衬砌混凝土。
5. 人行横洞两侧集水槽内预埋排水管以排除积水。

横洞口钢筋数量表

编号	直径/mm	长度/cm	数量/根	共长/m	共重/kg
1	⌀25	460	8	36.8	141.68
2	Φ10	123	22	27.06	16.69

工程负责		校对		工程名称	XX隧道工程	人行横洞洞门设计图						工程编号
工种负责		审核		项目名称	隧道							
设计		审定		建设单位		设计阶段	施设	比例	图示	出图日期	XXXX-XX-XX	图号 007-3

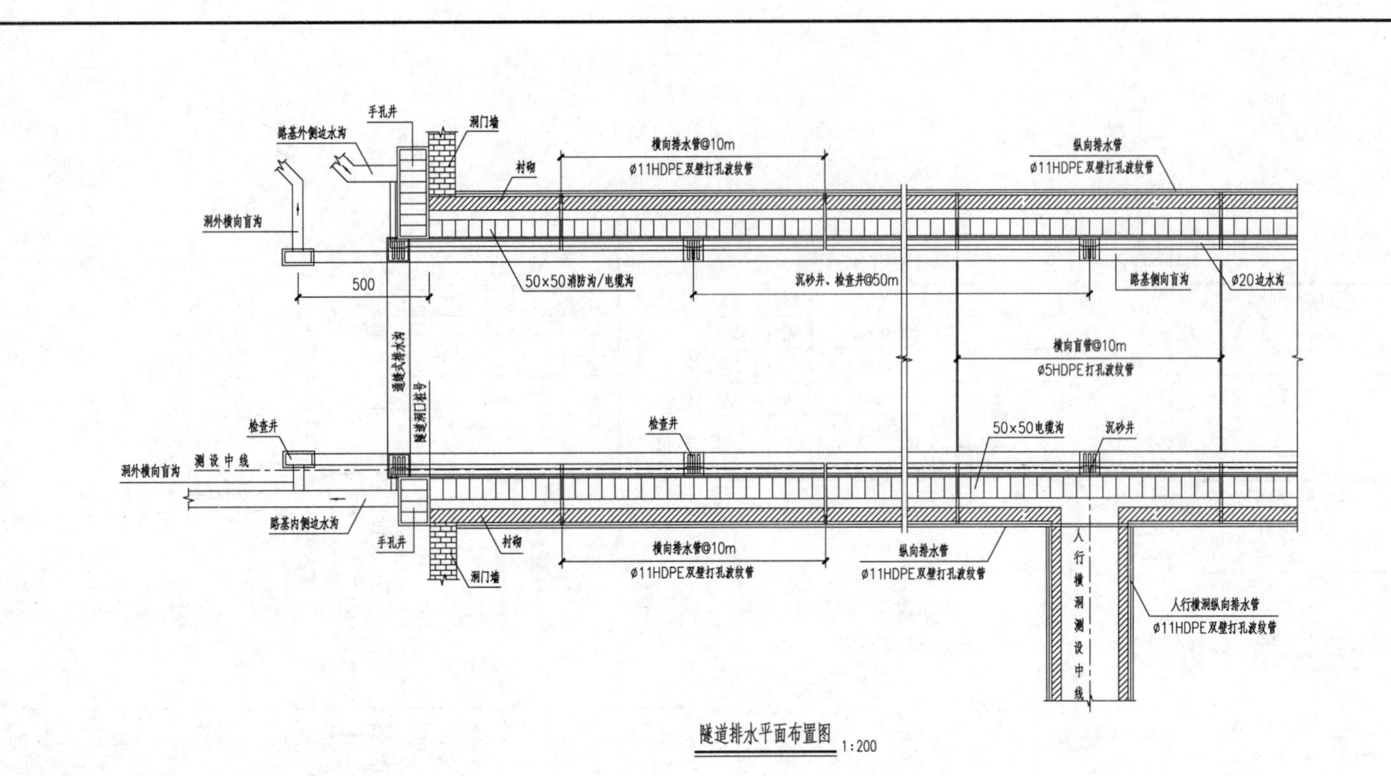

隧道排水平面布置图 1:200

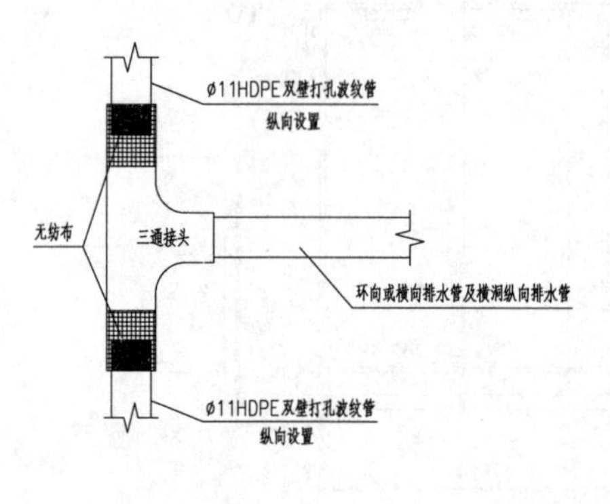

三通管大样图 1:20

隧道排水布置表

项目		材料名称	布置形式	沿隧道纵向布置间距			备注
				Ⅴ级围岩	Ⅳ级围岩	Ⅱ、Ⅲ级围岩	
主洞	路面边水沟	ø20cm预制C25混凝土管	纵向	沿隧道两侧通长布置			
	侧向盲沟	35cm×45cm预制C25混凝土矩形沟	纵向	沿隧道两侧通长布置			
	纵向排水管	ø11cmHDPE双壁打孔波纹管	纵向	沿隧道两侧通长布置			
	横向排水管	ø11cmHDPE双壁波纹管	横向	@5m	@10m	@20m	
	横向盲管	ø5cmHDPE打孔波纹管	横向	@5m	@10m	@20m	
	环向排水管	ø5cmHDPE打孔波纹管	环向	@5m	@10m	@20m	
	边水沟沉砂井	C25混凝土	纵向	@50m			
	侧向盲沟检查井	C25混凝土	纵向	@50m			
横洞	纵向排水管	ø11cmHDPE双壁打孔波纹管	纵向	沿横洞两侧通长布置			
	环向排水管	ø5cmHDPE打孔波纹管	环向	@5m	@10m	@20m	沿横洞纵向

说明：

1. 本图未注明尺寸以cm计。
2. 本图为隧道排水布置，遇横洞则相应调整侧向盲沟检查井位置。
3. 横向排水管、环向排水管与纵向排水管均采用三通连接，详见大样图。
4. 横洞纵向排水管接主洞纵向排水管，同样采用三通连接。
5. 边水沟沉砂井避开横向排水管布置。

工程负责		校对		工程名称	XX隧道工程	隧道排水平面布置图							工程编号
工种负责		审核		项目名称	隧道								
设计		审定		建设单位		设计阶段	施设	比例	1：200	出图日期	XXXX-XX-XX	图号	008-1

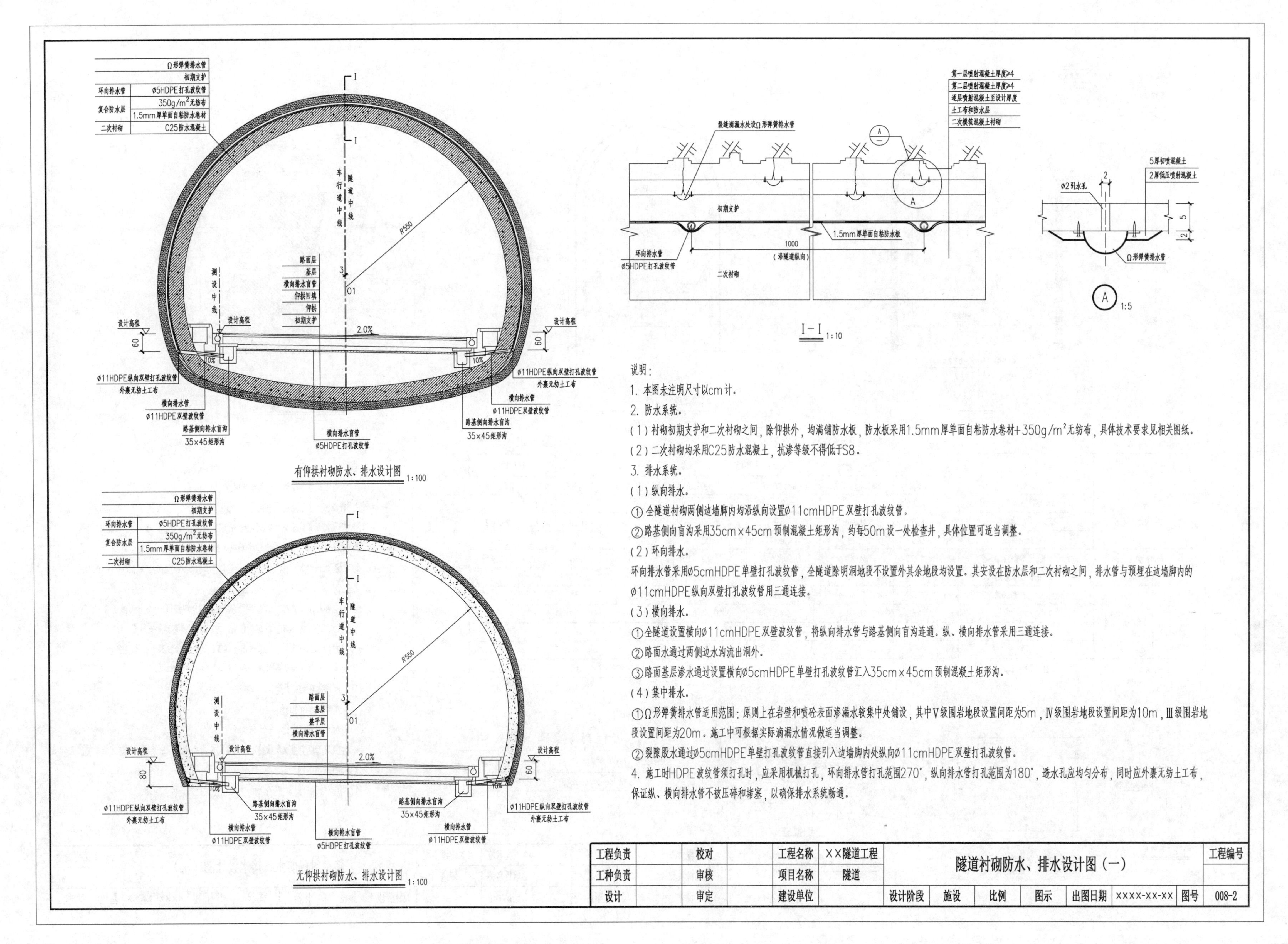
Ω形弹簧排水管
初期支护
环向排水管
ø5HDPE打孔波纹管
复合防水层
350g/m²无纺布
1.5mm厚单面自粘防水卷材
二次衬砌
C25防水混凝土
车行道中线
隧道中线
R550
路面层
基层
横向排水盲管
仰拱回填
仰拱
初期支护
测设中线
设计高程
2.0%
60
10%
ø11HDPE纵向双壁打孔波纹管
外裹无纺土工布
横向排水管
ø11HDPE双壁波纹管
路基侧向排水盲沟
35×45矩形沟
横向排水盲管
ø5HDPE打孔波纹管
有仰拱衬砌防水、排水设计图 1:100
整平层
80
无仰拱衬砌防水、排水设计图 1:100
第一层喷射混凝土厚度≥4
第二层喷射混凝土厚度≥4
逐层喷射混凝土至设计厚度
土工布和防水层
二次模筑混凝土衬砌
裂缝滴漏水处设Ω形弹簧排水管
初期支护
1.5mm厚单面自粘防水板
1000
(沿隧道纵向)
环向排水管
ø5HDPE打孔波纹管
二次衬砌
I－I 1:10
ø2引水孔
5厚初喷混凝土
2厚低压喷射混凝土
Ω形弹簧排水管
A 1:5
说明:
1. 本图未注明尺寸以cm计。
2. 防水系统。
(1)衬砌初期支护和二次衬砌之间，除仰拱外，均满铺防水板，防水板采用1.5mm厚单面自粘防水卷材+350g/m²无纺布，具体技术要求见相关图纸。
(2)二次衬砌均采用C25防水混凝土，抗渗等级不得低于S8。
3. 排水系统。
(1)纵向排水。
①全隧道衬砌两侧边墙脚内均沿纵向设置ø11cmHDPE双壁打孔波纹管。
②路基侧向盲沟采用35cm×45cm预制混凝土矩形沟，约每50m设一处检查井，具体位置可适当调整。
(2)环向排水。
环向排水管采用ø5cmHDPE单壁打孔波纹管，全隧道除明洞地段不设置外其余地段均设置。其安设在防水层和二次衬砌之间，排水管与预埋在边墙脚内的ø11cmHDPE纵向双壁打孔波纹管用三通连接。
(3)横向排水。
①全隧道设置横向ø11cmHDPE双壁波纹管，将纵向排水管与路基侧向盲沟连通。纵、横向排水管采用三通连接。
②路面水通过两侧边水沟流出洞外。
③路面基层渗水通过设置横向ø5cmHDPE单壁打孔波纹管汇入35cm×45cm预制混凝土矩形沟。
(4)集中排水。
①Ω形弹簧排水管适用范围：原则上在岩壁和喷砼表面渗漏水较集中处铺设，其中Ⅴ级围岩地段设置间距为5m，Ⅳ级围岩地段设置间距为10m，Ⅲ级围岩地段设置间距为20m。施工中可根据实际滴漏水情况做适当调整。
②裂隙股水通过ø5cmHDPE单壁打孔波纹管直接引入边墙脚内处纵向ø11cmHDPE双壁打孔波纹管。
4. 施工时HDPE波纹管须打孔时，应采用机械打孔，环向排水管打孔范围270°，纵向排水管打孔范围为180°，透水孔应均匀分布，同时应外裹无纺土工布，保证纵、横向排水管不被压碎和堵塞，以确保排水系统畅通。
工程负责
校对
工程名称
XX隧道工程
隧道衬砌防水、排水设计图(一)
工程编号
工种负责
审核
项目名称
隧道
设计
审定
建设单位
设计阶段
施设
比例
图示
出图日期
XXXX-XX-XX
图号
008-2

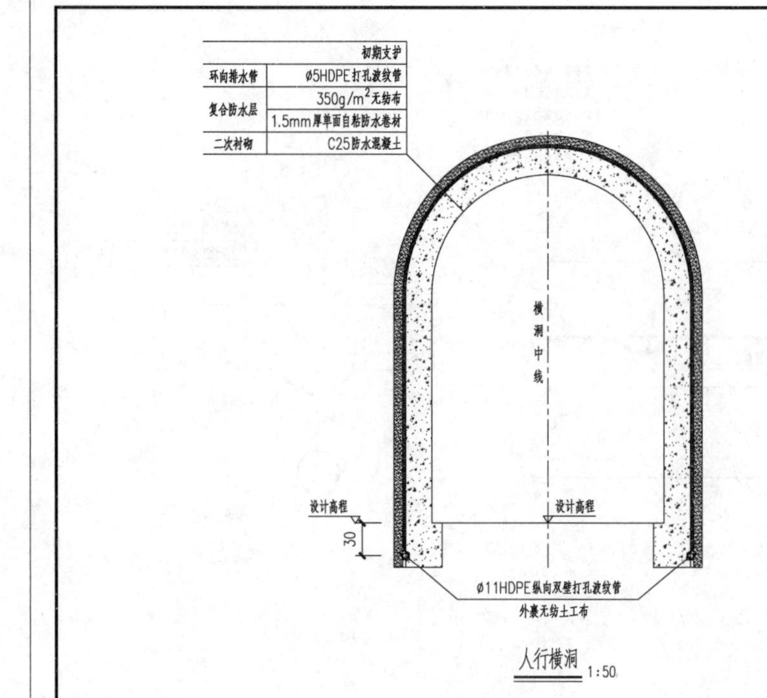

人行横洞 1:50

中埋式止水带
钢筋卡
环向间距1m
模板
横洞中线
膨胀止水条
（带注浆孔）
设计高程

半变形缝 1:50　半施工缝 1:50

喷射混凝土
复合防水层
二次衬砌
环向排水管
ø5HDPE打孔波纹管
引水管
ø5HDPE单壁波纹管
2~3洗净碎石
ø11HDPE双壁侧打孔波纹管
眼孔直径6~8mm
设计高程
60

纵向排水管设置大样图 1:20

隧道每延米防排水工程数量表

项目		材料名称	单位	主洞数量						人行横洞数量		备注
				Ⅴ级围岩	Ⅳ级围岩（有仰拱）	Ⅳ级围岩（无仰拱）	Ⅲ级围岩（有仰拱）	Ⅲ级围岩（有仰拱）	Ⅱ级围岩	Ⅳ级围岩	Ⅱ、Ⅲ级围岩	
纵向排水		ø11cm双壁打孔HDPE波纹管	m	2	2	2	2	2	2	2	2	
		350g/m²无纺布	m²	0.69	0.69	0.69	0.69	0.69	0.69	0.69	0.69	
		2~3cm碎石	m³	0.02	0.02	0.02	0.02	0.02	0.02	0.02	0.02	
环向排水		ø5cmHDPE单壁打孔波纹管	m	4.63	2.30	2.30	1.13	1.13	1.13	0.90	0.45	
横向排水	横向排水管	ø11cmHDPE双壁波纹管	m	0.63	0.31	0.27	0.15	0.13	0.13	–	–	
	横向排水盲管	ø5cmHDPE单壁打孔波纹管	m	1.36	0.68	0.68	0.34	0.34	0.34	–	–	
		350g/m²无纺布	m²	0.86	0.43	0.43	0.21	0.21	0.21	–	–	
		2~3cm碎石	m³	–	–	–	–	–	–	–	–	
		开挖	m³	–	–	–	–	–	–	–	–	
集中排水		Ω形弹簧排水管	m	4.75	2.45	2.35	1.15	1.15	1.15	1.00	0.50	

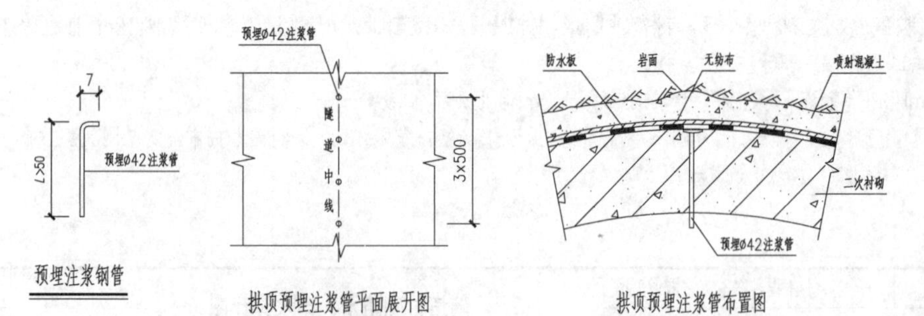

预埋注浆钢管　拱顶预埋注浆管平面展开图　拱顶预埋注浆管布置图

每延米拱顶注浆预埋工程数量表

项目	单位	数量
ø42mm×3.5mm注浆管	m	0.15

说明：

1. 本图中尺寸除注明外，其余均以cm计。
2. 横洞防水系统与主洞相同。
3. 横洞排水系统采用环向ø5cmHDPE打孔波纹管接入横洞ø11cmHDPE纵向双壁打孔波纹管，再通过主洞纵向排水管汇入ø40cm侧向盲沟。
4. 裂隙水通过ø5cmHDPE单壁波纹管直接引入边墙脚内纵向ø11cmHDPE双壁打孔波纹管。
5. 根据实际施工情况，二次模筑混凝土衬砌平均按10m设一道施工缝。沉降缝可兼作施工缝，在设有沉降缝的位置，施工缝宜调整到同一位置。
6. 当衬砌施工完成后，应通过预埋钢管注浆，确保拱部不存留空隙。
7. 注浆浆液为单液水泥砂浆，现场配置，注浆参数如下。
（1）水泥砂浆水灰比为1：1。
（2）注浆压力为0.35~1.0MPa。
8. 注浆必须连续进行，一次完成。
9. 注浆管长度L根据现场确定，注浆口露出衬砌外，出浆口顶住防水板，使防水板紧贴喷层。
10. 注浆管纵向间距按5m计，可根据注浆效果进行调整。

工程负责		校对		工程名称	XX隧道工程	隧道衬砌防水、排水设计图（二）							工程编号
工种负责		审核		项目名称	隧道								
设计		审定		建设单位		设计阶段	施设	比例	图示	出图日期	xxxx-xx-xx	图号	008-3

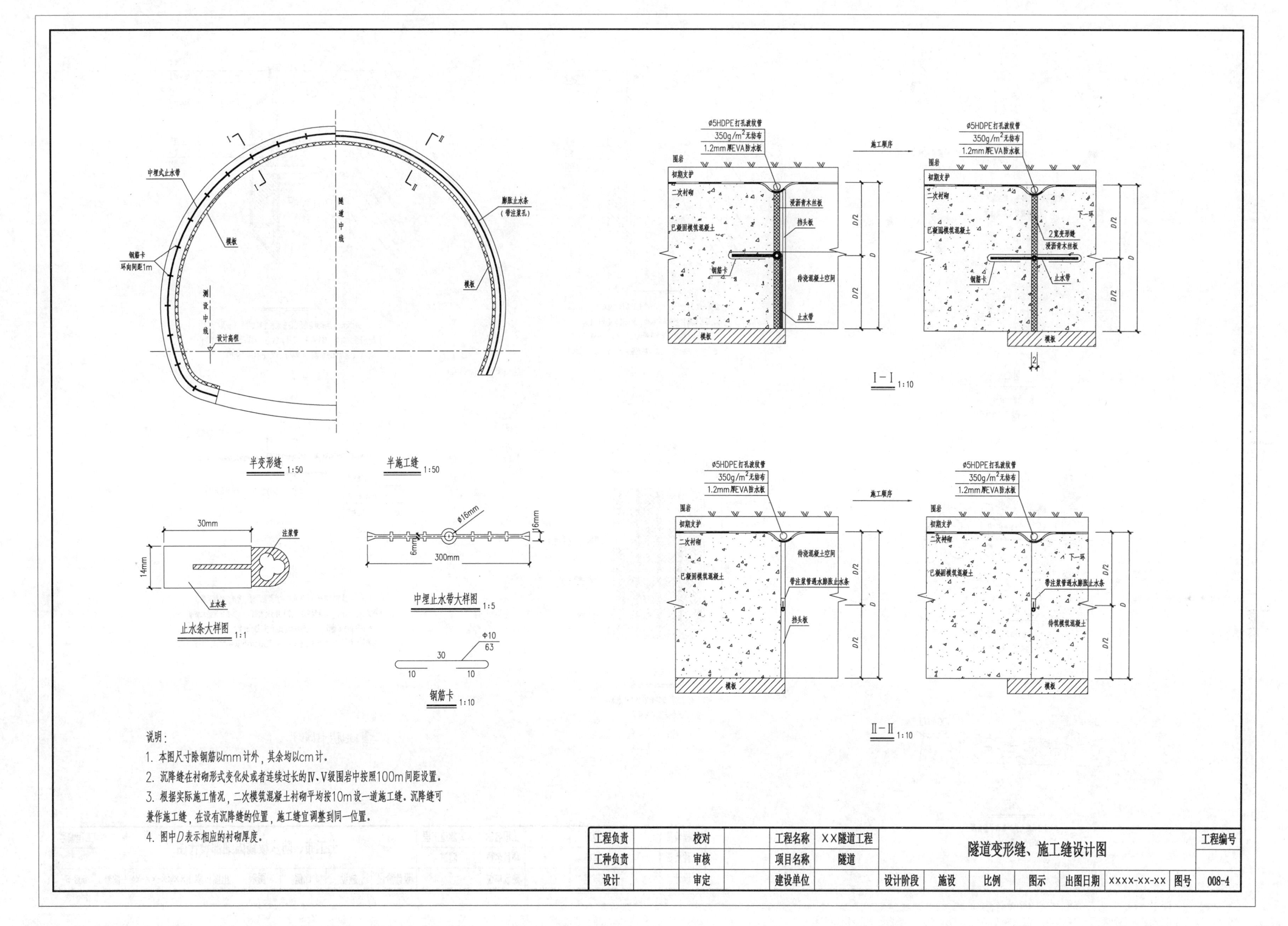

中埋式止水带
模板
钢筋卡
环向间距1m
隧道中线
膨胀止水条
(带注浆孔)
测设中线
设计高程
半变形缝 1:50
半施工缝 1:50
ø5HDPE打孔波纹管
350g/m2无纺布
1.2mm厚EVA防水板
围岩
初期支护
二次衬砌
已凝固模筑混凝土
浸沥青木丝板
挡头板
钢筋卡
待浇混凝土空间
止水带
施工顺序
下一环
2宽变形缝
D/2
D
I-I 1:10
带注浆管遇水膨胀止水条
待筑模筑混凝土
II-II 1:10
30mm
注浆管
14mm
止水条
止水条大样图 1:1
ø16mm
16mm
6mm
300mm
中埋止水带大样图 1:5
Φ10
63
30
10
10
钢筋卡 1:10
说明：
1. 本图尺寸除钢筋以mm计外，其余均以cm计。
2. 沉降缝在衬砌形式变化处或者连续过长的Ⅳ、Ⅴ级围岩中按照100m间距设置。
3. 根据实际施工情况，二次模筑混凝土衬砌平均按10m设一道施工缝。沉降缝可兼作施工缝，在设有沉降缝的位置，施工缝宜调整到同一位置。
4. 图中D表示相应的衬砌厚度。
工程负责
校对
工程名称
XX隧道工程
隧道变形缝、施工缝设计图
工程编号
工种负责
审核
项目名称
隧道
设计
审定
建设单位
设计阶段
施设
比例
图示
出图日期
XXXX-XX-XX
图号
008-4

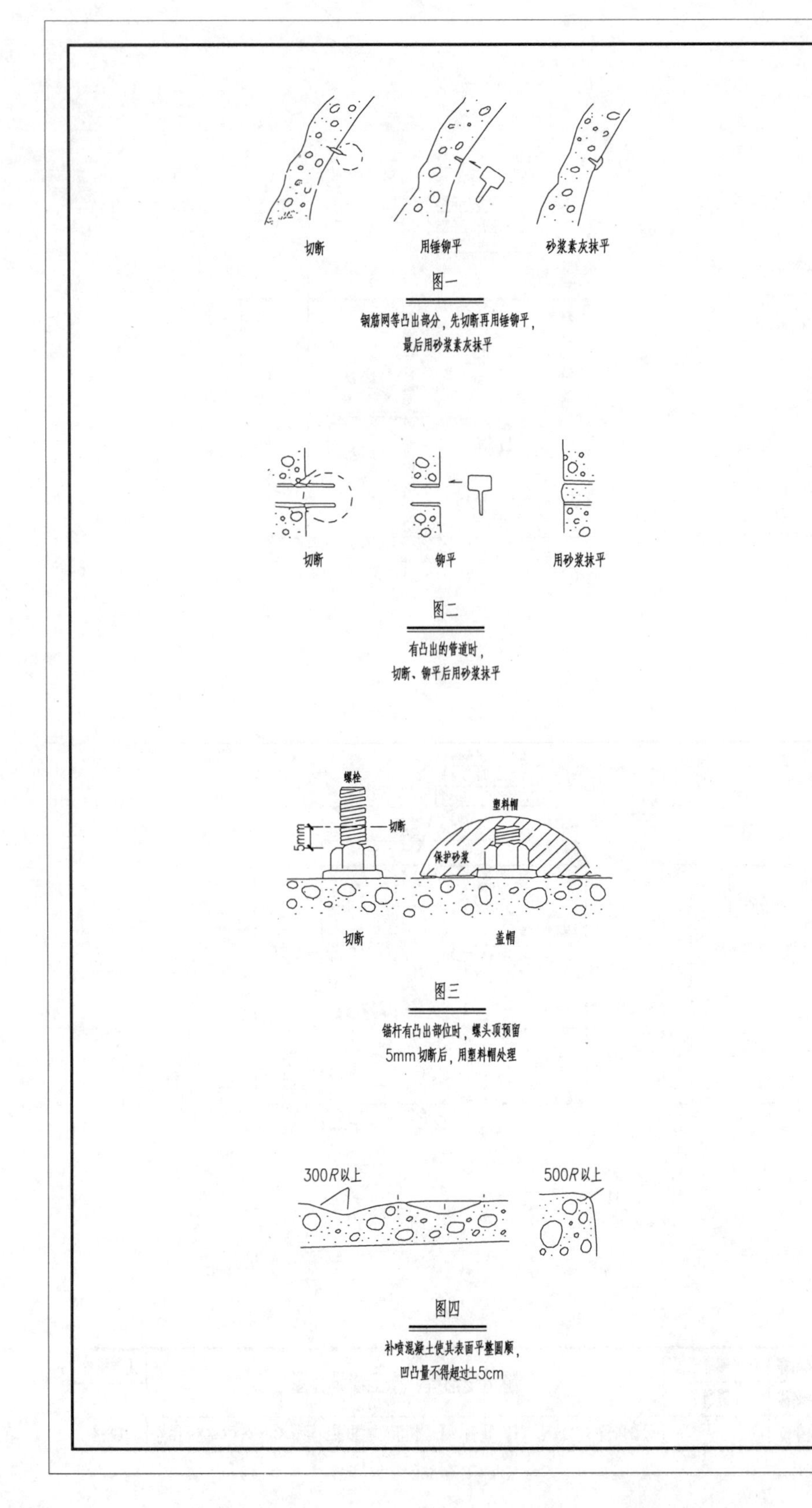

图一

钢筋网等凸出部分，先切断再用锤铆平，
最后用砂浆素灰抹平

图二

有凸出的管道时，
切断、铆平后用砂浆抹平

图三

锚杆有凸出部位时，螺头须预留
5mm切断后，用塑料帽处理

图四

补喷混凝土使其表面平整圆顺，
凹凸量不得超过±5cm

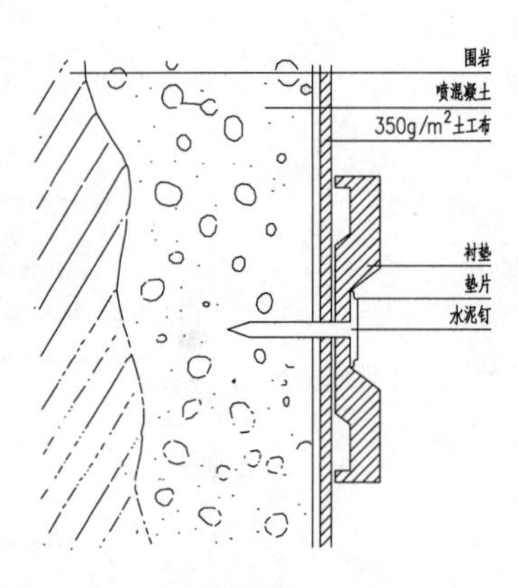

图五

混凝土表面先把350g/m^2土工布用衬垫贴上，
然后用射钉枪钉上水泥钉锚固，水泥钉长度不得小
于50mm．拱顶每平方米平均钉3~4点，边墙
每平方米平均钉2~3点，防水板采用吊带挂设

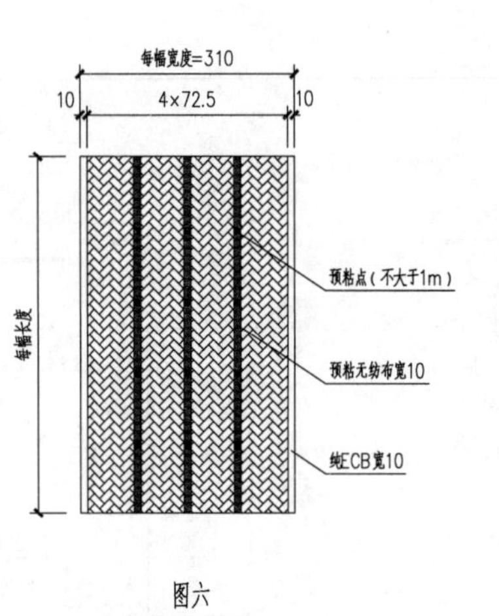

图六

考虑无纺布的断裂伸长率小于防水卷材，
无纺布应单独铺设

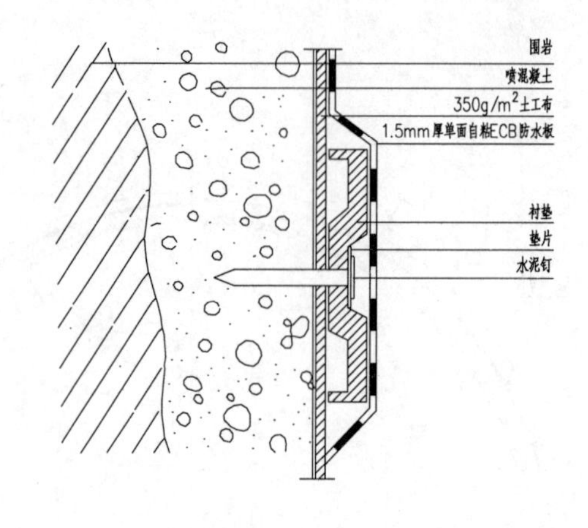

图七

1.5mm厚单面自粘ECB防水板物理力学性质参见
《高分子防水材料 第1部分：片材》（GB 18173.1-2012），
《自粘橡胶沥青防水卷材》（JC 840-1999）

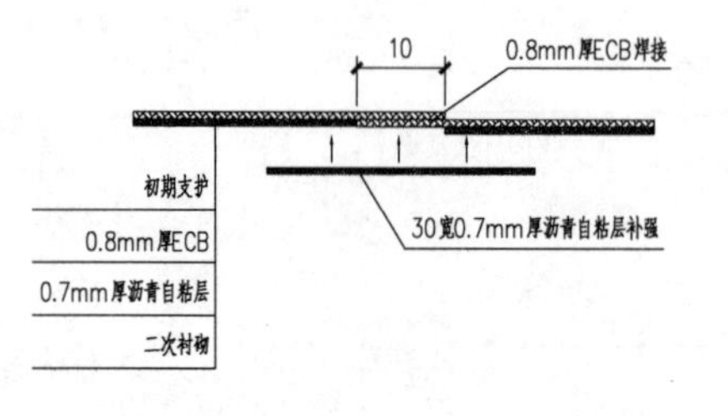

图八

1.5mm厚单面复合自粘防水卷材产品出厂时，为减少搭接长度，
每幅宽不小于3m，必须预先粘（焊）接3处约10cm宽条状连接无纺布，
以便于采用吊带铺设，且在每幅两侧边设置10cm宽的纯高分子材料，
采用爬焊机焊接，并单独设置宽度不小于30cm的双面自粘卷材补强

说明：
本图未注明尺寸以cm计。

工程负责		校对		工程名称	XX隧道工程	土工布、防水板锚固细部设计图							工程编号
工种负责		审核		项目名称	隧道								
设计		审定		建设单位		设计阶段	施设	比例	图示	出图日期	xxxx-xx-xx	图号	008-5

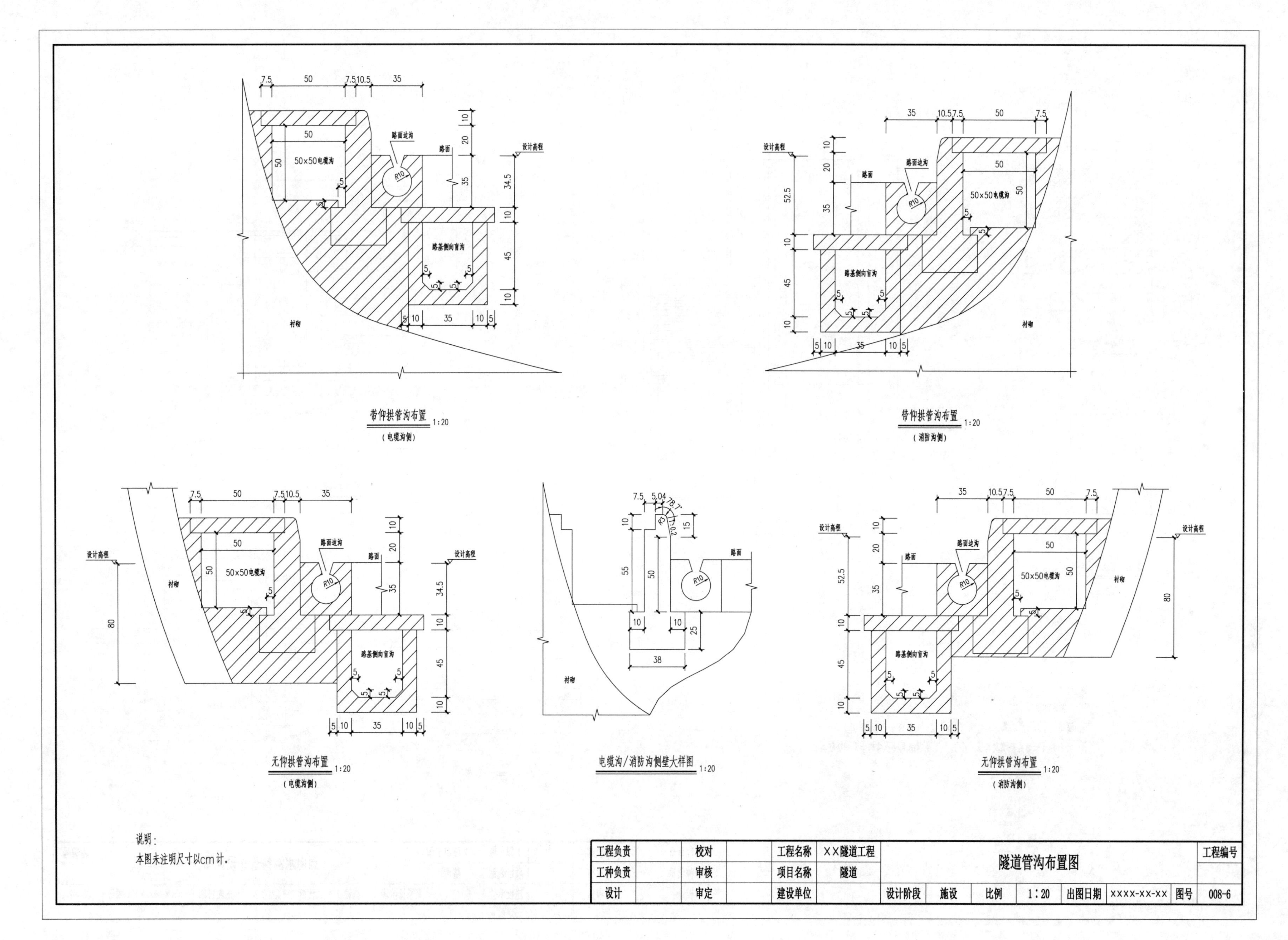
带仰拱管沟布置 1:20
（电缆沟侧）
带仰拱管沟布置 1:20
（消防沟侧）
无仰拱管沟布置 1:20
（电缆沟侧）
电缆沟/消防沟侧壁大样图 1:20
无仰拱管沟布置 1:20
（消防沟侧）
50×50电缆沟
路面边沟
路面
设计高程
路基侧向盲沟
衬砌
说明：
本图未注明尺寸以cm计。
工程负责
工种负责
设计
校对
审核
审定
工程名称
XX隧道工程
项目名称
隧道
建设单位
隧道管沟布置图
设计阶段
施设
比例
1:20
出图日期
XXXX-XX-XX
图号
008-6
工程编号

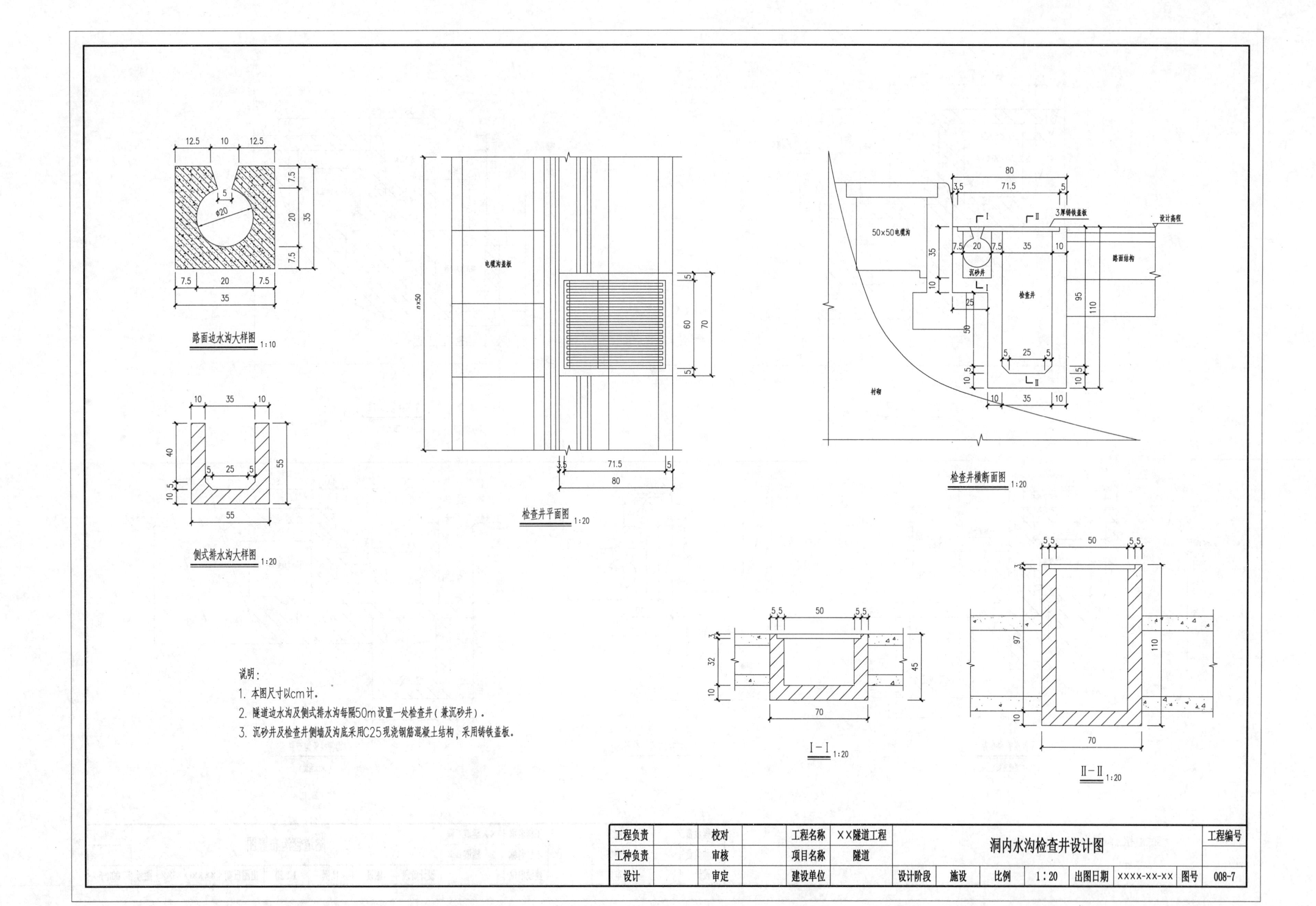
路面边水沟大样图 1:10
侧式排水沟大样图 1:20
检查井平面图 1:20
电缆沟盖板
n×50
检查井横断面图 1:20
50×50电缆沟
3厚铸铁盖板
设计高程
路面结构
沉砂井
检查井
衬砌
Ⅰ-Ⅰ 1:20
Ⅱ-Ⅱ 1:20
说明：
1. 本图尺寸以cm计。
2. 隧道边水沟及侧式排水沟每隔50m设置一处检查井（兼沉砂井）。
3. 沉砂井及检查井侧墙及沟底采用C25现浇钢筋混凝土结构，采用铸铁盖板。
工程负责
工种负责
设计
校对
审核
审定
工程名称
XX隧道工程
项目名称
隧道
建设单位
洞内水沟检查井设计图
设计阶段
施设
比例
1:20
出图日期
xxxx-xx-xx
图号
008-7
工程编号

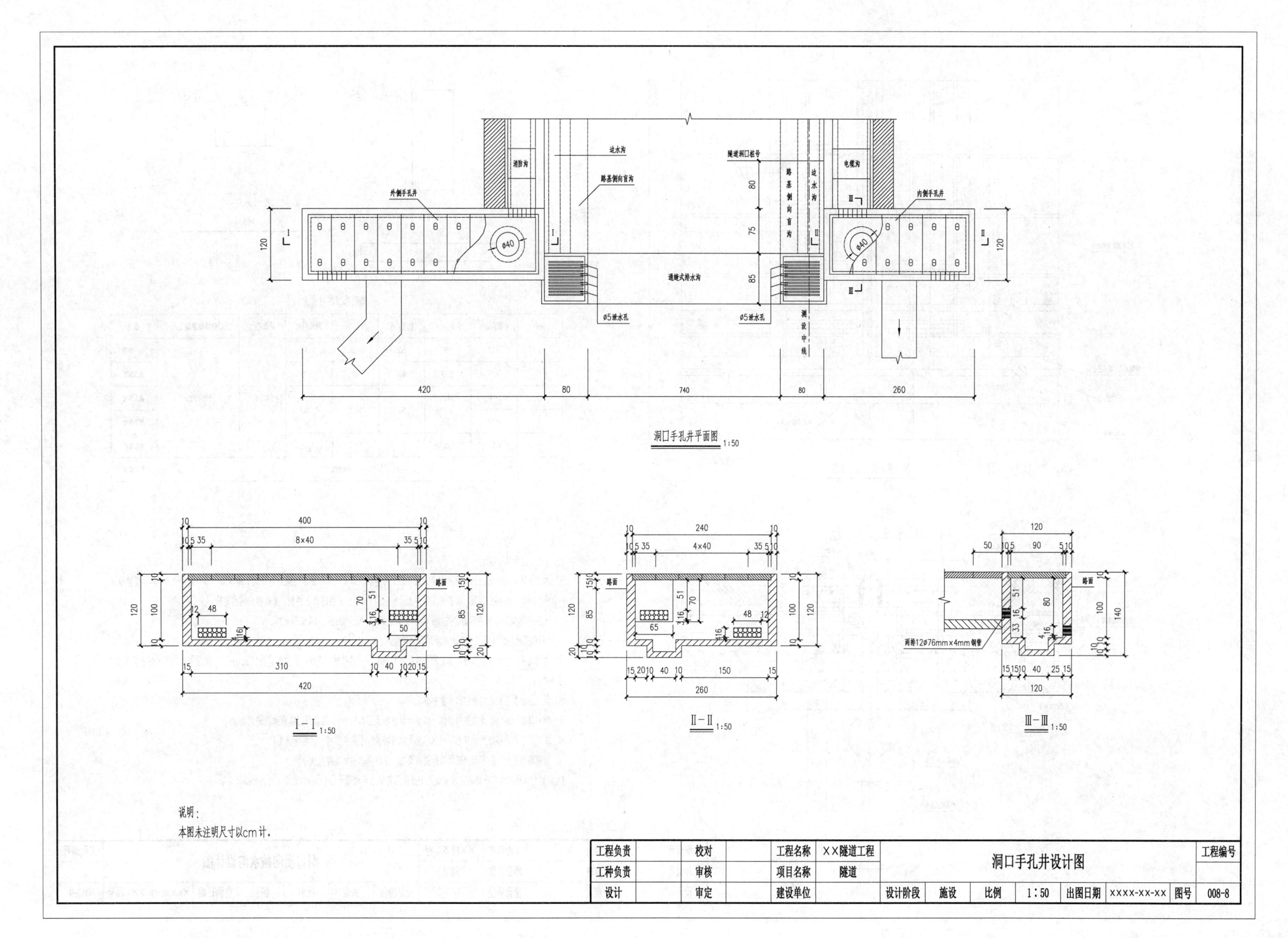
消防沟
边水沟
路基侧向盲沟
隧道洞口桩号
路基侧向盲沟
边水沟
电缆沟
外侧手孔井
内侧手孔井
ϕ40
ϕ40
通缝式排水沟
ϕ5泄水孔
ϕ5泄水孔
测设中线
80
75
85
120
120
420
80
740
80
260
洞口手孔井平面图 1:50
I—I 1:50
Ⅱ—Ⅱ 1:50
Ⅲ—Ⅲ 1:50
路面
两根12ϕ76mm×4mm钢管
说明：
本图未注明尺寸以cm计。
工程负责
工种负责
设计
校对
审核
审定
工程名称
项目名称
建设单位
XX隧道工程
隧道
洞口手孔井设计图
设计阶段
施设
比例
1∶50
出图日期
XXXX-XX-XX
图号
008-8
工程编号

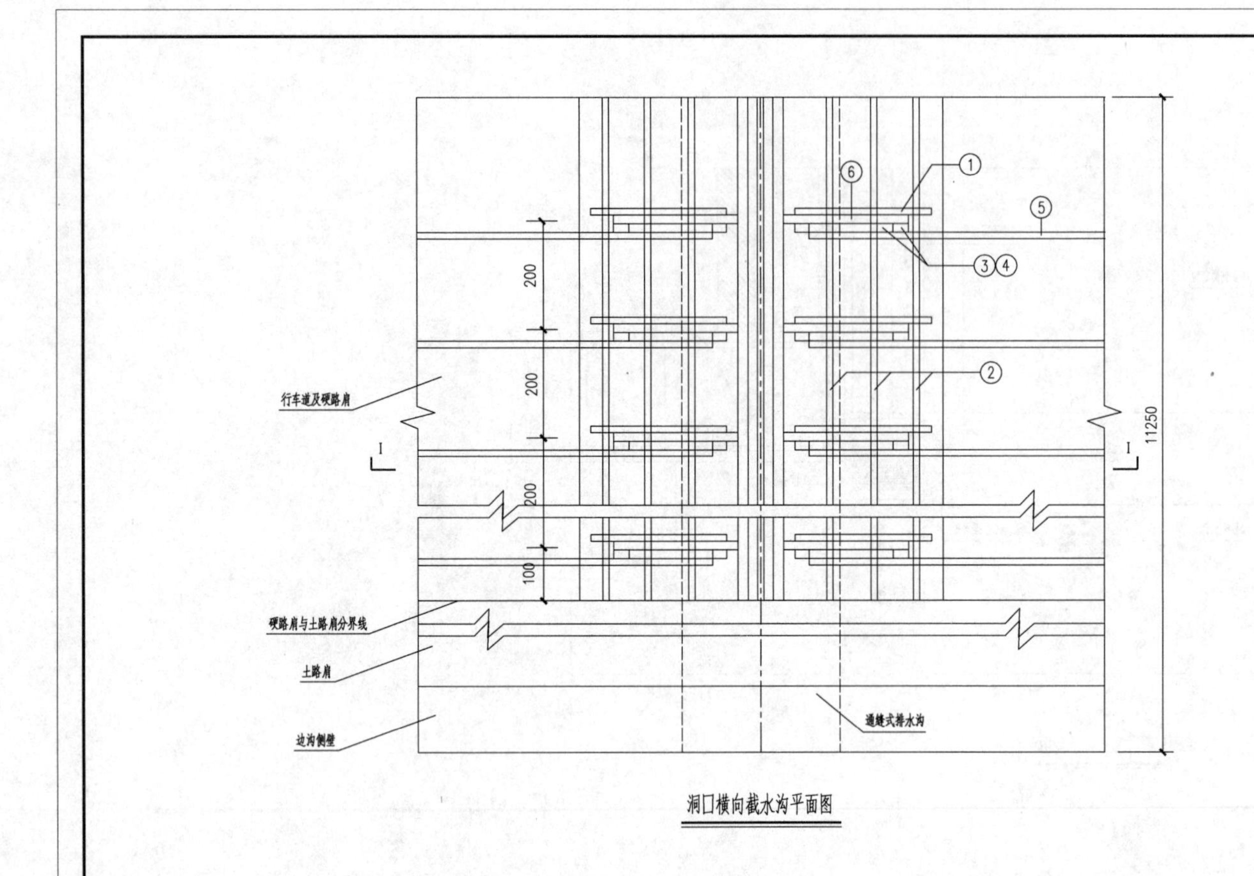

洞口横向截水沟平面图

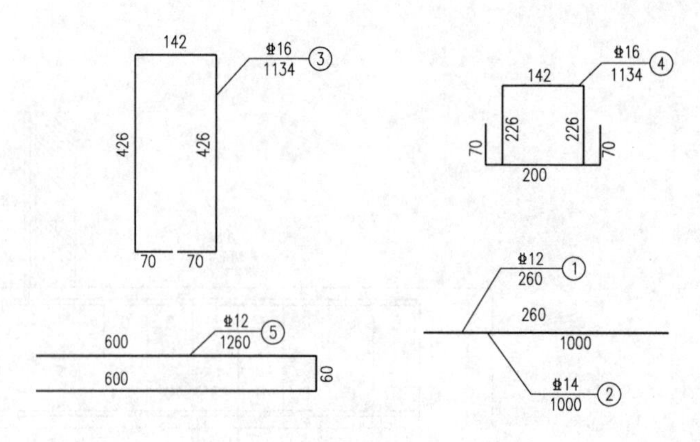

每延米工程数量表

编号	直径/mm	长度/cm	数量/根	共长/m	共重/kg	总重/kg	C50钢纤维混凝土/m^3	备注
1	Φ12	26	10	2.6	2.31	43.4	0.122	施工预埋
2	Φ14	100	10	10	12.09			施工预埋
3	Φ16	113	10	11.3	17.83			施工预埋
4	Φ16	113						施工预埋
5	Φ12	126	10	12.6	11.19			施工预埋
6	伸缩缝配件							厂方提供

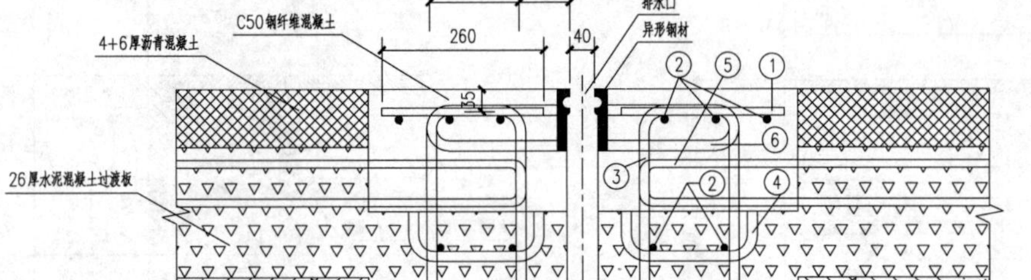

I-I

说明：

1. 本图未注明尺寸以mm计。
2. 本图为隧道上坡出口洞口横向截水沟设计图，截水沟在洞口路基上预埋隧道路缘（通缝式）排水沟。排水沟顶上采用40型伸缩缝（去除橡胶体）的部分装置，以确保在路面上开排水口（4cm）将路面水拦截，排入排水沟内排除。
3. N3、N4钢筋预埋在路面内并与N1、N2钢筋焊接，N5与N3、N4钢筋点焊。
4. N6钢筋由厂方提供并在厂家与异形钢材焊接。
5. 本图有关伸缩缝（去除伸缩体）的构造设计参照GQF－C型伸缩缝设计（伸缩量为40mm），异形钢材的安装应在厂家指导下进行。
6. 截水沟设置在隧道路面的过渡板中部。
7. 伸缩缝安装时，不设橡胶伸缩体，以便于留出排水口（4cm）拦截洞口路面水流进洞内。
8. 本设计中的伸缩缝设计仅为了排水，并无伸缩功能，不能将其当作伸缩缝使用。
9. 伸缩缝装置仅在行车道及硬路肩范围内设置，土路肩范围及边沟侧壁不设。
10. 通缝式排水沟在土路肩范围及边沟侧壁处应将排水沟顶部开口（5cm通缝）封闭形成闭合管。

工程负责		校对		工程名称	XX隧道工程	洞口横向截水沟设计图						工程编号
工种负责		审核		项目名称	隧道							
设计		审定		建设单位		设计阶段	施设	比例	图示	出图日期	XXXX-XX-XX	图号 008-9

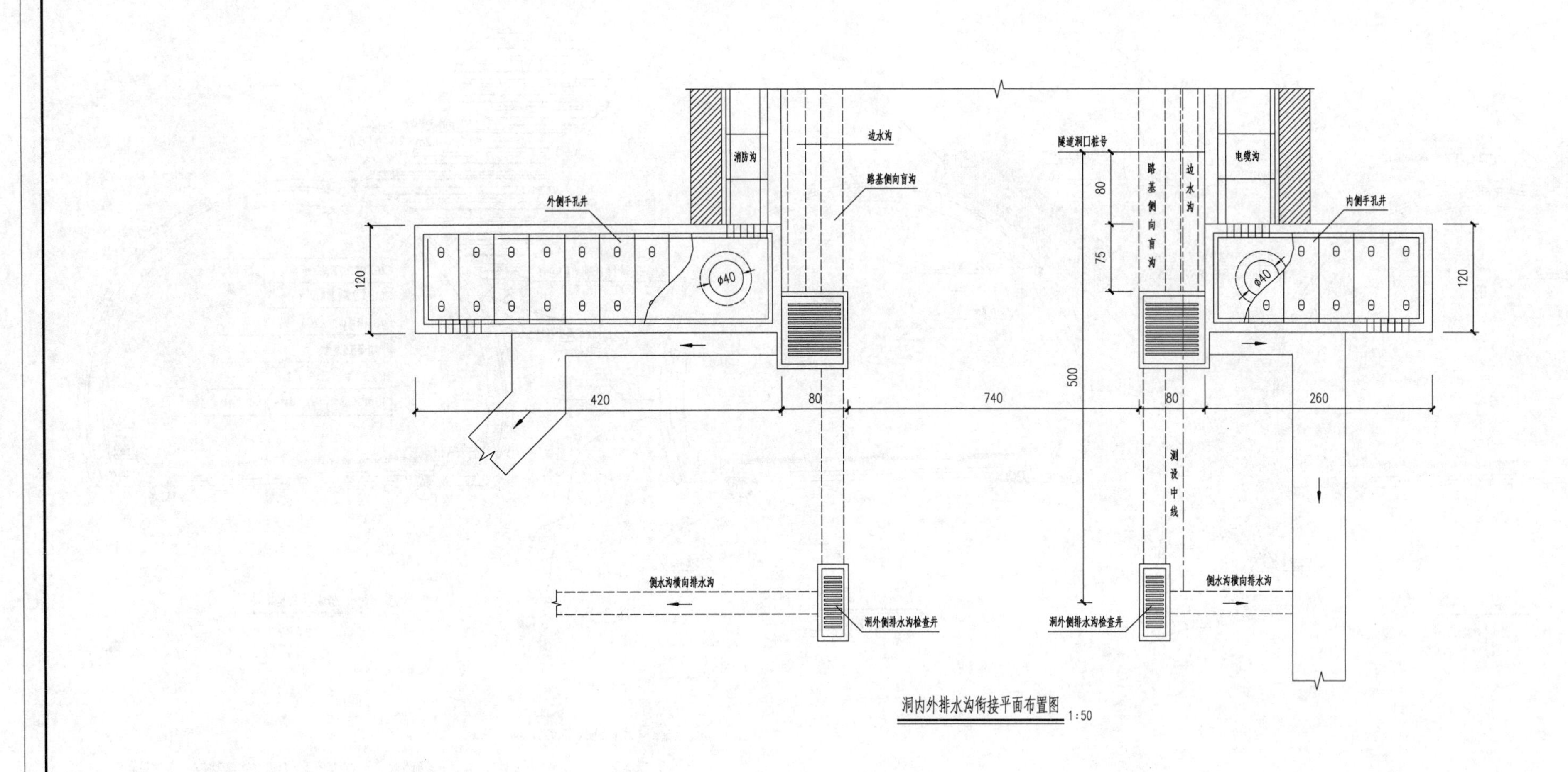

洞内外排水沟衔接平面布置图 1:50

说明：

1. 本图尺寸以cm计。
2. 图中所示是出洞口为下坡的情况，当出洞口为上坡时洞外侧式排水沟、洞外检查井及横向排水沟不施作。
3. 横向排水沟一般设置在填挖交界处，根据实际情况将水引至左侧或右侧路基边沟。若必须在路堑处引排，排水沟路基边沟需加深至130cm，另一侧路基边沟不变。

工程负责		校对		工程名称	XX隧道工程	洞内外排水沟衔接设计图							工程编号
工种负责		审核		项目名称	隧道								
设计		审定		建设单位		设计阶段	施设	比例	1∶50	出图日期	XXXX-XX-XX	图号	008-10

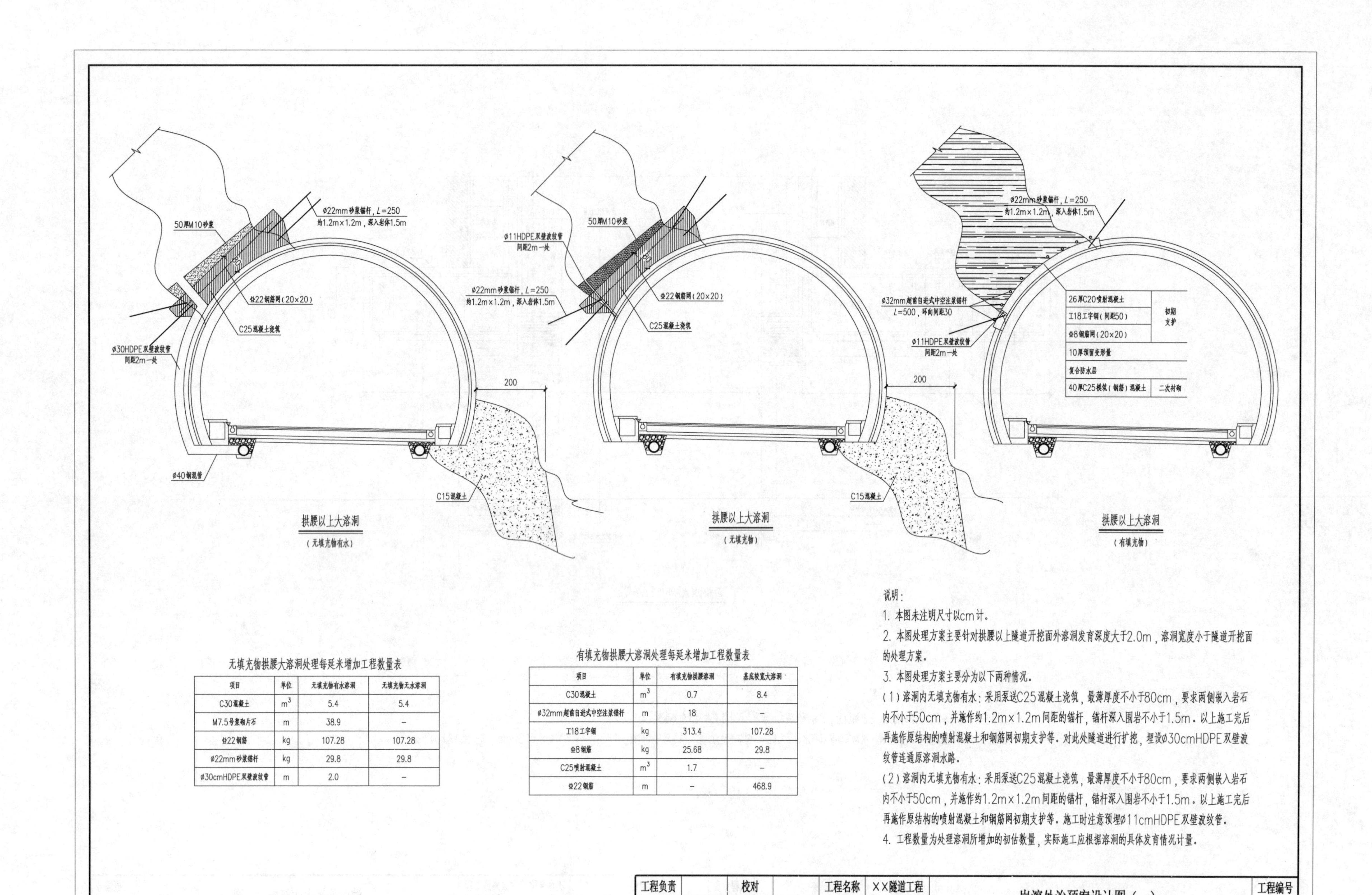

无填充物拱腰大溶洞处理每延米增加工程数量表

项目	单位	无填充物有水溶洞	无填充物无水溶洞
C30混凝土	m^3	5.4	5.4
M7.5号浆砌片石	m	38.9	–
⌀22钢筋	kg	107.28	107.28
ø22mm砂浆锚杆	kg	29.8	29.8
ø30cmHDPE双壁波纹管	m	2.0	–

有填充物拱腰大溶洞处理每延米增加工程数量表

项目	单位	有填充物拱腰溶洞	基底较宽大溶洞
C30混凝土	m^3	0.7	8.4
ø32mm超前自进式中空注浆锚杆	m	18	–
I18工字钢	kg	313.4	107.28
⌀8钢筋	kg	25.68	29.8
C25喷射混凝土	m^3	1.7	–
⌀22钢筋	m	–	468.9

说明：

1. 本图未注明尺寸以cm计。
2. 本图处理方案主要针对拱腰以上隧道开挖面外溶洞发育深度大于2.0m，溶洞宽度小于隧道开挖面的处理方案。
3. 本图处理方案主要分为以下两种情况。

（1）溶洞内无填充物有水：采用泵送C25混凝土浇筑，最薄厚度不小于80cm，要求两侧嵌入岩石内不小于50cm，并施作约1.2m×1.2m间距的锚杆，锚杆深入围岩不小于1.5m。以上施工完后再施作原结构的喷射混凝土和钢筋网初期支护等。对此处隧道进行扩挖，埋设ø30cmHDPE双壁波纹管连通原溶洞水路。

（2）溶洞内无填充物有水：采用泵送C25混凝土浇筑，最薄厚度不小于80cm，要求两侧嵌入岩石内不小于50cm，并施作约1.2m×1.2m间距的锚杆，锚杆深入围岩不小于1.5m。以上施工完后再施作原结构的喷射混凝土和钢筋网初期支护等。施工时注意预埋ø11cmHDPE双壁波纹管。

4. 工程数量为处理溶洞所增加的初估数量，实际施工应根据溶洞的具体发育情况计量。

工程负责		校对		工程名称	XX隧道工程	岩溶处治预案设计图（一）						工程编号
工种负责		审核		项目名称	隧道							
设计		审定		建设单位		设计阶段	施设	比例	图示	出图日期	XXXX-XX-XX	图号 009-1

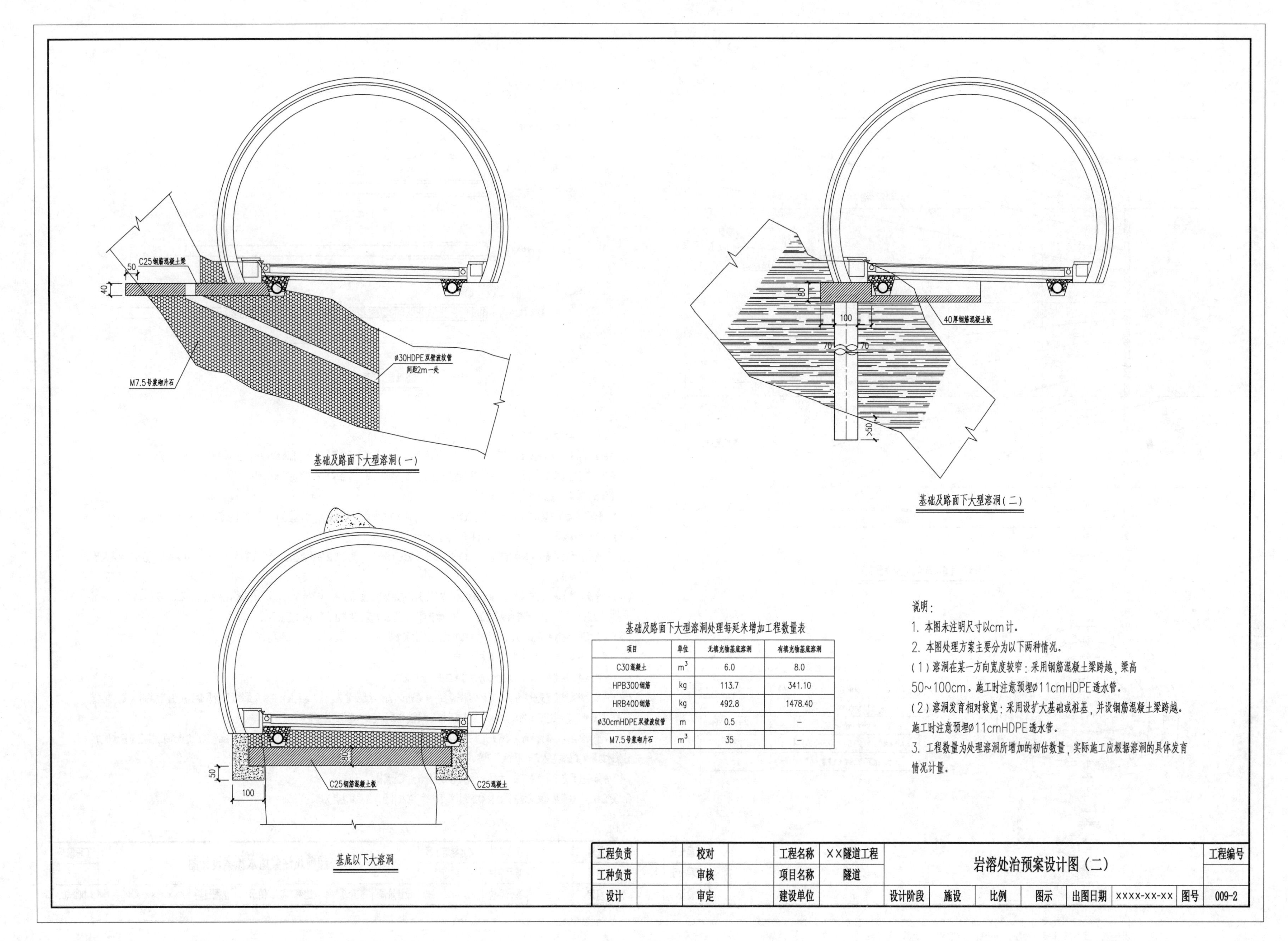

基础及路面下大型溶洞处理每延米增加工程数量表

项目	单位	无填充物基底溶洞	有填充物基底溶洞
C30混凝土	m^3	6.0	8.0
HPB300钢筋	kg	113.7	341.10
HRB400钢筋	kg	492.8	1478.40
ø30cmHDPE双壁波纹管	m	0.5	–
M7.5号浆砌片石	m^3	35	–

说明：

1. 本图未注明尺寸以cm计。
2. 本图处理方案主要分为以下两种情况。
（1）溶洞在某一方向宽度较窄：采用钢筋混凝土梁跨越，梁高50~100cm。施工时注意预埋ø11cmHDPE透水管。
（2）溶洞发育相对较宽：采用设扩大基础或桩基，并设钢筋混凝土梁跨越。施工时注意预埋ø11cmHDPE透水管。
3. 工程数量为处理溶洞所增加的初估数量，实际施工应根据溶洞的具体发育情况计量。

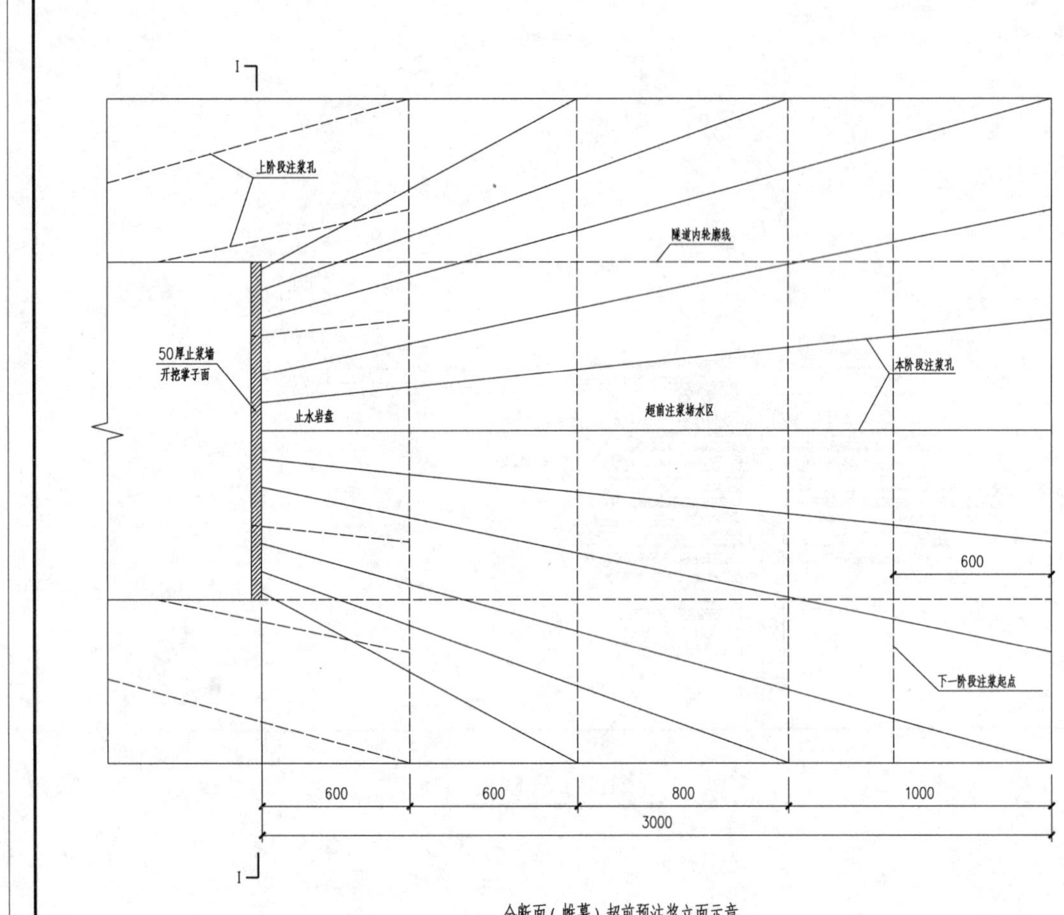

全断面（帷幕）超前预注浆立面示意

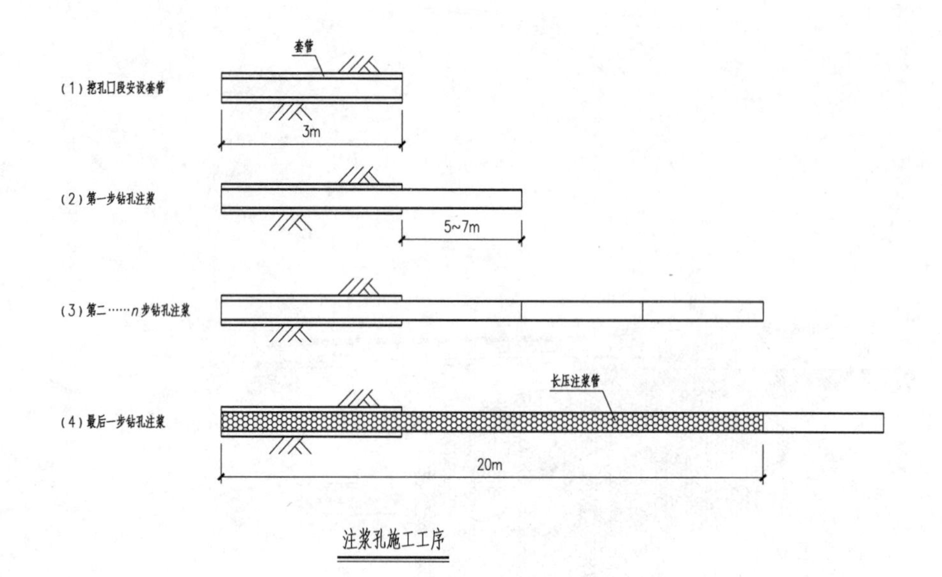

注浆孔施工工序

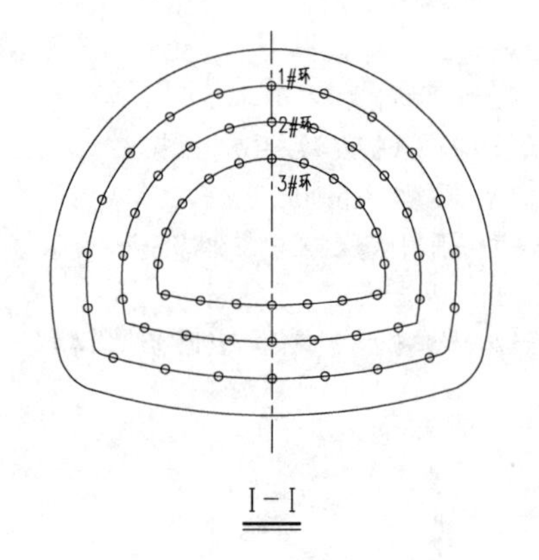

I－I

每循环（30m）超前注浆主要工程数量表

项目	单位	数量
ø115mm钻孔	m	1180
ø108mm×4mm孔口管	m	174
水泥－水玻璃浆液（C：S=1：0.6~1.0）	m^3	236
50cm厚C30混凝土止浆墙	m^3	53

说明：

1. 本图尺寸除钢管直径、壁厚以mm计，其余均以cm计。
2. 本图适用于灰岩地段或断层破碎带会发生突水、涌水的地段，判定标准为超前探水孔中单孔流量>2m^3/h，总水量>10m^3/h。
3. 在预注浆前应根据地质详勘成果，结合超前物探和超前探孔，探明情况。超前探孔应在预测突水处前5~10m实施。
4. 全断面（帷幕）超前预注浆设计参数如下。

（1）1#循环超前预注浆设置20个注浆孔，孔深12m；2#循环注浆设置20个注浆孔，孔深20m；3#循环注浆设置18个注浆孔，孔深30m。

（2）注浆孔前段安设ø108mm×4mm套管，套管长3m，孔口外露20~30cm。

（3）注浆孔掌子面以隧道中轴伞状布置，注浆范围为隧道开挖线以外6m，浆液扩散半径为2m。套管段采用ø115mm钻头成孔，后续注浆段采用ø75mm钻头成孔。

（4）注浆液采用水泥－水玻璃浆液，浆液配合比应在实际施工中根据注浆效果调整。初拟参数：水泥：水玻璃（体积比）=1：（0.6~1.0），水泥浆水灰比0.8：1~1：1，水玻璃模数2.6~2.8，水玻璃浓度35波美度，注浆压力0.5~1.5MPa。

（5）每孔每延米注浆量暂按0.2m^3设计，施工时根据实际注浆量确定。

5. 全断面（帷幕）超前预注浆施工步骤如下。

（1）每循环超前预注浆前须设置50cm厚左右导向墙（止浆墙）。

（2）成孔注浆采用前进式分段注浆，套管安装完成后，每钻进5~7m即开始注浆，注浆达到设计要求后开始下一阶段钻孔注浆。注浆时采用套管注塞方式，同时特别是超过20m的深孔须将长压注浆管插入到预定位置，提高孔底部的压注效果和压注效率。

（3）采取反复注入、稀浆与浓浆交替、压力控制与注入浆量控制相结合的措施，注浆压力从低到高逐渐加压。初始注浆压力建议采用1.2倍静水压力，注浆时间根据浆量的注入速率进行灵活调整。

（4）每循环注浆完毕开挖施工后，预留6m左右作为下阶段注浆止浆段。

6. 超前探水、注浆堵水的实施应严格按动态设计程序执行，工程计量以实际发生量为准。

工程负责		校对		工程名称	XX隧道工程	超前预注浆堵水预案设计图							工程编号
工种负责		审核		项目名称	隧道								
设计		审定		建设单位		设计阶段	施设	比例	图示	出图日期	XXXX-XX-XX	图号	009-3

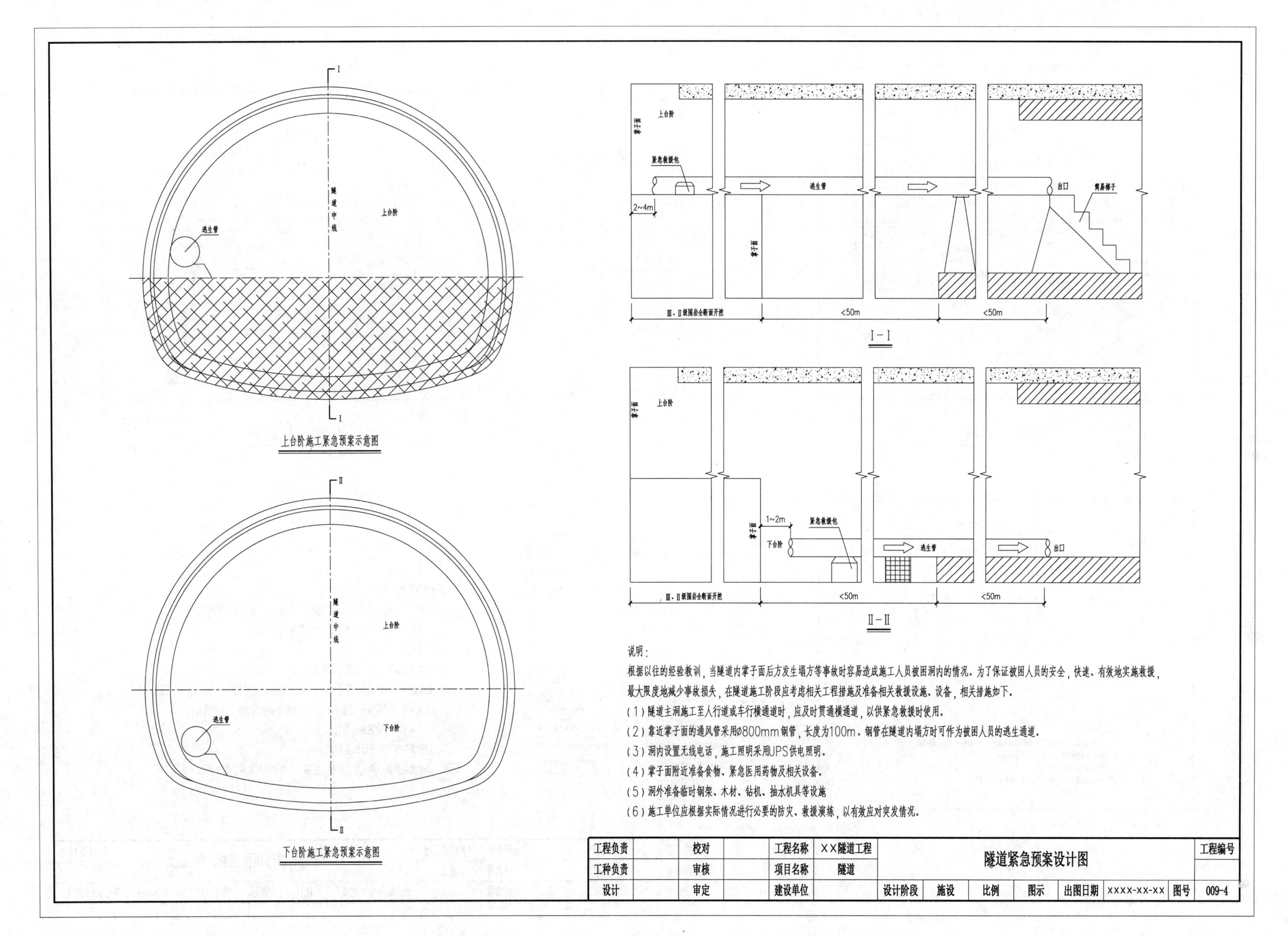
上台阶
掌子面
紧急救援包
逃生管
2~4m
出口
简易梯子
Ⅲ、Ⅱ级围岩全断面开挖
<50m
<50m
Ⅰ-Ⅰ
下台阶
1~2m
Ⅱ-Ⅱ
隧道中线
上台阶施工紧急预案示意图
下台阶施工紧急预案示意图
说明：
根据以往的经验教训，当隧道内掌子面后方发生塌方等事故时容易造成施工人员被困洞内的情况。为了保证被困人员的安全，快速、有效地实施救援，最大限度地减少事故损失，在隧道施工阶段应考虑相关工程措施及准备相关救援设施、设备，相关措施如下。
（1）隧道主洞施工至人行道或车行横通道时，应及时贯通横通道，以供紧急救援时使用。
（2）靠近掌子面的通风管采用ø800mm钢管，长度为100m。钢管在隧道内塌方时可作为被困人员的逃生通道。
（3）洞内设置无线电话，施工照明采用UPS供电照明。
（4）掌子面附近准备食物、紧急医用药物及相关设备。
（5）洞外准备临时钢架、木材、钻机、抽水机具等设施
（6）施工单位应根据实际情况进行必要的防灾、救援演练，以有效应对突发情况。
工程负责
工种负责
设计
校对
审核
审定
工程名称
XX隧道工程
项目名称
隧道
建设单位
隧道紧急预案设计图
工程编号
设计阶段
施设
比例
图示
出图日期
XXXX-XX-XX
图号
009-4

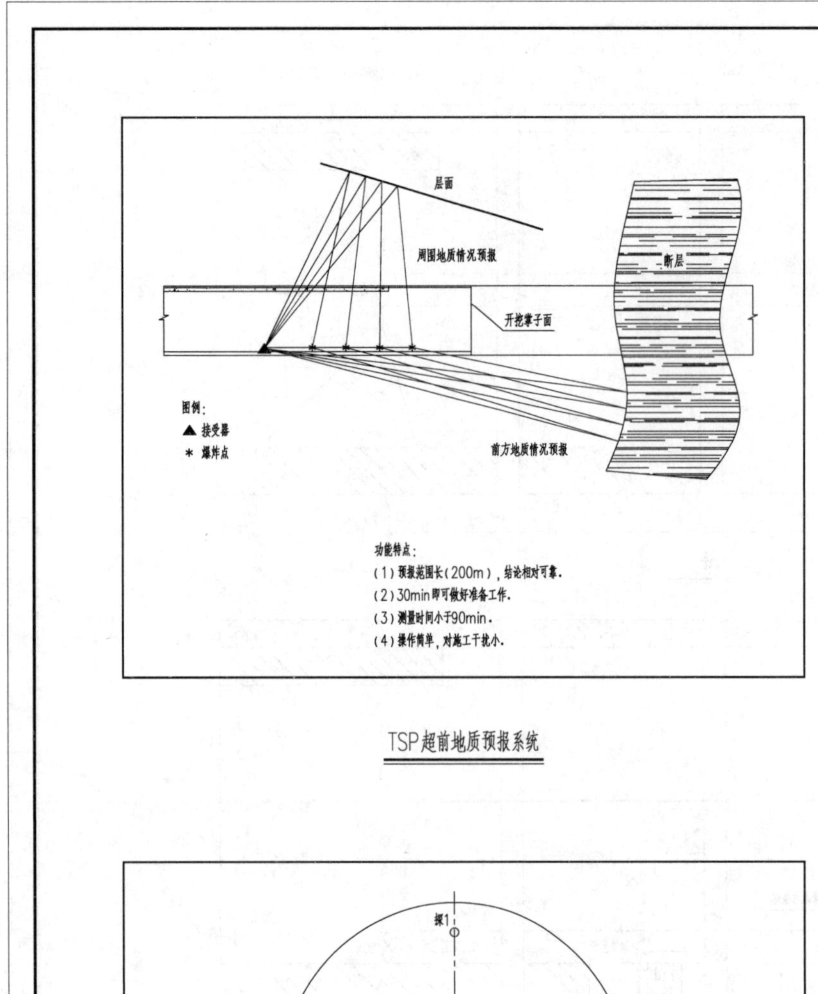

TSP超前地质预报系统

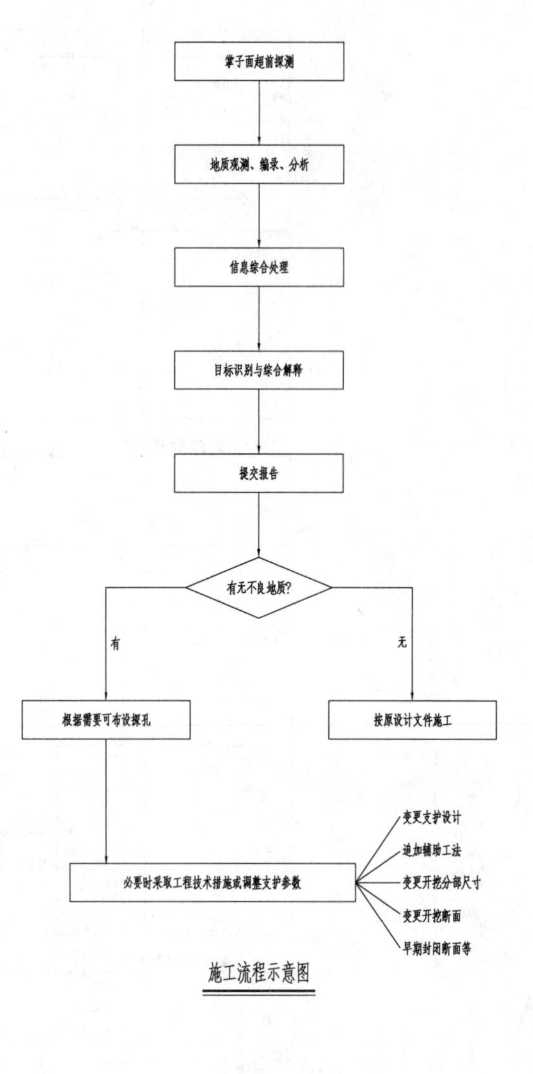

施工流程示意图

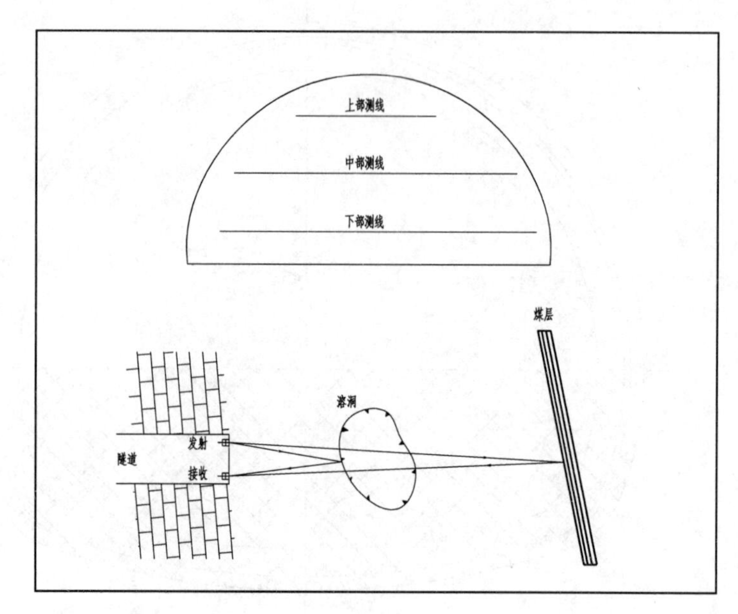

地质雷达测线布置与原理

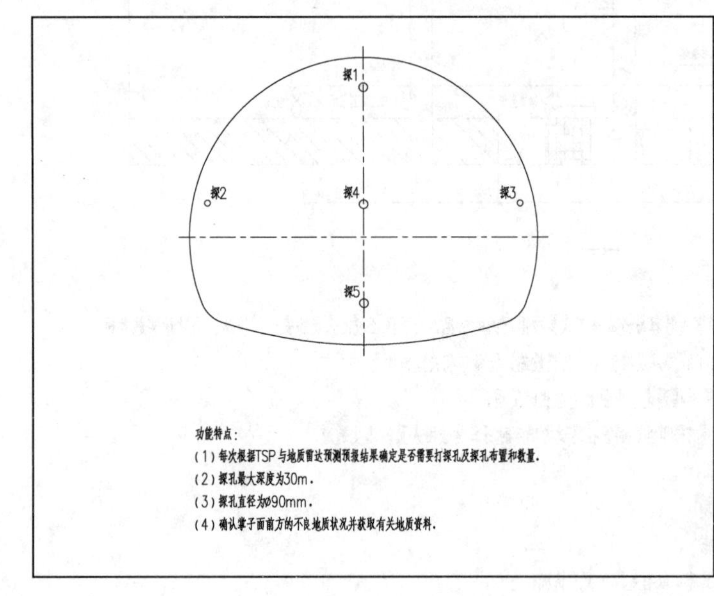

超前探孔

(3孔)

超前地质预报方案

代号	超前地质预报方案组合	适用段落
C1	TSP	适用于一般的Ⅳ、Ⅴ级围岩段
C2	TSP+TEM	适用于可能发生涌突水段落
C3	TSP+TEM+超前水平钻孔(不取芯)	适用于断层破碎带和构造带段落
C4	TSP+TEM+超前水平钻孔(取芯)	适用于可能发生大变形段落

超前地质预报整体方案说明:

1. 采用TSP隧道地震探测仪进行远距离(200m)较宏观长期预报.
2. 采用地质雷达进行近距离(40m)较微观近期预报.
3. 二者可以相互补充和印证.
4. 根据以上综合结果确定是否需要打探孔及探孔位置和数量(1~5个为宜).
5. 钻孔时应对钻进速度、取芯情况(岩芯采取率、RQD值)、出水点位置、流量、水压、水温及出水状态等做详细记录,必要时应做水质分析判断地下水的腐蚀性等.
6. TSP每次掌子面探测约需1h.
7. 地质雷达每次掌子面探测约需30min.
8. 通过探测预报,起到补充勘探、提高勘探程度、防灾减灾的作用.

工程负责		校对		工程名称	XX隧道工程	隧道超前地质预报设计图							工程编号
工种负责		审核		项目名称	隧道								
设计		审定		建设单位		设计阶段	施设	比例	图示	出图日期	XXXX-XX-XX	图号	010-1

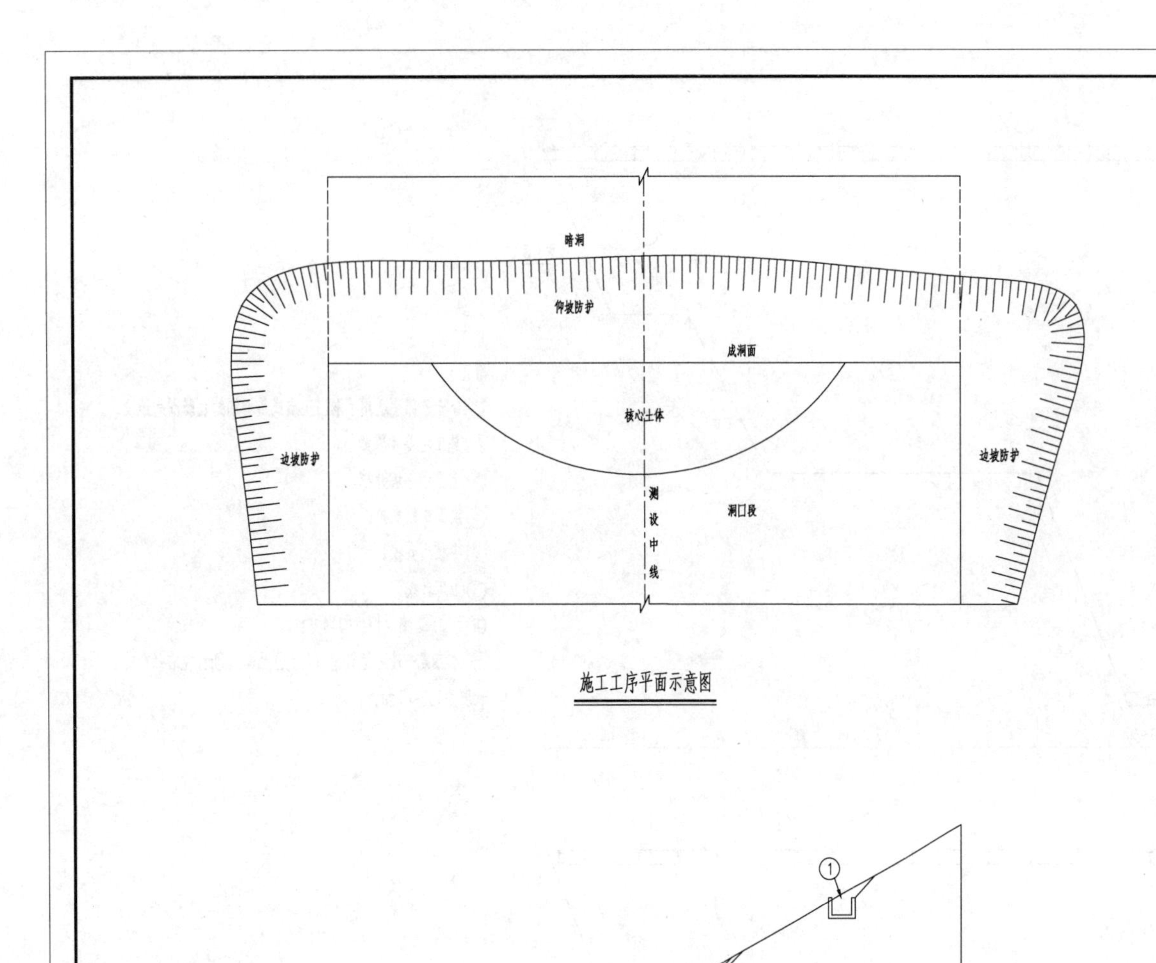

施工工序平面示意图

施工工序纵面示意图

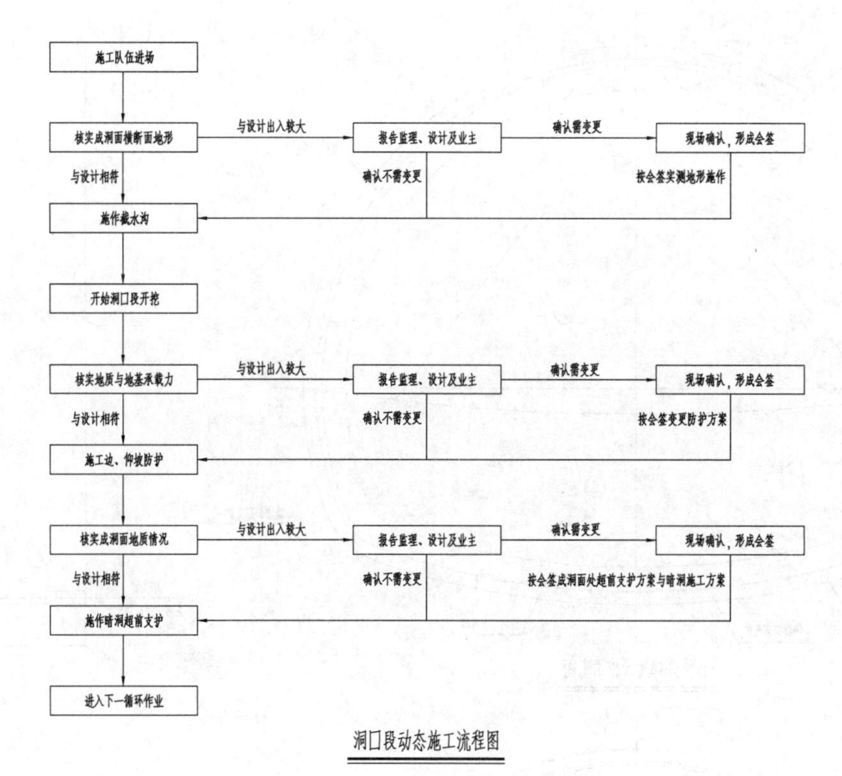

洞口段动态施工流程图

说明：

1. 洞口段主要施工工序如下。

（1）施作洞顶截水沟。

（2）洞口段开挖（成洞面要求保留核心土）。

（3）施作边坡及仰坡临时防护工程（边开挖边防护）。

（4）非核心土部分开挖至成洞面。

（5）开始暗洞的超前支护施工。

（6）施作明洞段衬砌。

（7）明洞段临时回填（筑临时挡墙，回填土至明洞顶）。

2. 完成以上施工工序后才能进行下一步暗洞开挖。

3. 洞门结构及明洞顶部剩余回填，原则上可以在施工方认为适当的任何时间施作。

4. 明洞回填应在明洞浇筑并达到设计强度之后进行。

5. 明洞浇筑时应注意明洞口部外墙面应与洞门墙面相协调，注意是否为斜坡面。

6. 洞口段施工中应反复核实地形、地质及地基承载力是否与设计相同，若与设计不符，需报告现场监理或业主确认是否需要变更处理。

工程负责		校对		工程名称	XX隧道工程	洞口段施工工序设计图						工程编号
工种负责		审核		项目名称	隧道							
设计		审定		建设单位		设计阶段	施设	比例	图示	出图日期	XXXX-XX-XX	图号	010-2

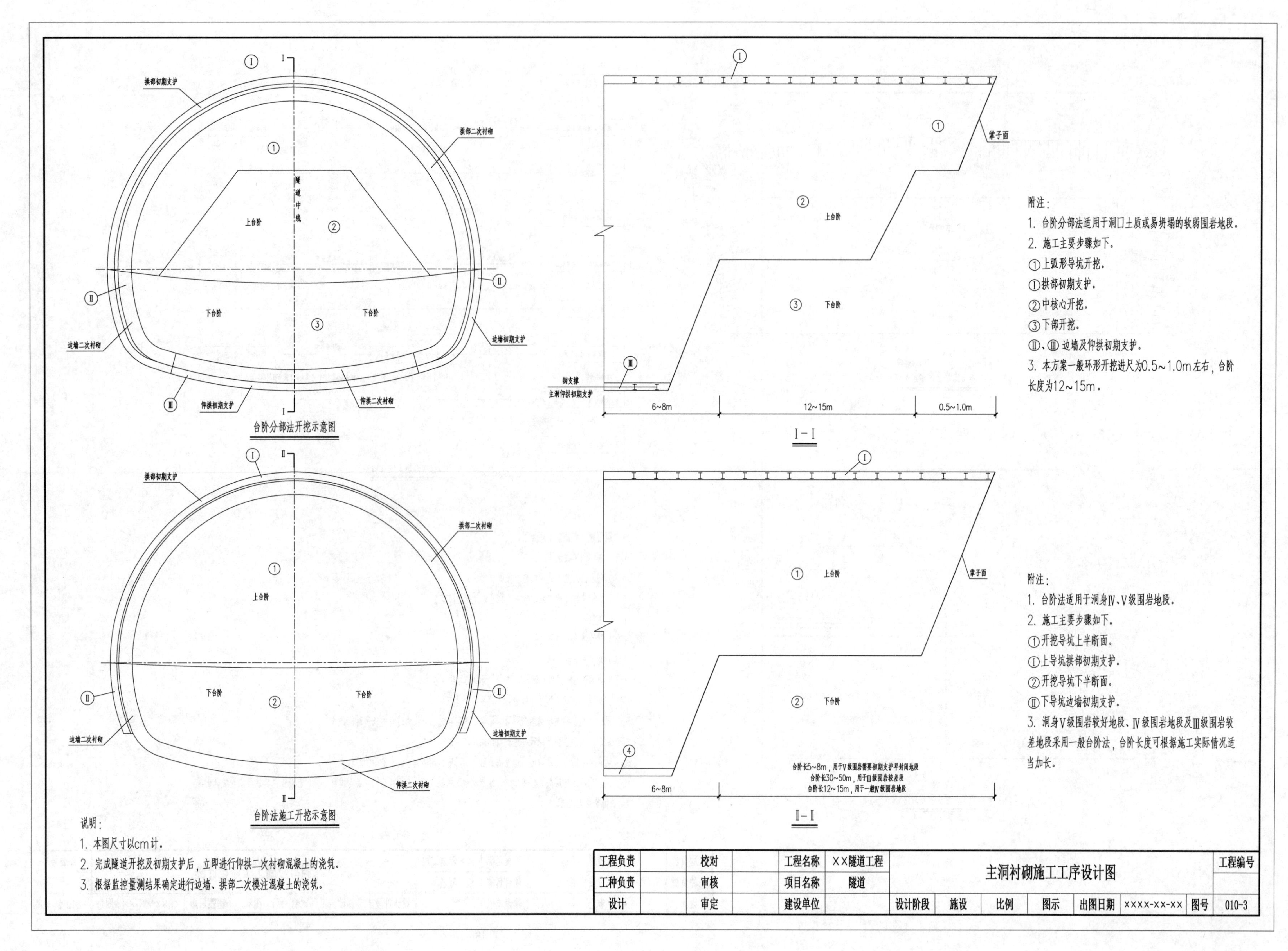

拱部初期支护
拱部二次衬砌
隧道中线
上台阶
下台阶
边墙二次衬砌
边墙初期支护
仰拱初期支护
仰拱二次衬砌
台阶分部法开挖示意图
掌子面
钢支撑
主洞仰拱初期支护
6~8m
12~15m
0.5~1.0m
I-I
附注:
1. 台阶分部法适用于洞口土质或易坍塌的软弱围岩地段。
2. 施工主要步骤如下。
①上弧形导坑开挖。
Ⅰ拱部初期支护。
②中核心开挖。
③下部开挖。
Ⅱ、Ⅲ 边墙及仰拱初期支护。
3. 本方案一般环形开挖进尺为0.5~1.0m左右，台阶长度为12~15m。
台阶法施工开挖示意图
台阶长5~8m，用于V级围岩需要初期支护早封闭地段
台阶长30~50m，用于III级围岩较差段
台阶长12~15m，用于一般IV级围岩地段
II-II
附注:
1. 台阶法适用于洞身IV、V级围岩地段。
2. 施工主要步骤如下。
①开挖导坑上半断面。
Ⅰ上导坑拱部初期支护。
②开挖导坑下半断面。
Ⅱ下导坑边墙初期支护。
3. 洞身V级围岩较好地段、IV级围岩地段及III级围岩较差地段采用一般台阶法，台阶长度可根据施工实际情况适当加长。
说明:
1. 本图尺寸以cm计。
2. 完成隧道开挖及初期支护后，立即进行仰拱二次衬砌混凝土的浇筑。
3. 根据监控量测结果确定进行边墙、拱部二次模注混凝土的浇筑。
工程负责
校对
工程名称
XX隧道工程
主洞衬砌施工工序设计图
工程编号
工种负责
审核
项目名称
隧道
设计
审定
建设单位
设计阶段
施设
比例
图示
出图日期
XXXX-XX-XX
图号
010-3

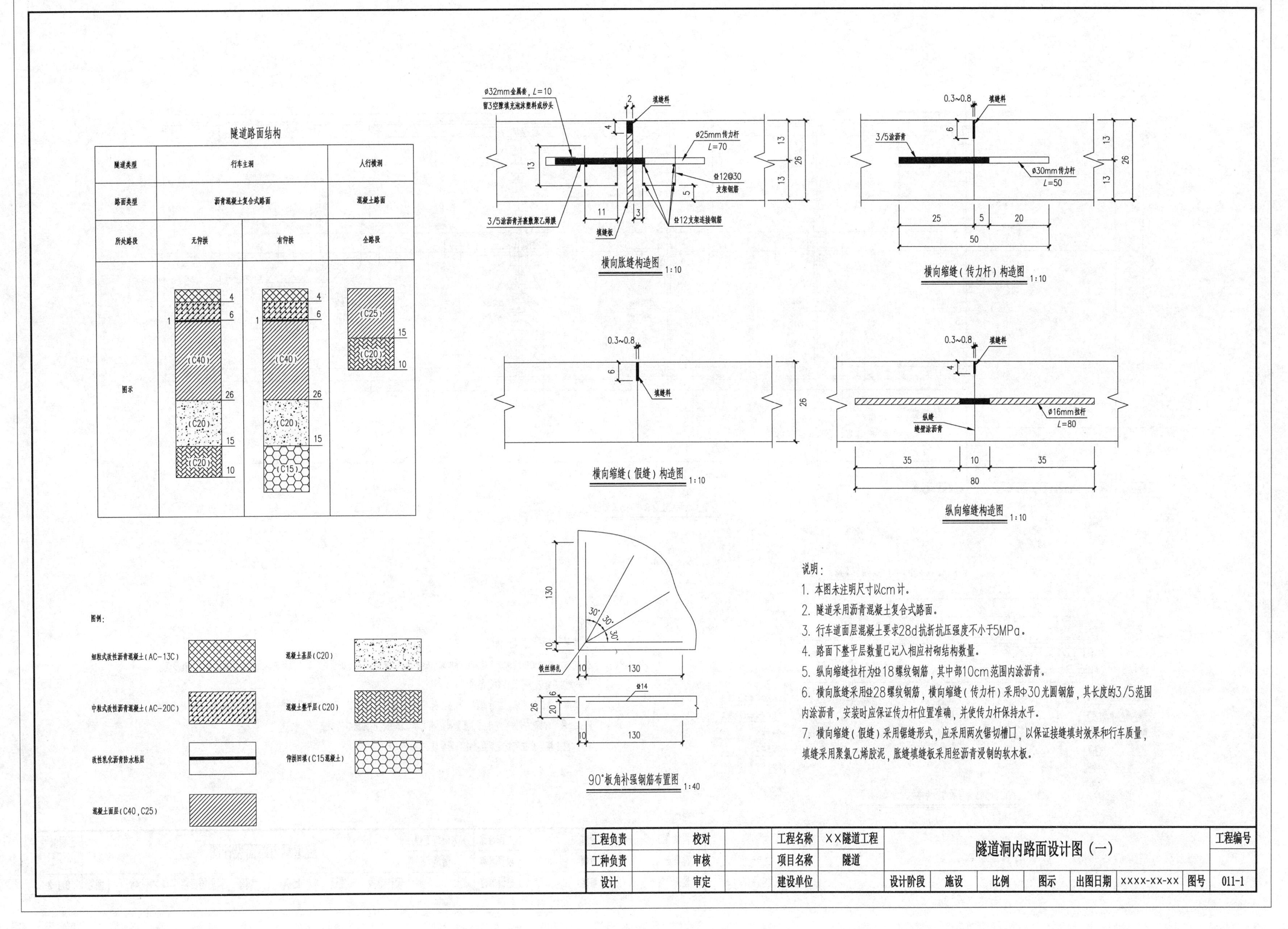
隧道路面结构
隧道类型
行车主洞
人行横洞
路面类型
沥青混凝土复合式路面
混凝土路面
所处路段
无仰拱
有仰拱
全路段
图示
(C40)
(C20)
(C25)
(C15)
横向胀缝构造图 1:10
φ32mm金属套，L=10
φ25mm传力杆
L=70
φ12@30
支架钢筋
3/5涂沥青并套散聚乙烯膜
φ12支架连接钢筋
填缝料
填缝板
横向缩缝（传力杆）构造图 1:10
3/5涂沥青
φ30mm传力杆
L=50
横向缩缝（假缝）构造图 1:10
纵向缩缝构造图 1:10
φ16mm拉杆
L=80
90°板角补强钢筋布置图 1:40
铁丝绑扎
φ14
图例：
细粒式改性沥青混凝土（AC-13C）
中粒式改性沥青混凝土（AC-20C）
改性乳化沥青防水粘层
混凝土面层（C40，C25）
混凝土基层（C20）
混凝土整平层（C20）
仰拱回填（C15混凝土）
说明：
1. 本图未注明尺寸以cm计。
2. 隧道采用沥青混凝土复合式路面。
3. 行车道面层混凝土要求28d抗折抗压强度不小于5MPa。
4. 路面下整平层数量已记入相应衬砌结构数量。
5. 纵向缩缝拉杆为φ18螺纹钢筋，其中部10cm范围内涂沥青。
6. 横向胀缝采用φ28螺纹钢筋，横向缩缝（传力杆）采用φ30光圆钢筋，其长度的3/5范围内涂沥青，安装时应保证传力杆位置准确，并使传力杆保持水平。
7. 横向缩缝（假缝）采用锯缝形式，应采用两次锯切槽口，以保证接缝填封效果和行车质量，填缝采用聚氯乙烯胶泥，胀缝填缝板采用经沥青浸制的软木板。
工程负责
工种负责
设计
校对
审核
审定
工程名称
XX隧道工程
项目名称
隧道
建设单位
隧道洞内路面设计图（一）
工程编号
设计阶段
施设
比例
图示
出图日期
XXXX-XX-XX
图号
011-1

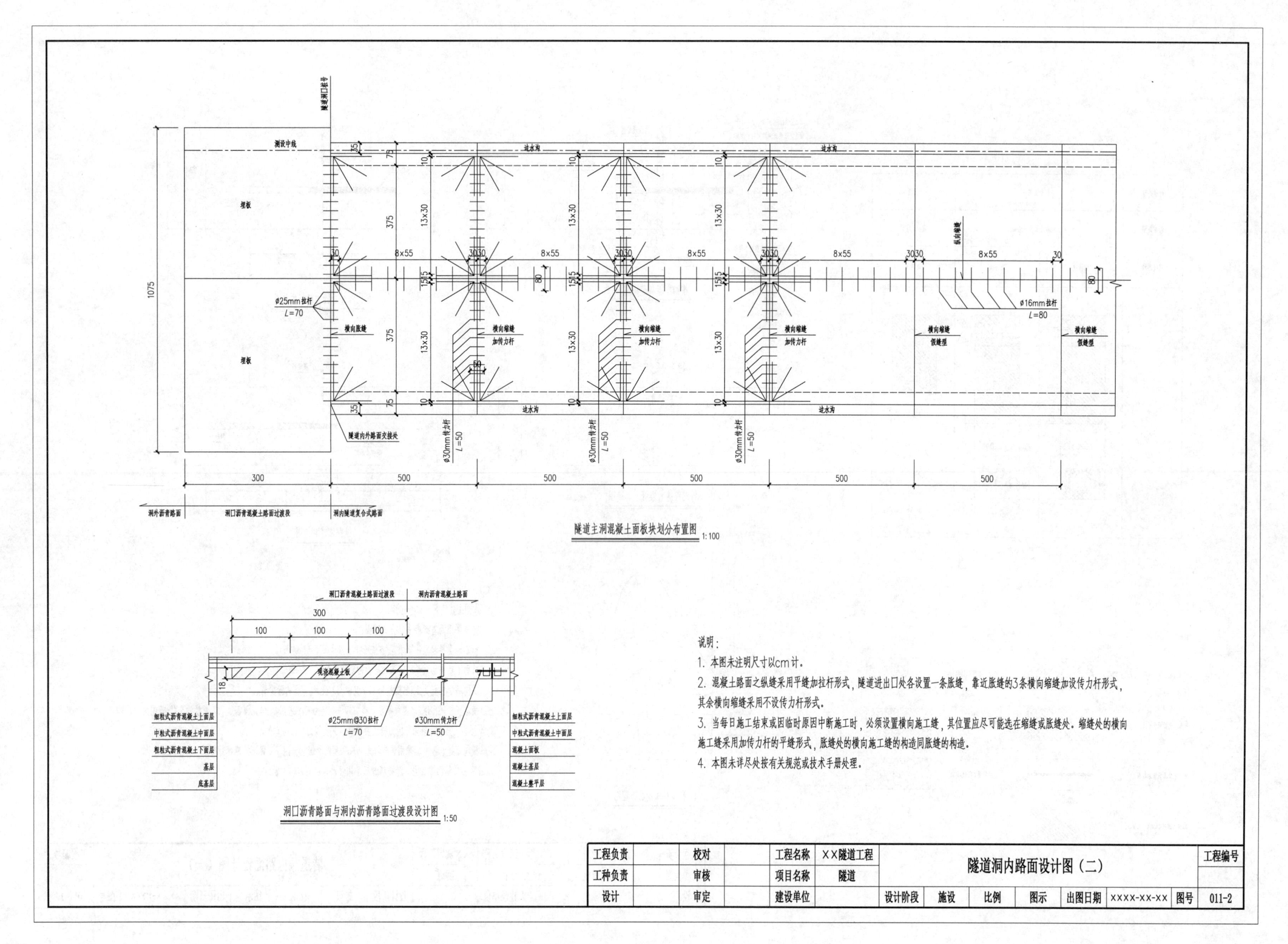
隧道洞口桩号
测设中线
边水沟
理板
理板
375
13x30
8x55
3030
30
1075
80
15|15
ø25mm拉杆
L=70
横向胀缝
横向缩缝
加传力杆
横向缩缝
假缝型
纵向缩缝
ø16mm拉杆
L=80
50
35
75
10
隧道内外路面交接处
ø30mm传力杆
L=50
300
500
洞外沥青路面
洞口沥青混凝土路面过渡段
洞内隧道复合式路面
隧道主洞混凝土面板块划分布置图 1:100
洞口沥青混凝土路面过渡段
洞内沥青混凝土路面
300
100
100
100
18
ø25mm@30拉杆
L=70
ø30mm传力杆
L=50
细粒式沥青混凝土上面层
中粒式沥青混凝土中面层
粗粒式沥青混凝土下面层
基层
底基层
细粒式沥青混凝土上面层
中粒式沥青混凝土中面层
混凝土面板
混凝土基层
混凝土整平层
洞口沥青路面与洞内沥青路面过渡段设计图 1:50
说明：
1. 本图未注明尺寸以cm计。
2. 混凝土路面之纵缝采用平缝加拉杆形式，隧道进出口处各设置一条胀缝，靠近胀缝的3条横向缩缝加设传力杆形式，其余横向缩缝采用不设传力杆形式。
3. 当每日施工结束或因临时原因中断施工时，必须设置横向施工缝，其位置应尽可能选在缩缝或胀缝处。缩缝处的横向施工缝采用加传力杆的平缝形式，胀缝处的横向施工缝的构造同胀缝的构造。
4. 本图未详尽处按有关规范或技术手册处理。
工程负责
校对
工程名称
XX隧道工程
工种负责
审核
项目名称
隧道
设计
审定
建设单位
隧道洞内路面设计图（二）
工程编号
设计阶段
施设
比例
图示
出图日期
XXXX-XX-XX
图号
011-2